Neuzeitliche Automobil-Wertung

Auswertung der I. ADAC-Gebrauchs-
und Wirtschaftlichkeitsfahrt 1928

Herausgegeben vom

Allgemeinen Deutschen Automobil-Club e. V.
München-Berlin

Reichsverband der Kraftfahrzeugbesitzer Deutschlands

Mit 29 Abbildungen und
70 Figuren im Text

Springer-Verlag Berlin Heidelberg GmbH
1929

ISBN 978-3-642-50435-8   ISBN 978-3-642-50744-1 (eBook)
DOI 10.1007/978-3-642-50744-1

Inhalt.

Einleitung.

Gebrauchswert und Gebrauchswert-Prüfung.

Der Werdegang fast jeder technischen Errungenschaft, insbesondere derjenige aller Kraft- und Arbeitsmaschinen, verläuft in mehreren Epochen. Die erste kann man als das Anfangs- oder Versuchsstadium bezeichnen. In der nächsten bemüht sich die Technik, der rein baulichen, konstruktiven Schwierigkeiten Herr zu werden und das Erzeugnis mit einem Minimum von Arbeits- und Materialaufwand herzustellen. Die anschließende Epoche ist gekennzeichnet durch das Streben nach höchstmöglicher Wirtschaftlichkeit und größtmöglicher Verfeinerung der Konstruktion. Die Summe aller, die Wirtschaftlichkeit und den Verfeinerungsgrad eines technischen Produktes darstellenden Faktoren ergibt dessen Gebrauchswert.

Nicht immer vermag man eine scharfe Grenze zwischen den einzelnen Zyklen dieser Entwicklung zu erkennen. Im Kraftwagenbau beispielsweise ging schon das Streben nach Vereinfachung und Verbilligung der Fabrikation bis zu einem gewissen Grad Hand in Hand mit den Bestrebungen, die Wirtschaftlichkeit des Produktes stets höher zu steigern. Heute verlangt der Kraftwagenverbraucher neben möglichster Wirtschaftlichkeit seines Fahrzeuges auch schon ein verhältnismäßig hohes Maß von technischem und persönlichem Komfort. Der Kraftwagenbau ist somit in das auf Steigerung des Gebrauchswertes abzielende Entwicklungsstadium eingetreten. Die gröbsten konstruktiven und fabrikatorischen Schwierigkeiten dürfen als überwunden gelten, und die Betriebssicherheit des Kraftwagens hat zur Zeit schon einen beachtenswerten Höhepunkt erreicht. Daraus schließen zu wollen, daß der Kraftwagenbau seinem praktisch möglichen Höhepunkt im konstruktiven Sinn schon nahe ist oder ihn schon erreicht hat, wäre allerdings ein verfrühtes Beginnen. Der Fluß der konstruktiven Entwicklung ist noch keineswegs zum Stillstand gekommen und der immer mehr einsetzende Verfeinerungsprozeß läßt nicht nur geringfügige Änderungen der heutigen fast schon zur Standard-Ausführung gewordenen Wagenbauart möglich erscheinen. Die Notwendigkeit, deren Gebrauchswert immer mehr zu steigern, kann vielmehr dazu zwingen, bisher vergessene oder abseits gelegene Wege in der konstruktiven Gestaltung zum mindesten ernsthaft zu prüfen, sie gegebenenfalls tatkräftig zu beschreiten und auch auf Erschließung neuer Entwicklungsrichtungen bedacht zu sein. Die heute auf den Gebrauchswert abzielende Einschätzung und Bewertung des Kraftwagens durch den Verbraucher vermag gerade unserer heimischen Automobilindustrie neue Zukunftsmöglichkeiten zu eröffnen, sofern sie sich zu technisch-fortschrittlicher Einstellung bekennt. Die im Auslande auf einer andersartigen wirtschaftlichen Struktur sich aufbauende Massenfabrikation großen Umfanges vermochte und vermag zwar heute noch die Ausbreitung des Kraftfahrwesens im größten Maße zu fördern, entbehrt jedoch auch nicht der Schattenseiten, insbesondere kann sie zum Hemmschuh für die Freizügigkeit des technischen Fortschrittes werden.

Betrachtet man den Gebrauchswert eines technischen Produktes als die Summe aller seine Wirtschaftlichkeit und seinen Verfeinerungsgrad bestimmenden Faktoren, so ist der Gebrauchswert eines Kraftfahrzeuges von Faktoren abhängig, welche teils Ponderabilien darstellen, in ihrer Einflußgröße also durch nüchterne Zahlen erfaßbar sind, teils aber als Imponderabilien gelten müssen, d. h. hinsichtlich ihrer Einflußgröße einer individuellen Einschätzung unterliegen. Die Ponderabilien lassen sich zu einer Wirtschaftsbilanz zusammenstellen. Sie geben dem Benützer eines Kraftfahrzeuges darüber Auskunft, welche Geldbeträge er aufzuwenden hat für die Unterhaltung und den Betrieb eines Kraftfahrzeuges.

Die Wirtschaftsbilanz jedes Kraftfahrzeuges gliedert sich ebenso wie diejenige jedes anderen technischen Produktionsmittels in zwei Hauptgruppen, nämlich in die der sog. stehenden Unkosten und in diejenige der beweglichen Unkosten oder Betriebskosten.

Zu der Gruppe der stehenden Unkosten zählt man die Aufwendungen für Verzinsung des Wagen-Beschaffungspreises, die durch Steuer und Versicherung anfallenden Auslagen, die Kosten für Unterbringung des Wagens (Garage) sowie Teilbeträge der für Amortisation, Wartung und Bedienung aufzuwendenden Geldmittel. — Die stehenden Unkosten werden pro Betriebsjahr berechnet. Die pro Kilometer entfallende Quote der stehenden Unkosten eines bestimmten Betriebsjahres ist annähernd reziprok proportional der Zahl der in diesem Jahr geleisteten Betriebskilometer, d. h. dem Benutzungsgrad des Fahrzeuges.

Die beweglichen Unkosten, auch laufende Betriebskosten genannt, setzen sich zusammen aus den Aufwendungen für Betriebsstoffe (Kraftstoff und Schmierstoffe) und für den durch die Benutzung des Wagens entstehenden Gummiverbrauch. Außerdem fallen unter die beweglichen Unkosten Teilbeträge der für Amortisation des Wagenbeschaffungspreises, Wartung, Bedienung und Reparatur des Wagens aufzuwendenden Geldmittel. — Im Gegensatz zu den stehenden Unkosten sind die beweglichen Unkosten proportional der Fahrstrecke.

An Hand von zahlenmäßigen Unterlagen und durchgerechneten Kostenbilanzen ergibt sich, daß der Anteil der beweglichen Unkosten an den Gesamtkosten des Fahrzeugbetriebes nicht annähernd immer diejenige Höhe erreicht, die ihm weite Verbraucherkreise zumessen.

Es ist nachdrücklichst darauf hinzuweisen, daß der Benutzungsgrad eines Kraftfahrzeuges die Kilometerkosten außerordentlich stark beeinflußt, wie dies bei jeder Maschine und jedem mit Maschinen arbeitenden Betrieb der Fall ist.

Neben dem Benutzungsgrad des Fahrzeuges spielt für die Rentabilität eines Kraftfahrzeug-Betriebes auch der Ausnutzungsfaktor seiner Tragfähigkeit eine höchst wichtige Rolle.

Der Benutzungsgrad eines Kraftwagens ist je nach Art des Betriebes sehr verschieden. Beim Vergleich des Kraftfahrzeuges mit einer stationären Kraftmaschine ergibt sich, daß es selten einen gleich hohen Benutzungsgrad wie jene zu erreichen vermag. Bei Stationärmaschinen wird der Benutzungsgrad durch die Zahl der jährlichen Betriebsstunden angegeben, bei Kraftfahrzeugen durch die Zahl der jährlichen Betriebskilometer. Die Zahl der jährlichen Betriebsstunden einer stationären Kraftmaschine vermag sich der Zahl der Jahresstunden stark anzunähern. Die Zahl der jährlichen Betriebskilometer eines Kraftfahrzeuges wird durch die mittlere Geschwindigkeit des Fahrzeuges beeinflußt, d. h. ein Fahrzeug höherer mittlerer Geschwindigkeit vermag in der gleichen Zeiteinheit eine größere Betriebskilometerzahl zu leisten. Eine Steigerung der heute erzielbaren mittleren Geschwindigkeiten ist außer von konstruktiven sehr von straßenbau- und sonstigen verkehrstechnischen Maßnahmen abhängig.

Der Tragfähigkeits-Ausnutzung beim Fahrzeug entspricht bei der stationären Kraftmaschine der Begriff des Belastungsgrades, welchen man nicht nur möglichst gleichmäßig zu gestalten, sondern auch der Ausbauleistung möglichst anzugleichen bestrebt ist. Die Tragfähigkeits-Ausnutzung des Kraftfahrzeuges ist je nach Art des Fahrzeuges und Betriebes verschieden. Beim Droschkenbetrieb z. B. rechnet man mit einem Ausnutzungsfaktor von 25—55%, d. h. das für die Rentabilität des Droschkenbetriebes stark maßgebliche Verhältnis der Leer-Kilometer zu den bezahlten Betriebskilometern schwankt zwischen 3 : 1 und ca. 1 : 1. Bei Lastwagen ist im allgemeinen ein Ausnutzungsfaktor der Tragfähigkeit oder Lademöglichkeit von 50% kaum zu überbieten. Die Quote der Gesamtkosten pro Kilometer ändert sich für den leer und vollbeladen gefahrenen Kilometer im allgemeinen deshalb wenig, weil die Quote der stehenden Unkosten an sich gleich bleibt, diejenige der beweglichen Unkosten nur durch eine Verringerung des Betriebsstoff- und Gummiverbrauches beeinflußt wird, und zwar um so weniger, je ungünstiger das Verhältnis von Totlast zu Nutzlast ist.

Die den Gebrauchswert eines Fahrzeuges bestimmenden Imponderabilien stellen in ihrer Gesamtheit den Transport-Komfort dar. Seine Wichtigkeit darf als unbestritten gelten und ist durch die dauernden Verbesserungsbestrebungen der in- und ausländischen Automobilindustrie erhärtet.

Imponderabil, d. h. nicht zahlenmäßig erfaßbar hinsichtlich ihres Einflusses auf den Gebrauchswert eines Kraftwagenmodells, obgleich in hohem Maße seine Absatzfähigkeit mitbestimmend, ist beispielsweise dessen Geschmeidigkeit. Unbestreitbar legt der Kraftwagenkäufer von heute auf ein gewisses Mindestmaß von

Geschmeidigkeit seines Fahrzeuges so großen Wert, daß er darüber oftmals eine nicht zu weitgehende Verschlechterung seiner Wirtschaftlichkeit mit in Kauf zu nehmen gewillt ist. Zugunsten eines gewissen Kraftüberschusses verzichtet er vielfach auf einen höheren Wirkungsgrad des Energie-Umsatzes oder nimmt einen höheren Beschaffungspreis hin. Eine gewisse Geschmeidigkeit gehört somit zu dem heute geforderten Transportkomfort.

Dieser kann verbessert werden durch konstruktive Verfeinerungen mannigfacher Art, welche entweder zur Hebung des technischen Komforts, z. B. durch Verbesserung der Fahreigenschaften beitragen, oder zur Steigerung des persönlichen Komforts, z. B. durch Vereinfachung der Bedienung und Erhöhung der Bequemlichkeit für die Insassen.

Der Transportkomfort eines Kraftfahrzeuges kann in technischen und persönlichen Komfort zergliedert werden, ohne daß eine scharfe Grenze zwischen beiden besteht.

Wirtschaftlichkeit und Transportkomfort stellen zusammen den Gebrauchswert dar.

Alle den Gebrauchswert eines Kraftfahrzeuges bestimmenden Faktoren im Rahmen eines Wettbewerbes zu erfassen, erscheint keineswegs einfach.

Gewisse Einzelfaktoren, welche maßgebenden Einfluß auf seine Wirtschaftlichkeit besitzen, sind bei der Wertung in öffentlichen Wettbewerben kurzer Dauer nur indirekt erfaßbar.

Im Konto der stehenden Unkosten sind nur der Wagen-Beschaffungspreis und die Steuer direkt zu werten. Auch die praktisch sehr ins Gewicht fallenden Versicherungskosten zu werten, wird allmählich gelingen. Bei verschiedenen anderen, zum gleichen Konto gehörigen Posten spielt der Faktor „Zeit" eine ausschlaggebende Rolle. In einem nur wenige Tage dauernden Wettbewerb können z. B. nur wenige Anhaltspunkte gewonnen werden für die Höhe der Amortisationsquote des Beschaffungspreises oder für die Höhe des Reparaturkontos, beide berechnet für eine bestimmte Anzahl von Betriebskilometern. Immerhin wird eine Zustandsprüfung nach mehrtägiger forcierter Fahrt eine Wertung der Betriebssicherheit ermöglichen und die Erfassung der stehenden Unkosten vervollständigen.

Die für das Konto der laufenden Betriebskosten maßgeblichen Aufwendungen für Betriebsstoffe (Kraftstoff und Schmierstoffe) und Gummiverbrauch in einem nur wenige Tage dauernden Wettbewerb zu erfassen, stellt gleichfalls eine keineswegs leichte Aufgabe dar. Den Verbrauch an Betriebsstoff vermag man zwar durch verhältnismäßig einfache Messungen zu prüfen, doch sind störende Einflüsse wohl niemals ganz auszuschalten. Das Gummikonto in eine Wertung miteinzubeziehen, verursacht ebenfalls gewisse Schwierigkeiten, doch werden sich bei weiterer Entwicklung der Meßtechnik für den fahrenden Kraftwagen Wege finden lassen, den Einfluß der Wagenkonstruktion auf den Gummiverbrauch zu ermitteln.

Leichter als die Ponderabilien oder die vornehmlich für die Wirtschaftlichkeit maßgeblichen Faktoren, können die Imponderabilien oder die hauptsächlich den Transportkomfort beeinflussenden Faktoren durch eine Wertung erfaßt werden; insbesondere lassen sich alle Fahreigenschaften, so z. B. alle die Geschmeidigkeit eines Wagens ergebenden Eigenschaften durch Zeit- und Streckenmessungen mittels selbstregistrierender Meßinstrumente, sowie durch Indikatoren mit mechanischer Aufzeichnung des Beschleunigungs- und Bremsweges bestimmen.

Nachdem unzweifelhaft die Möglichkeit vorliegt, den Gebrauchswert unserer heutigen Kraftwagen in öffentlichen Wettbewerben durch Wertung einer ganzen Reihe von Einzelfaktoren der Wirtschaftlichkeit und des Transportkomforts zu prüfen, erscheinen solche Veranstaltungen als eine Forderung der Zeit. Ein Wettbewerb, welcher den im Laufe der letzten Jahre modern gewordenen Ansichten über den Gebrauchswert der Kraftfahrzeuge und den heutigen Ansprüchen der Kraftfahrzeug-Verbraucher gerecht werden soll, darf sich nicht mehr darauf beschränken, lediglich die Betriebssicherheit der Kraftfahrzeuge und die Fahrkunst der Bewerber in Veranstaltungen von rennmäßigem Charakter zu prüfen. Die Herkomer-Fahrten, die Prinz-Heinrich-Fahrten sowie die als Langstrecken-Prüfungen gedachten ADAC-Reichsfahrten hatten ihre Berechtigung zu ihrer Zeit. Nachdem die Entwicklung des Kraftfahrzeuges nunmehr in eine neue Epoche, nämlich in diejenige der Gebrauchswert-Steigerung eingetreten ist, war auch die Zeit für Gebrauchswert-Prüfungen gekommen.

Der ADAC als Verbraucherverband hatte die unabweisbare Pflicht, im Interesse seiner nahezu hunderttausend Mitglieder, welche Fahrzeughalter einer weit größeren Anzahl von Fahrzeugen sind, einen Wettbewerb zur Erfassung des Gebrauchswertes der heute auf dem deutschen Automobilmarkt vorhandenen Erzeugnisse auszuschreiben. Er wollte sich damit keineswegs in eine Gegnerschaft zu den Erzeugern setzen, sondern im Gegenteil mitarbeiten an der Vervollkommnung der Kraftfahrzeuge und eine dem Forum der Öffentlichkeit unterstellte Vergleichsmöglichkeit zwischen den verschiedenen Wagentypen schaffen. Leider stießen die gutgemeinten Absichten des ADAC in Industriekreisen teilweise auf Widerstand. Die 1. Gebrauchs- und Wirtschaftlichkeitsfahrt sollte ursprünglich die Prüfung von Krafträdern, Personenwagen, Omnibussen und Lastkraftwagen umfassen. Obwohl eine unter Mitarbeit des Reichsverbandes der Deutschen Automobil-Industrie im Herbst 1927 auf dem Nürburg-Ring durchgeführte Vorprüfung jeden Zweifel über die Zweckmäßigkeit einer alle Fahrzeugklassen umfassenden Veranstaltung behoben hatte, sah sich der ADAC schließlich doch genötigt, den Wettbewerb auf Personenwagen zu beschränken.

Trotz dieser Beschränkung des Wettbewerbes beteiligten sich von der deutschen Industrie lediglich die Marken Adler, Brennabor, Dixi, Hanomag und Wanderer, aus dem deutschen Nachbarlande Österreich die Marke Steyr und als die einzigen Vertreter der ausländischen Automobil-Industrie 4 Fordwagen.

Die ungewollte Beschränkung des Wettbewerbes auf Personenwagen und der kleinere Kreis der Teilnehmer brachten für die Veranstaltung immerhin gewisse Vorteile mit sich; insbesondere konnten die im Verlaufe des Wettbewerbes anzustellenden, für den Aufbau der Ausschreibung der nächsten Gebrauchswert-Prüfung wichtigen und notwendigen Beobachtungen intensiviert werden. Die an sich geringe Beteiligung mußte übrigens hinsichtlich der Verschiedenheit der einzelnen Fahrzeuge befriedigen.

Die Teilnahme der oben genannten Wagentypen spricht einerseits dafür, daß deren Erzeuger den praktischen Wert dieses zeitgemäßen Wettbewerbes richtig einzuschätzen wußten, andererseits bewies sie volles Vertrauen auf den technischen Hochstand der eigenen Fabrikate. Allen Teilnehmern am Wettbewerb gebührt der Dank des ADAC für die wertvolle Unterstützung bei der Schaffung reichen, Wissenschaft und Technik interessierenden Zahlenmaterials und neuer Grundlagen für die Bewertung moderner Personenwagen.

In der Fach- und Tagespresse des In- und Auslandes fanden Durchführung und Ergebnisse des Wettbewerbes berechtigtes Interesse. Daß heute der große Wert einer Zusammenfassung einzelner Gebrauchs- und Wirtschaftlichkeitsprüfungen zu einem Prüfungskomplex in Form eines Wettbewerbes voll und ganz von der Verbraucher- und Erzeugerschaft anerkannt ist, muß auch mit als Verdienst der Presse betrachtet werden.

Großen Dank schuldet der ADAC der tatkräftigen Unterstützung hoher und höchster Behörden, insbesondere dem Reichsverkehrsministerium, dem Preußischen Ministerium des Innern und dem Preußischen Ministerium für Handel und Gewerbe.

Die genannten Ministerien hatten schon von Anfang an lebhaftes Interesse an der Durchführung der Gebrauchs- und Wirtschaftlichkeitsprüfung bewiesen und bekundeten dasselbe auch nach außen hin durch Stiftung wertvoller Ehrenpreise. Auch der Verlag der „B.Z. am Mittag“ und der Benzol-Verband würdigten die Bedeutung des Wettbewerbes auf gleiche Weise.

Nachstehend soll in Einzelkapiteln der Verlauf des Wettbewerbes geschildert, das dabei gewonnene Zahlenmaterial der Öffentlichkeit unterbreitet und ausgewertet werden.

Möge diese nunmehr in allen Einzelheiten vorliegende Auswertung der 1. ADAC-Gebrauchs- und Wirtschaftlichkeitsfahrt dem Verbraucher dienen und dadurch auch dem Erzeuger nützen.

Aufbau des Wettbewerbes.

Der Wettbewerb zerfiel in verschiedene Einzelprüfungen. Geprüft und gewertet wurden:

1. Start- und Fahrfähigkeit,
2. Zuverlässigkeit u. Reisegeschwindigkeit,
3. Geschmeidigkeit und Bremsfähigkeit,
4. Bergsteigefähigkeit,
5. Betriebsstoffverbrauch,
6. Höchstgeschwindigkeit,
7. Zustand,
8. Steuer,
9. Persönliche Bequemlichkeit und technischer Komfort.

Außer Wertung wurden geprüft, um Grundlagen für die Wertung späterer Gebrauchswettbewerbe zu bringen:

10. Montage
11. Katalogpreis.

Von den ursprünglich in der Ausschreibung genannten Prüfungen kamen gänzlich in Fortfall diejenigen auf

12. Geräusch
13. Qualm und Geruch.

Aus der im Anhang vollständig wiedergegebenen Ausschreibung samt Ausführungsbestimmungen sei hier der Einführung wegen noch die Wertungstabelle wiedergegeben, welche die Wertungsanteile jeder Einzelprüfung in der Gesamtwertung anzeigt:

Wertungstabelle.

		Wertungsanteile
1. Start- und Fahrfähigkeit.		
a) Startprüfung	3	
b) Startprüfung mit Leistungsprüfung	4	
c) Geländefahrbarkeit	7	
	14	14
2. Zuverlässigkeit und Reisegeschwindigkeit		16
3. Geschmeidigkeit und Bremsfähigkeit.		
a) Beschleunigung beim Durchschalten	4	
b) Kleinstgeschwindigkeit	6	
c) Beschleunigung bei direktem Gang	8	
d) Bremsfähigkeit	11	
	29	29
4. Bergsteigefähigkeit		4
5. Betriebsstoffverbrauch		21
6. Höchstgeschwindigkeit		3
7. Zustand		7
8. Steuer		4
9. Persönliche Bequemlichkeit u. technischer Komfort		2
		100

Noch anschaulicher als die Wertungstabelle läßt die graphische Darstellung in Fig. 1 die Verteilung der 100 Wertungsanteile auf die 9 Einzelprüfungen erkennen.

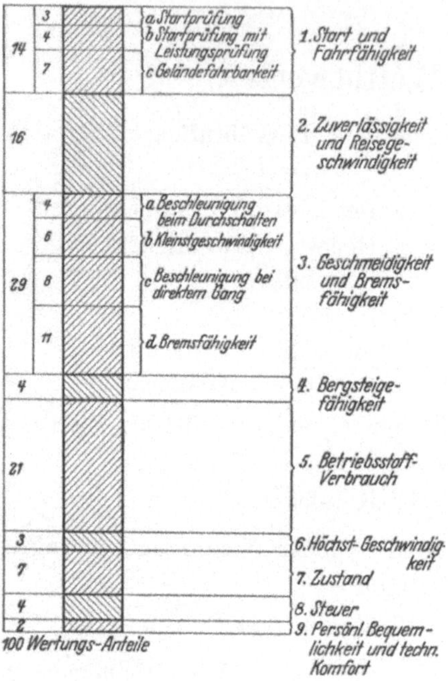

Bis zum Vorliegen von praktischen Erfahrungen über die Auswirkung der Ausschreibung und des Wertungssystems der I. Gebrauchs- und Wirtschaftlichkeitsfahrt mußte der gesamte damit zusammenhängende Fragenkomplex als Neuland gelten. Die Organisation der kommenden II. Gebrauchswert-Prüfung des ADAC kann nunmehr auf den vielen im Verlaufe der nachbeschriebenen ersten Veranstaltung dieser Art möglichen Beobachtungen und Erfahrungen fußen. Die Ausschreibung für die II. ADAC-Gebrauchswert-Prüfung zeigt zwar keine grundlegende Änderung im Aufbau des Wertungssystems, aber doch schon

Fig. 1.

eine wesentlich straffere Konsequenz in der Gruppeneinteilung der Wertungstabelle.

Verlauf des Wettbewerbes.

Für die Strecken- und Zeiteinteilung der Veranstaltung hatte die Ausschreibung die nachstehende Tabelle gebracht:

Datum	Wertungsgruppe I	Wertungsgruppen II und III
30. 4.	Abnahme	Abnahme
1. 5.	Geschmeidigkeits- und Geländeprüfung ca. 80 km	Geschmeidigkeits- und Geländeprüfung ca. 80 km
2. 5.	Zuverlässigkeitsfahrt ca. 250 km	Zuverlässigkeitsfahrt ca. 250 km
3. 5.	Bergprüfung ca. 100 km u. Zuverlässigkeitsfahrt ca. 200 km	Bergprüfung ca. 100 km
4. 5.	Zuverlässigkeitsfahrt ca. 270 km	Zuverlässigkeitsfahrt ca. 480 km
5. 5.	Zuverlässigkeitsfahrt ca. 350 km	Zuverlässigkeitsfahrt ca. 500 km
6. 5.	Zuverlässigkeitsfahrt nach Adenau ca. 500 km	Zuverlässigkeitsfahrt nach Adenau ca. 500 km
7. 5.	Rasttag mit Montage-Wettbewerb	Rasttag mit Montage-Wettbewerb
8. 5.	Verbrauchsprüfung ca. 700 km	Verbrauchsprüfung ca. 700 km
9. 5.	Geschmeidigk.- u. Geländeprüfung	Geschmeidigk.- u. Geländeprüfung
10. 5.	Start- mit Leistungs- u. Bergprüfg., Zustandsprüfung	Start- mit Leistungs- u. Bergprüfg., Zustandsprüfung

Der Wettbewerb begann programmgemäß am 30. April 1928 mit der Abnahme der Fahrzeuge auf der Avus in Berlin. Die verschiedenen Einzelprüfungen folgten aus Zweckmäßigkeitsgründen nicht in der früher genannten Reihenfolge aufeinander, sondern wurden — wie schon die obige Ausschreibungstabelle besagt — über die Dauer des Wettbewerbes zweckentsprechend verteilt.

Die Abnahme wickelte sich reibungslos ab. Der Wagenpark brachte ein neuartiges Bild durch das bei früheren Wettbewerben nicht zu beobachtende Hervortreten der geschlossenen Wagen, was wohl auf den Zuschlag von 15% zu deren Wertung zurückzuführen ist. Im wesentlichen stellten sich der Abnahme normale, serienmäßig erzeugte Fahrzeuge. Vielfach waren dieselben jedoch offensichtlich mit besonderer Sorgfalt für den Wettbewerb vorbereitet worden.

Der Start auf der Avus erfolgte am 1. Mai früh und war von gutem Wetter begünstigt, was die Durchführung der kurz nach dem Start stattfindenden ersten Beschleunigungs-, Brems- und Geländeprüfungen erleichterte. Auf die Döberitzer Geländeprüfung folgte noch eine zweite Geländeprüfung in Jüterbog, Etappenort war Kottbus. Der erste Tag stellte höchste Anforderungen an Fahrer und Fahrzeuge, die zurückgelegte Strecke betrug 126,1 km.

Der zweite Tag führte von Kottbus bis Hirschberg in das schlesische Bergland. Er brachte bei schönem Wetter eine für alle Fahr-

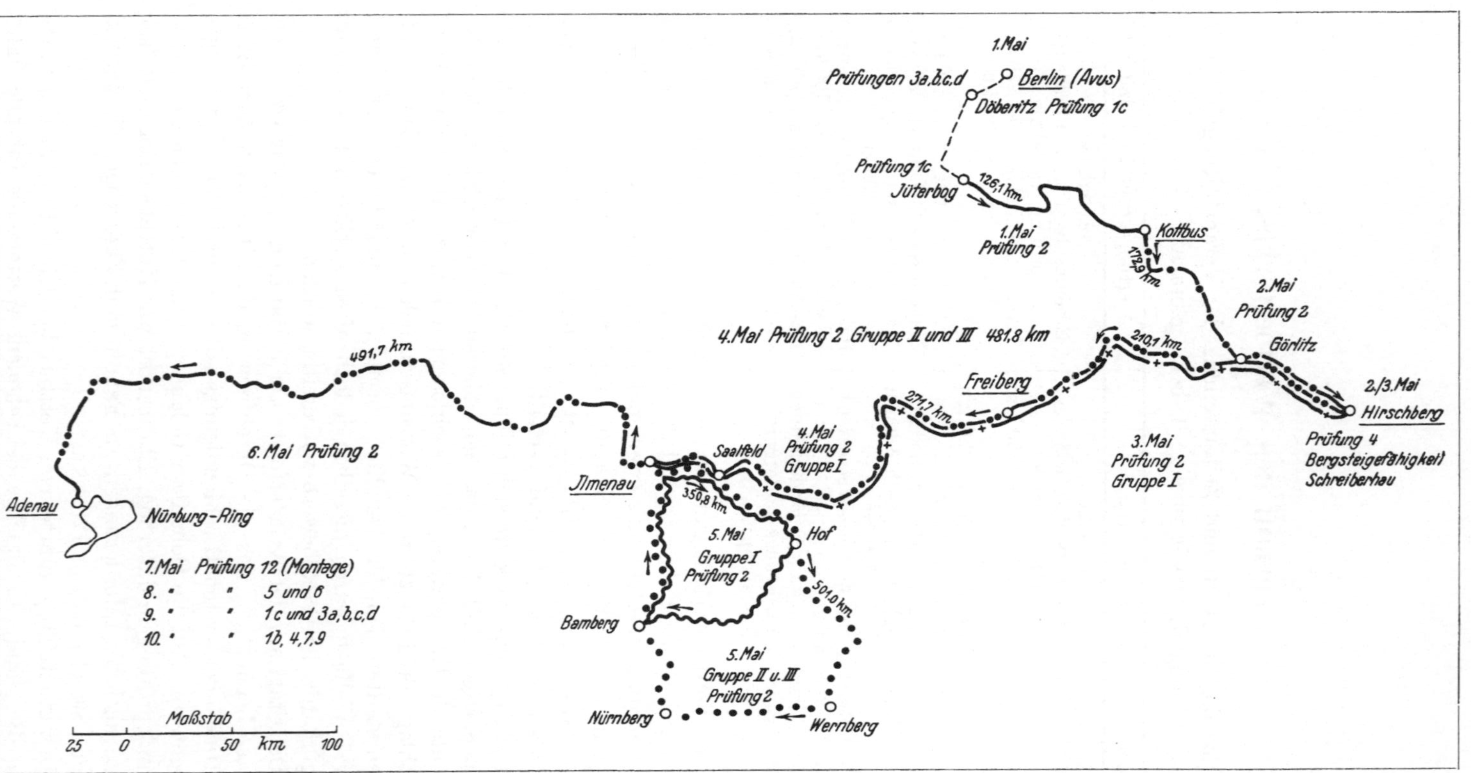

Fig. 2. Streckenplan.

zeuge störungsfreie Fahrt. In Kottbus fand zunächst die erste Startprüfung statt, welcher sich im Laufe des Wettbewerbes noch vier bzw. fünf weitere Startprüfungen anschlossen. Die zurückgelegte Weglänge betrug 172,9 km.

Am dritten Tag fand in den schlesischen Bergen die erste Prüfung auf Bergsteigefähigkeit statt. Die hierbei zu überwindende Bergstrecke auf die Neue Schlesische Baude stellte angesichts des schlechten Straßenzustandes und der beträchtlichen Steigung (teilweise bis zu 24,5%) an Fahrer und Fahrzeuge erhebliche Anforderungen. Der Verlauf der Prüfung war von gutem Wetter begünstigt. Anschließend hatte die Gruppe 1 der Fahrzeuge die Strecke Hirschberg—Freiberg mit 201,1 km zu bewältigen.

Der nächste und vierte Tag des Wettbewerbes führte die Gruppe 1 von Freiberg nach Ilmenau über eine Strecke von 217,7 km, welche zur Wertung der Fahrzeuge auf Zuverlässigkeit und Reisegeschwindigkeit benutzt wurde. Die Gruppen 2 und 3

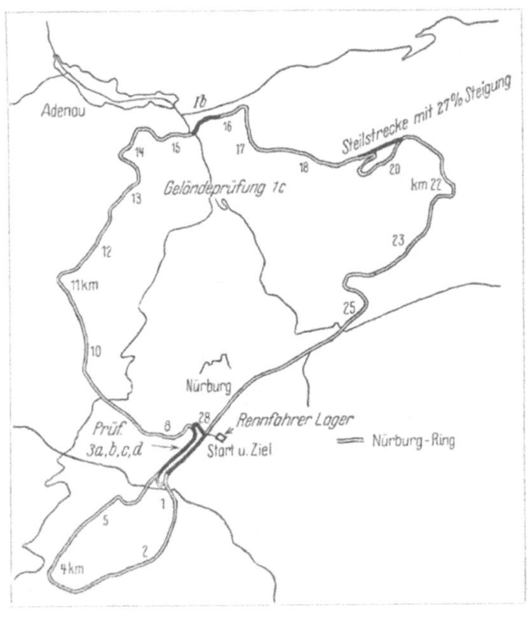

Fig. 3. Nürburg-Ring.

hatten zu dem gleichen Zweck die Strecke Hirschberg—Ilmenau mit 481,8 km zurückzulegen.

Der fünfte Tag brachte für die Gruppe 1 eine Rundfahrt um Ilmenau über eine Strecke von 350,8 km. Die Gruppen 2 und 3 hatten eine erweiterte Rundfahrt von Ilmenau über Wunsiedel im Fichtelgebirge, Nürnberg, Koburg, zurück nach Ilmenau über 501,0 km zu absolvieren. Beide Streckenfahrten wurden wiederum als Zuverlässigkeitsprüfung gewertet.

Der folgende oder sechste Fahrtag begann in Ilmenau und endigte in Adenau am Nürburg-Ring. Alle drei Gruppen legten an diesem Tage 491,7 km zurück.

Am siebenten Tag fand auf dem Nürburg-Ring die Montage-Prüfung statt, im übrigen war Ruhetag.

Am frühen Morgen des achten Tages begann um 3 Uhr die „Ohnehaltfahrt" mit etwa 16 Stunden Fahrtdauer auf dem Nürburg-Ring zum Zwecke der Betriebsstoffverbrauchs- und Höchstgeschwindigkeitsprüfung. Die Fahrt begann bei Nacht und Nebel und endigte im Schneetreiben. Zwei Unfälle verliefen glücklicherweise glimpflich.

Am nächstfolgenden Tag, dem 9. Mai, begann der zweite Elastizitätsbewerb, welchem sich als dritte und letzte Prüfung auf Geländefahrbarkeit eine Fahrt im schwierigen Eifelgelände anschloß.

Am letzten Tag der Veranstaltung, am 10. Mai, mußten sich die Fahrzeuge einer kombinierten Start- und Leistungsprüfung unterziehen, welche darin bestand, daß die während der Nacht im Freien bei 0^0 Temperatur und Schneefall geparkten Fahrzeuge unmittelbar nach dem Start eine Steigung in Mindestzeit zurückzulegen hatten. Durch Bezwingen der 27proz. Maximalsteigung des Nürburgringes am gleichen Tage konnten sich noch die meisten Fahrzeuge einen Gutpunkt holen. Die Zustandsprüfung beschloß die Reihe der Einzelprüfungen.

Die Abnahme.

Die Ausschreibung enthielt über die Abnahme der gemeldeten Fahrzeuge:

„Die Abnahme erfolgt am 30. April in Berlin. Ort und Zeit werden rechtzeitig bekannt gegeben.

Die Fahrzeuge sind vollkommen fahrfertig vorzuführen. Die vorgeschriebene Besatzung bzw. der vorgeschriebene Ballast sind mitzubringen und werden gesondert gewogen.

Bei der Abnahme hat jeder Fahrer vorzulegen:

1. Führerschein,
2. Zulassungsbescheinigung,
3. Steuerkarte,
4. Bewerber- und Fahrerlizenz bzw. Ausweis (nicht für die Fahrer der Lastkraftwagen und Omnibusse),
5. ADAC-Mitgliedskarte 1927/28 oder Bestätigung über Versicherung gegen Haftpflicht,
6. Einen Verbandskasten.

Jeder Fahrer passiert zusammen mit seinem Fahrzeug der Reihe nach die verschiedenen Abnahmestellen, welche sich mit der Prüfung der Papiere und der technischen Einzelheiten befassen.

Ein Fahrzeug gilt erst dann als abgenommen, wenn der Abnahmebogen von sämtlichen Abnahmestellen unterschrieben ist.

Die abgenommenen Fahrzeuge werden unter Verschluß genommen."

Von 38 für den Wettbewerb gemeldeten Fahrzeugen wurden 32 abgenommen[1].

Die Abnahmekommission prüfte an Hand eines Abnahmebogens die geforderten Papiere und die technischen Einzelheiten der Fahrzeuge (s. Ausschreibung und Abnahmebogen im Anhang). Geprüft wurden auf mehreren hintereinander liegenden Ständen:

---

[1] Startliste im Anhang.

1. Persönliche Formalia,   4. Aufbau und Ausrüstung,
2. Sachliche Formalia,   5. Kraftstoff- und Ölsystem,
3. Fahrgestell und Motor,   6. Wagenleergewicht und Nutzlast.

Von besonderer Wichtigkeit war bei der Abnahme die Prüfung der nicht katalogmäßigen Teile, der nach der Ausschreibung genehmigungspflichtigen „Neuerungen" an Serienwagen und der nicht katalogmäßigen aufgeführten Ersatzteile bzw. Werkzeuge.

In Tabelle 1 sind die bei der Abnahme gewonnenen technischen Daten sämtlicher am Wettbewerb teilnehmender Fahrzeuge zusammengestellt. Aus den Daten der Tabelle 1 wurden die verschiedenen in Tabelle 2 angegebenen Vergleichswerte ermittelt (s. S. 14—20).

Die Gewichtsverhältnisse der abgenommenen Fahrzeuge sind durch die nachstehende graphische Darstellung erläutert.

Die Fig. 4 gestattet das Ablesen des in der Fachliteratur oft zu Vergleichszwecken dienenden Verhältniswertes $\dfrac{\text{Transportlast (kg)}}{\text{Hubvolumen (l)}}$[1] für jedes Fahrzeug.

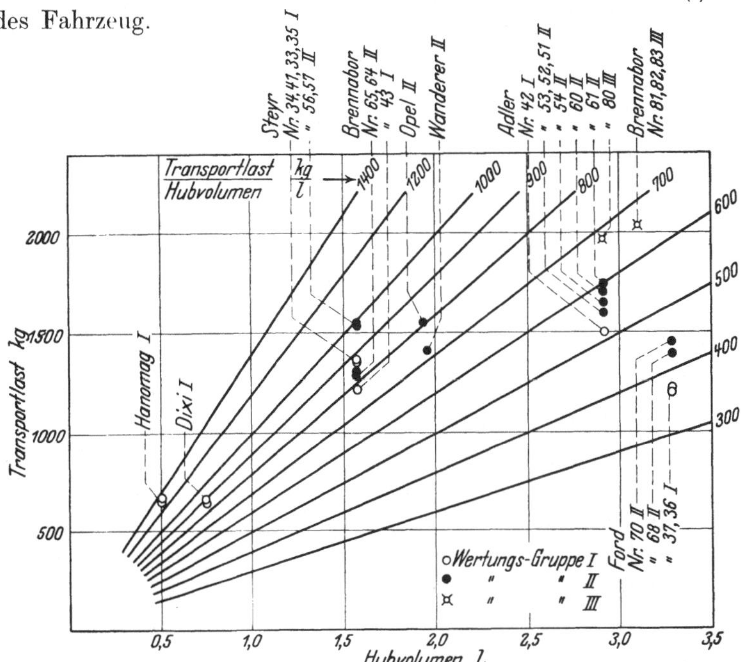

Fig. 4. Die Darstellung zeigt als Extreme hinsichtlich des pro Liter Hubvolumen anfallenden Anteiles (kg-Anteiles) der Transportlast die Hanomag-Wagen und die Ford-Wagen, erstere mit 1300 kg/l (Nr. 30, 31), letztere mit 370 kg/l (Nr. 36, 37). Beide Wagentypen waren als Zweisitzer gemeldet und in Wertungsklasse I eingereiht. Die Werte für die Viersitzerwagen der Wertungsgruppe II liegen zwischen 400 kg/l und 1000 kg/l, d. h. der am ungünstigsten gelegene Wagen weist die $2^{1}/_{2}$ fache Literbelastung (Transportlastanteil pro Liter Hubvolumen) des günstigst gelegenen Wagens auf. Die Werte für die Sechssitzer streuen am wenigsten, wobei allerdings die geringe Zahl der in dieser Wertungsgruppe III abgenommenen Fahrzeuge berücksichtigt werden muß.

---

[1] Transportlast = Totlast plus Nutzlast = Gesamtlast oder Bruttogewicht;
Totlast = Transportlast minus Nutzlast = Betriebsgewicht oder Nettogewicht;
Nutzlast = Summe der Gewichte des Führers, der Insassen und des Gepäcks.

Tabelle 1. I. ADAC-Gebrauchs- und Wirtschaftlichkeitsfahrt 1928.

Start-Nr.	Fabrikat	Wertungs-gruppe	Maße, Gewichte					Motor							
			Radstand in mm	Spurweite vorn, hinten in mm	Gewicht des Fahrge-stells in kg	Gewicht des Fahrzeugs netto in kg	Gewicht des Fahrzeugs brutto in kg	Zylinder-zahl	Bohrung in mm	Hub in mm	Hub-volumen in cm³	Drehzahl normal	Brems-PS normal	Drehzahl maximal	Brems-PS maximal
30	Hanomag	I	1920	1040 910	260	544	666	1	80	100	503	2800	10	—	—
31	,,	I	1920	1040 910	260	507	667	1	80	100	503	2800	10	—	—
32	,,	I	1920	1040 910	260	516	650	1	80	100	503	2800	10	—	—
33	Steyr	I	3000	1280	800	1236	1356	6	61,5	88	1568	2000	21	3500	34
34	,,	I	3000	1280	800	1200	1345	6	61,5	88	1568	2000	21	3500	34
35	,,	I	3000	1280	800	1210	1361	6	61,5	88	1568	2000	21	3500	34
36	Ford	I	2629	1422	692	1002	1201	4	98,4	108	3285	2200	40	—	—
37	,,	I	2629	1422	692	1056	1222	4	98,4	108	3285	2200	40	—	—
38	Dixi	I	1905	1030	250	502	660	4	56	76	749	3000	12	3800	15
39	,,	I	1905	1030	250	501	639	4	56	76	749	3000	12	3800	15
40	,,	I	1905	1030	250	507	640	4	56	76	749	3000	12	3800	15
41	Steyr	I	3000	1280	800	1230	1351	6	61,5	88	1568	2000	21	3500	34
42	Adler	I	2840	1350	940	1362	1502	6	75	110	2916	2400	45	3300	51
43	Brennabor	I	2550	1280	750	1085	1219	4	70	102	1570	2400	22	3000	25
51	Adler	II	2840	1350	890	1326	1591	6	75	110	2916	3100	50	3300	53
52	,,	II	2840	1350	890	1333	1597	6	75	110	2916	3100	50	3300	53
53	,,	II	2840	1350	890	1333	1602	6	75	110	2916	3100	50	3300	53
54	,,	II	2840	1350	890	1373	1652	6	75	110	2916	3100	50	3300	53
56	Steyr	II	3000	1280	800	1350	1630	6	61,5	88	1568	2000	21	3500	34
57	,,	II	3000	1280	800	1358	1650	6	61,5	88	1568	2000	21	3500	34
58	Opel	II	2880	1275	714	1275	1548	6	64	100	1930	2800	30	3500	32—34
60	Adler	II	2840	1350	940	1429	1702	6	75	110	2916	2400	45	3300	51
61	,,	II	2840	1350	940	1438	1743	6	75	110	2916	2400	45	3300	51
62	Wanderer	II	2800	1300	885	1157	1408	4	72	120	1954	2800	36	3200	40
64	Brennabor	II	2550	1280	750	1040	1305	4	70	102	1570	2400	22	3000	25
65	,,	II	2550	1280	750	1012	1281	4	70	102	1570	2400	22	3000	25
68	Ford	II	2629	1422	—	1124	1394	4	98,4	108	3285	2200	40	—	—
70	,,	II	2629	1422	—	1165	1452	4	98,4	108	3285	2200	40	—	—
80	Adler	III	3140	1350	990	1571	1964	6	75	110	2916	2400	45	3300	51
81	Brennabor	III	3290	1420	1050	1645	2024	6	77	111	3101	2200	45	3300	55
82	,,	III	3290	1420	1050	1674	2025	6	77	111	3101	2200	45	3300	55
83	,,	III	3290	1420	1050	1681	2036	6	77	111	3101	2200	45	3300	55

Technische Einzelheiten der Fahrzeuge.

| Ver-dichtungs-verhältnis | Kolben-material | Kurbelwelle | | Nocken-wellen-anordnung | Motor | | | |
		wie oft ge-lagert	Art der Lager		Ventil-anordnung	Kühlung	Ver-gaser	Anlaßbehelfe
1 : 7	Elektron	2	Wälz	unten	hängend	Thermosyph-ventilator	Pallas	Starterklappe
1 : 7	,,	2	,,	,,	,,	,,	,,	,,
1 : 7	,,	2	,,	,,	,,	,,	,,	,,
1 : 5,5	Leichtmetall	3	Wälz	oben	hängend	Pumpe, Ventilator, Thermostat	Pallas	Starterklappe
1 : 5,5	,,	3	,,	,,	,,	,,	,,	,,
1 : 5,5	,,	3	,,	,,	,,	,,	,,	,,
1 : 4,3	Aluminium	3	Gleit	unten	stehend	Pumpe, Ventilator	Ford-Zenith	Starterklappe
1 : 4,3	,,	3	,,	,,	,,	,,	,,	,,
1 : 5,6	Leichtmetall	2	Wälz	unten	stehend	Thermosyph-ventilator	Solex	Starterklappe
1 : 5,6	,,	2	,,	,,	,,	,,	,,	,,
1 : 5,6	,,	2	,,	,,	,,	,,	,,	,,
1 : 5,5	Leichtmetall	3	Wälz	oben	hängend	Pumpe, Ventilator, Thermostat	Pallas	Starterklappe
1 : 5,5	Leichtmetall	7	Gleit	unten	stehend	Pumpe, Ventilator, Thermostat	Pallas	Starterklappe
1 : 5,15	Aluminium K. S.	2	Gleit	unten	Saugv. schrägst. Anlasser häng.	Pumpe, Ventilator	Solex	Starterklappe
1 : 5,7	Elektron	7	Gleit	unten	stehend	Pumpe, Ventilator, Thermostat	Pallas	Starterklappe
1 : 5,7	,,	7	,,	,,	,,	,,	,,	,,
1 : 5,7	,,	7	,,	,,	,,	,,	,,	,,
1 : 6,3	,,	7	,,	,,	,,	,,	,,	,,
1 : 5,5	Leichtmetall	3	Wälz	oben	hängend	Pumpe, Ventilator, Thermostat	Pallas	Starterklappe
1 : 5,5	,,	3	,,	,,	,,	,,	,,	,,
1 : 5,35	Grauguß	3	Gleit	unten	stehend	Thermosyph-ventilator	Solex	Starterklappe
1 : 5,5	Leichtmetall Nelson	7	Gleit	unten	stehend	Pumpe, Ventilator, Thermostat	Pallas	Starterklappe
1 : 5,5	,,	7	,,	,,	,,	,,	,,	,,
1 : 5,75	Elektron Nelson	3	Gleit	unten	hängend	Pumpe, Ventilator, Thermostat	Pallas	Starterklappe
1 : 5,15	Alusil	2	Gleit	unten	Saugv. schrägst Auslaßv. häng.	Pumpe, Ventilator	Solex	Starterklappe
1 : 5,15	,,	2	,,	,,	,,	,,	,,	,,
1 : 4,3	Aluminium	3	Gleit	unten	stehend	Pumpe, Ventilator	Ford-Zenith	Starterklappe
1 : 3,4	,,	3	,,	,,	,,	,,	,,	,,
1 : 5,5	Leichtmetall	7	Gleit	unten	stehend	Pumpe, Ventilator, Thermostat	Pallas	Starterklappe
1 : 6,65	Kupferboden	3	Gleit	unten	stehend	Pumpe, Ventilator, Thermostat	Solex	Starterklappe
1 : 6,65	,,	3	,,	,,	,,	,,	,,	,,
1 : 6,65	,,	3	,,	,,	,,	,,	,,	,,

Tabelle 1. I. ADAC-Gebrauchs- und Wirtschaftlichkeitsfahrt 1928.

Start-Nr.	Motor					
			Zündung			
	Luftreiniger	Kraftstoff-reiniger	Art, Fabrikat	Verstellung	Zündkerzen-fabrikat	Ölung Kurbelgehäuse
30	Hirth	Hanomag	Batterie Hanomag	von Hand	Champion	Frischöl trocken
31	,,	—	,,	,,	Bern	,,
32	,,	Hanomag	,,	,,	Lepel	,,
33	Pallas	Zenith	Magnet Bosch	automatisch	AC 350 und Bosch md 140/1	Druckumlauf
34	,,	,,	,,	,,	,,	,,
35	,,	,,	,,	,,	,,	,,
36	—	—	Batterie Ford	von Hand	Champion	Pumpe-Fall-Schleuder
37	—	—	,,	,,	,,	,,
38	—	—	Batterie Bosch	von Hand	Bosch M 80/1	Pumpe
39	—	—	,,	,,	,,	,,
40	—	—	,,	,,	,,	,,
41	Pallas	Zenith	Magnet Bosch	automatisch	AC 350 und Bosch md 140/1	Druckumlauf
42	Hirth	ja	Batterie A.E.G.-Mea	halbautomatisch	Bosch M 80/1	Druckumlauf
43	—	—	Batterie A.E.G.-Mea	halbautomatisch	Bosch md 7 M 150/1	Druckumlauf
51	Elektronmetall G. m. b. H.	Pallas	Batterie A.E.G.-Mea	halbautomatisch	Bosch M 80/1	Druckumlauf
52	,,	,,	,,	,,	,,	,,
53	,,	,,	,,	,,	,,	,,
54	,,	,,	,,	,,	Bosch M 80/1 und Mea	,,
56	Pallas	Zenith	Magnet Bosch	automatisch	AC 350 und Bosch md 140/1	Druckumlauf
57	,,	,,	,,	,,	Bosch md 140/1	,,
58	—	—	Batterie Bosch	fest	Bosch M 25/1	Druckumlauf
60	Hirth	ja	Batterie A.E.G.-Mea	halbautomatisch	Bosch M 80/1	Druckumlauf
61	,,	,,	,,	,,	,,	,,
62	Elektronmetall G. m. b. H.	—	Magnet Bosch	automatisch	Bosch	Druckumlauf
64	—	—	Batterie A.E.G.-Mea	halbautomatisch	Bosch mdr 7, M 150/1	Druckumlauf
65	—	—	,,	,,	Bosch mdr 7	,,
68	—	—	Batterie Ford	von Hand	Champion	Pumpe-Fall-Schleuder
70	—	—	,,	,,	,,	,,
80	Hirth	ja	Batterie Bosch	halbautomatisch	Bosch	Druckumlauf
81	ja	—	Batterie Bosch	halbautomatisch	Bosch mdr 7	Druckumlauf
82	,,	—	,,	,,	Bosch mdr 7, M 150/1	,,
83	Pallas	—	,,	,,	,,	,,

Technische Einzelheiten der Fahrzeuge (Fortsetzung).

Kupplung, Getriebe, Kraftübertragung

Kupplung	Anzahl der Gänge	Untersetzung				Kraftübertragung	Untersetzung in der Hinterachse	Schubübertragung
		1. Gang	2. Gang	3. Gang	4. Gang			
Einscheiben trocken	3	1 : 12	1 : 6	1 : 3	—	Kette	1 : 2	Schubstangen
,,	3	1 : 12	1 : 6	1 : 3	—	,,	1 : 2	,,
,,	3	1 : 12	1 : 6	1 : 3	—	,,	1 : 2	,,
Lamellen	4	1 : 5,35	1 : 2,7	1 : 1,65	1 : 1	Kardan trocken Schwingachse	1 : 5,8	Blechträger
,,	4	1 : 5,35	1 : 2,7	1 : 1,65	1 : 1	,,	1 : 5,8	,,
,,	4	1 : 5,35	1 : 2,7	1 : 1,65	1 : 1	,,	1 : 5,8	,,
Lamellen trocken	3	1 : 3,12	1 : 1,85	1 : 1	—	Kardan geschlossen	1 : 3,7	Stützrohr
,,	3	1 : 3,12	1 : 1,85	1 : 1	—	,,	1 : 3,7	,,
Einscheiben trocken	3	1 : 3,25	1 : 1,82	1 : 1	—	Kardan geschlossen	1 : 4,9	Federn
..	3	1 : 3,25	1 : 1,82	1 : 1	—	,,	1 : 4,9	,,
,,	3	1 : 3,25	1 : 1,82	1 : 1	—	,,	1 : 4,9	,,
Lamellen	4	1 : 5,35	1 : 2,7	1 : 1,65	1 : 1	Kardan trocken Schwingachse	1 : 5,8	Blechträger
Einscheiben trocken	3	1 : 3,165	1 : 1,795	1 : 1	—	Kardan offen	1 : 4,9	Federn
Einscheiben trocken	3	1 : 3,15	1 : 1,97	1 : 1	—	Kardan offen trocken	1 : 5	Federn
Einscheiben trocken	3	1 : 3,165	1 : 1,795	1 : 1	—	Kardan offen	1 : 4,82	Federn
..	3	1 : 3,165	1 : 1,795	1 : 1	—	,,	1 : 5,3	,,
,.	3	1 : 3,165	1 : 1,795	1 : 1	—	..	1 : 5,3	,,
..	3	1 : 3,165	1 : 1,795	1 : 1	—	,.	1 : 5,3	,,
Lamellen	4	1 : 5,35	1 : 2,7	1 : 1,65	1 : 1	Kardan offen Schwingachse	1 : 5,8	Blechträger
,,	4	1 : 5,35	1 : 2,7	1 : 1,65	1 : 1	,,	1 : 5,8	,,
Einscheiben trocken	3	1 : 3,78	1 : 1,77	1 : 1	—	Kardan geschlossen	—	Federn
Einscheiben trocken	3	1 : 3,165	1 : 1,795	1 : 1	—	Kardan offen	1 : 5,3	Federn
,,	3	1 : 3,165	1 : 1,795	1 : 1	—	,,	1 : 5,3	,,
Mehrscheiben trocken	3	1 : 3,62	1 : 1,73	1 : 1	—	Kardan offen	1 : 5,3	Federn
Einscheiben trocken	3	1 : 3,15	1 : 1,97	1 : 1	—	Kardan offen	1 : 5	Federn
,,	3	1 : 3,15	1 : 1,97	1 : 1	—	,,	1 : 5	,,
Lamellen trocken	3	1 : 3,12	1 : 1,85	1 : 1	—	Kardan geschlossen	1 : 3,7	Stützrohr
,,	3	1 : 3,12	1 : 1,85	1 : 1	—	,,	1 : 3,7	,,
Einscheiben trocken	3	1 : 3,45	1 : 1,795	1 : 1	—	Kardan offen	1 : 5,9	Federn
Einscheiben trocken	4	1 : 4,4	1 : 2,75	1 : 1,76	1 : 1	Kardan offen	1 : 5,1	Federn
,,	4	1 : 4,4	1 : 2,75	1 : 1,76	1 : 1	,,	1 : 5,1	,,
,,	4	1 : 4,4	1 : 2,75	1 : 1,76	1 : 1	,,	1 : 5,1	,,

Tabelle 1. I. ADAC-Gebrauchs- und Wirtschaftlichkeitsfahrt 1928.

Start-Nr.	Bremsen						Fede-	
	Fußbremse			Handbremse		Material der Bremsbacken	Federung	
	wirkt auf	Innenbacken Außenbacken Bandbremse	Servowirkung	wirkt auf	Innenbacken Außenbacken Bandbremse		vorn	hinten
30	Hinterräder	Innenbacken	—	Hinterräder	Bandbremse	Elektron	Doppelquerfeder	Schraubenfedern
31	,,	,,	—	,,	,,	,,	,,	,,
32	,,	,,	—	,,	,,	,,	,,	,,
33	Vierrad	Innenbacken	mechanische	Hinterräder	Innenbacken	Silumin	Halbelliptik	Querfeder
34	,,	,,	,,	,,	,,	,,	,,	,,
35	,,	,,	,,	,,	,,	,,	,,	,,
36	Vierrad	Innenbacken	—	Hinterräder	Innenbacken	Stahl	Quer	Quer
37	,,	,,	—	,,	,,	,,	,,	,,
38	Hinterräder	Innenbacken	—	Vorderräder	Innenbacken	Aluminium	Quer	Ausleger
39	,,	,,	,,	,,	,,	,,	,,	,,
40	,,	,,	—	,,	,,	,,	,,	,,
41	Vierrad	Innenbacken	mechanische	Hinterräder	Innenbacken	Silumin	Halbelliptik	Querfeder
42	Vierrad	Außenband	hydraulische Lockheed	Getriebe		Stahlblech	Halbelliptik	Halbelliptik
43	Vierrad	Innenband	—	Hinterräder	Innenband	Stahl	Halbelliptik	Halbelliptik
51	Vierrad	Außenband	hydraulische Lockheed	Getriebe		Stahlband	Halbelliptik	Halbelliptik
52	,,	,,	,,	,,		,,	,,	,,
53	,,	,,	,,	,,		,,	,,	,,
54	,,	,,	,,	,,		,,	,,	,,
56	Vierrad	Innenbacken	mechanische	Hinterräder	Innenbacken	Silumin	Halbelliptik	Querfeder
57	,,	,,	,,	,,	,,	,,	,,	,,
58	Vierrad	Innenbacken	—	Getriebe		Leichtmetall	Halbelliptik	Viertelelliptik
60	Vierrad	Außenband	hydraulische Lockheed	Getriebe		Stahlblech	Halbelliptik	Halbelliptik
61	,,	,,	,,	,,		,,	,,	,,
62	Vierrad	Innenbacken	—	Hinterräder	Innenbacken	Aluminium	Halbelliptik	Halbelliptik
64	Vierrad	Innenband	—	Hinterräder	Innenband	Stahl	Halbelliptik	Halbelliptik
65	,,	,,	—	,,	,,	,,	,,	,,
68	Vierrad	Innenbacken	—	Hinterräder	Innenbacken	Stahl	Quer	Quer
70	,,	,,	—	,,	,,	,,	,,	,,
80	Vierrad	Außenband	hydraulische Lockheed	Getriebe		Stahlblech	Halbelliptik	Halbelliptik
81	Vierrad	Innenbacken	—	Getriebe	Außenband	Aluminium	Halbelliptik	Halbelliptik
82	,,	,,	—	,,	,,	,,	,,	,,
83	,,	,,	—	,,	,,	,,	,,	,

Technische Einzelheiten der Fahrzeuge (Fortsetzung).

rung		Räder, Reifen				Aufbau	
Stoßdämpfer		Räder Art Fabrikat	Felgen Art	Reifen Art	Reifen Profil	Aufbau offen geschlossen	Material
vorn	hinten						
Hanomag	Hanomag	Holzspeichen Hanomag	Wulst	Kraftrad-Ballon	27 × 3,5	geschlossen	
,,	,,	,,	,,	,,	27 × 3,5	offen	Blech
,,	,,	,,	,,	,,	27 × 3,5	,,	,,
Dufaux	–	Scheiben Steyr	Wulst	Ballon	775 × 145	geschlossen	Blech mit Ledertuch
,,	,,	,,	,,	,,	775 × 145	,,	,,
,,	,,	,,	,,	,,	775 × 145	,,	,,
Houdaille	Houdaille	Drahtspeichen Ford	Tiefbett	Ballon	30 × 4,5	offen	Stahl
,,	,,	,,	,,	,,	30 × 4,5	geschlossen	
Dixi	Dixi	Drahtspeichen Dixi	Halbflach	Ballon	26 × 3,5	offen	Aluminium-blech
,,	,,	,,	,,	,,	26 × 3,5	,,	,,
,,	,,	,,	,,	,,	26 × 3,5	,,	,,
Dufaux	—	Scheiben Steyr	Wulst	Ballon	775 × 145	geschlossen	Blech mit Ledertuch
Gabriel	Gabriel	Scheiben J. G. Bitterfeld	Tiefbett	Ballon	30 × 5,25	geschlossen	Holz, Blech und Leder
—	—	Scheiben Hering	Wulst	Ballon	730 × 130	geschlossen	Holzgerippe Stahlblech
Gabriel	Gabriel	Elektron-Scheiben J. G. Bitterfeld	Tiefbett	S.S.-Ballon	30 × 5,25	geschlossen	Stahl Ambi-Budd
,,	,,	,,	,,	,,	30 × 5,25	,,	,,
,,	,,	,,	,,	,,	30 × 5,25	,,	,,
,,	,,	,,	,,	,,	30 × 5,77	,,	,,
Dufaux		Scheiben Steyr	Wulst	Ballon	775 × 145	geschlossen	Blech mit Ledertuch
,,		,,	,,	,,	775 × 145	,,	,,
—	Mainkur Stempel-werk	Scheiben Kronprinz	Tiefbett	SS-Tiefbett	28 × 4,95	geschlossen	Stahl und Holz
Gabriel	Gabriel	Scheiben J. G. Bitterfeld	Tiefbett	Ballon	30 × 5,25	geschlossen	Stahl Ambi-Budd
,,	,,	,,	,,	,,	30 × 5,25	,,	,,
Deutsche Stoßdämpfer	Deutsche Stoßdämpfer	Stahlblech-speichen Hering	Wulst	Ballon	730 × 130	geschlossen	Weymann Lindner
—	—	Scheiben Hering	Wulst	Ballon	730 × 130	geschlossen	Weymann
—	—	,,	,,	,,	730 × 150	,,	,,
Houdaille	Houdaille	Drahtspeichen Ford	Tiefbett	Ballon	30 × 4,5	geschlossen	Stahl
,,	,,	,,	,,	,,	30 × 4,5	,,	,,
Komet	Komet	Scheiben J. G. Bitterfeld	Tiefbett	Ballon	30 × 5,77	geschlossen	Stahl
—	Gabriel	Holzspeichen Brennabor	Draht	Ballon	30 × 5,77	geschlossen	Weymann
—	,,	,,	,,	,,	30 × 5,77	,,	,,
—	,,	,,	,,	,,	30 × 5,77	,,	,,

Tabelle 2.

1	2	3	4	5	6	7	8	9	10	11	12	13	14	15	16	17	18
Wertungs-gruppe	Start-Nr.	Fabrikat	Zyl.-Zahl	Bohrung mm	Hub mm	$\frac{Hub}{Bohrung}$	Hub-volumen V l	Totlast G netto kg	Transport-last G brutto kg	$\frac{Transportl.}{Hubvol.}$ G br./V kg/l	Nutzlast kg	Nutzlast i.% v.Transportl. %	$\frac{Nutzlast}{Totlast}$	kg Totlast pro Sitz kg/Sitz	Schnellauf-zahl S	Nutzbar. Hubvol je 100 m Fahrstrecke V 100 m l/100 m	Nutzb.Hub-vol. je km Weg u. to Transportl. V tokm l/tokm
I	30*	Hanomag	1	80	100	1,25	0,503	544	666	1320	122	18,3	1:4,45	272			1050
	31							507	667	1330	160	24,0	3,17	254	279	70,1	1050
	32							516	650	1290	134	20,6	3,86	258			1080
	33*	Steyr	6	61,5	88	1,43	1,568	1236	1356	865	120	8,86	10,3	618			1360
	34*							1200	1345	858	145	10,8	8,28	600	235	184	1370
	35*							1210	1361	870	151	11,2	8,0	605			1350
	36	Ford	4	98,4	108	1,10	3,285	1002	1201	378	199	16,6	5,04	501			2190
	37*							1056	1222	384	166	13,6	6,35	528	160	263	2150
	38	Dixi	4	56	76	1,36	0,749	502	660	881	158	23,9	3,18	251			1360
	39							501	639	853	138	21,6	3,63	251	240	89,9	1410
	40							507	640	854	133	20,8	3,81	254			1400
	41*	Steyr	6	61,5	88	1,43	1,568	1230	1351	863	121	8,95	10,2	615	235	184	1360
	42*	Adler	6	75	110	1,47	2,916	1362	1502	515	140	9,31	9,73	681	200	291,6	1940
	43*	Brennabor	4	70	102	1,46	1,570	1085	1209	776	134	11,0	8,1	543	221	173,5	1420
II	51*	Adler	6	75	110	1,47	2,916	1326	1591	546	265	16,6	1:5,0	332	200	291,6	1830
	52*							1333	1597	547	264	16,5	5,05	334	219	319,3	2000
	53*							1333	1602	550	269	16,7	4,96	334			1990
	54*							1373	1652	566	279	16,9	4,93	344	212	309	1870
	56*	Steyr	6	61,5	88	1,43	1,568	1350	1630	1040	280	17,2	4,82	338	235	184	1130
	57*							1358	1650	1050	292	17,7	4,65	340			1120
	58*	Opel	6	64	100	1,56	1,930	1275	1548	802	273	17,6	4,67	319	224	216	1400
	60*	Adler	6	75	110	1,47	2,916	1429	1702	584	273	16,0	5,23	357	219	319,3	1880
	61*							1435	1743	599	305	17,5	4,71	360			1830
	62*	Wanderer	4	72	120	1,67	1,954	1157	1408	724	251	17,8	4,6	299	234	228,5	1620
	64*	Brennabor	4	70	102	1,46	1,570	1040	1305	831	265	20,3	3,93	260	221	173,5	1330
	65*							1012	1281	816	269	21,0	3,77	253			1350
	68*	Ford	4	98,4	108	1,10	3,285	1124	1394	438	270	19,4	4,16	281	160	263	1890
	70*							1165	1452	456	287	19,8	4,06	291			1810
III	80*	Adler	6	75	110	1,47	2,916	1571	1964	674	393	20,0	1:4,0	262	236	344	1750
	81*	Brennabor	6	77	111	1,44	3,101	1654	2024	654	370	18,3	4,46	276			1560
	82*							1674	2025	654	351	17,3	4,77	279	204	316	1560
	83*							1681	2036	656	355	17,4	4,74	280			1550

* Geschlossene Wagen.

Die Fig. 5 gibt das Verhältnis von Nutzlast zu Totlast jedes Fahrzeugs an.

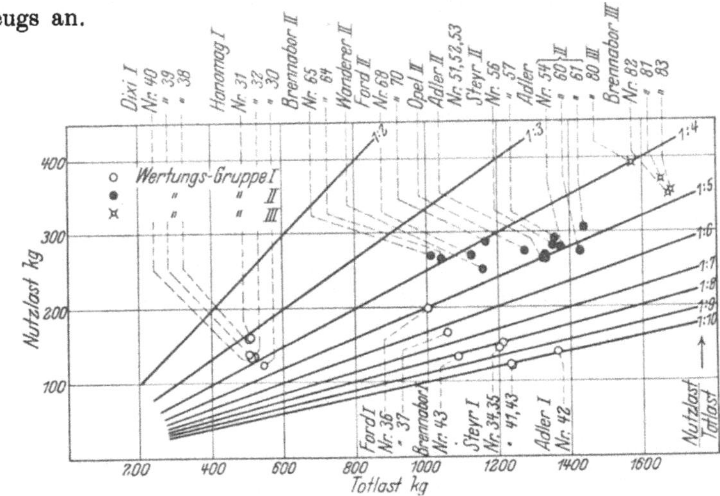

Fig. 5. Die Darstellung zeigt in der Wertungsgruppe I wiederum die stärkste Streuung der Vergleichswerte, in Wertungsgruppe III die geringste. Die ausgesprochenen Zweisitzer der Wertungsgruppe I liegen noch deutlicher als in Fig. 4 abgesondert von den in der gleichen Klasse konkurrierenden „als Zweisitzer karossierten" Wagen. Als heute erreichtes Verhältnis zwischen Nutzlast und Totlast kann für alle Fahrzeugklassen (Zwei-, Vier- und Sechssitzer) dasjenige von 1 : 4 gelten; als günstigster Wert in der Zweisitzerklasse (I) sogar 1 : 3,2 (Nr. 31 u. 38), in der Viersitzerklasse (II) 1 : 3,8 (Nr. 65).

Die Fig. 6 läßt die von Fig. 5 wiedergegebenen Verhältnisse auch dem an das Lesen von graphischen Darstellungen weniger Gewohnten erkennen.

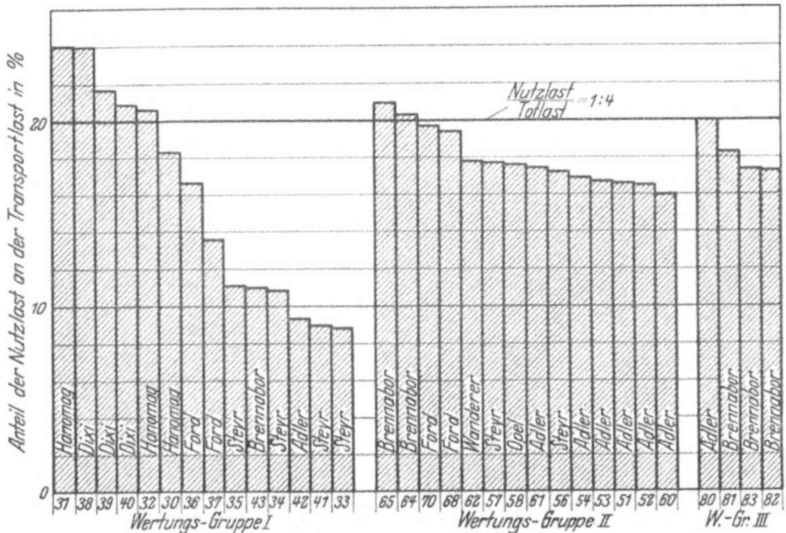

Fig. 6. Die Darstellung zeigt die Kennlinie des Verhältnisses 1 : 4 von Nutzlast zu Totlast eingezeichnet; in Prozenten der Transportlast ausgedrückt beträgt die Nutzlast im günstigsten Falle 24% (Nr. 31), im ungünstigsten Falle weniger als 9% (Nr. 33), und zwar in der 1. Wertungsgruppe. Analog Fig. 5 sind die Werte in den beiden andern Wertungsgruppen bedeutend gleichmäßiger.

Die Fig. 7 und 8 bringen die beste Übersicht über die Gewichtsverhältnisse der abgenommenen Wagen. Sie geben den pro Sitz ent-

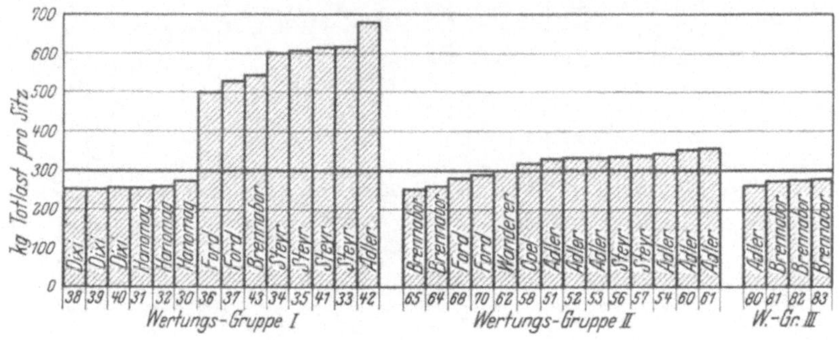

Fig. 7.

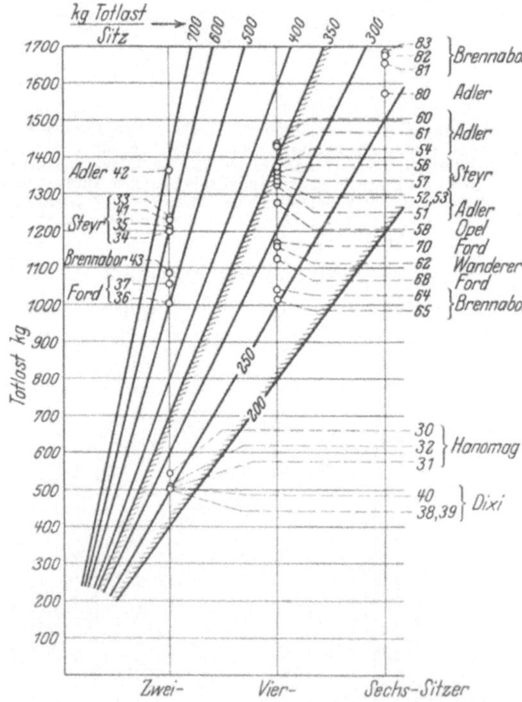

Fig. 8.

Fig. 7 und 8. Die beiden
Darstellungen zeigen noch
deutlicher als Fig. 5 und 6 die
ungleichmäßige Zusammensetzung in der Wertungsgruppe I.
Die über die 300-kg-Kennlinie
aufsteigenden Anteilflächen ge-
hörenFahrzeugtypen an, welche
ihrem Konstruktionsgewicht
nach unzweifelhaft zu den
Viersitzern gehören. Als heute
übliche Anteilspanne der Totlast oder des Betriebsgewichtes
pro Sitz kann bei Zweisitzern
die von 250—300 kg, bei Viersitzern diejenige von 250—350
kg, bei Sechssitzern eine solche
von 250—300 kg gelten, d. h.
als zur Zeit erreichbare Ge-
wichtsgrenze für Zweisitzer-,
Viersitzer- und Sechssitzer-Ge-
brauchswagen können 500 bis
600 kg, 1000—1200 kg und
1500—1800 kg gelten.

fallenden Anteil der
Wagen-Totlast (= Be-
triebsgewicht) an.

Wird die Wagen-Sitz-
zahl nur teilweise ausge-
nutzt, so steigt der Tot-
lastanteil pro beförderte
Person, d. h. das vollbe-
setzte (oder vollbeladene)
Fahrzeug fährt am wirt-
schaftlichsten.

Die Übersetzungsverhältnisse der abgenommenen Fahrzeuge
sind durch die Berechnung der Schnellaufzahlen jedes Fahrzeuges erhellt.
Die Schnellaufzahl[1] gibt die Zahl der Kurbelwellen-Umdrehungen

---

[1] Vergleiche Becker, Prof. Dr.-Ing.: Lehren des amerikanischen und europäischen Automobilbaues.

pro 100 m im direkten Gang zurückgelegten Weg an. Der „Schnellauf" ist von der Hinterachsenuntersetzung und dem Rolldurchmesser des Reifens abhängig. Im Auslande wird vielfach ein reziproker Wert der Schnellaufzahl angegeben, nämlich die Wegstrecke im direkten Gang für 1000 Kurbelwellen-Umdrehungen. Eine höhere Schnellaufzahl ergibt bei sonst gleichen Verhältnissen eine höhere Beschleunigung. Die obere Grenze des Schnellaufes ist vornehmlich durch die Grenze der Motordrehzahl pro Minute gegeben, welche im jetzigen Stande der Technik bei Gebrauchswagen aus Gründen der Betriebssicherheit und Wirtschaftlichkeit im allgemeinen zwischen 3000 bis 4000 pro Min. liegt. Ein hoher Schnellaufwert im Gang ergibt demnach zwangsweise die Begrenzung der Wagenhöchstgeschwindigkeit[1].

Die Fig. 9 gibt die Schnellaufzahlen der abgenommenen Fahrzeuge an.

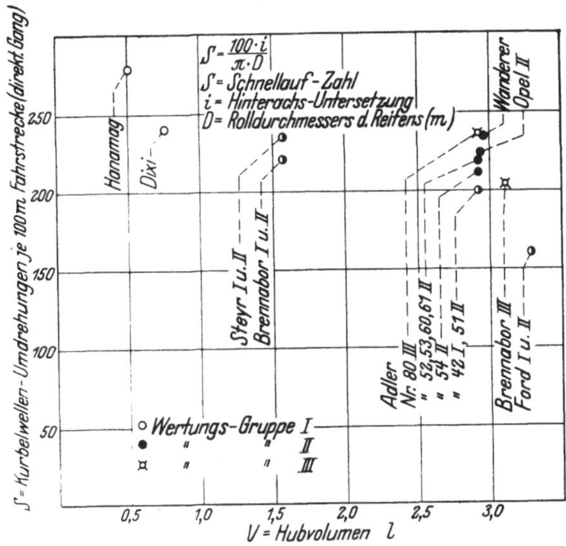

Fig. 9. Man kann aus obiger graphischen Darstellung erkennen, daß die Schnellaufwerte, mit Ausnahme derjenigen der Hanomag- und der Fordwagen, bei den meisten Fahrzeugen trotz erheblicher Differenzen im Hubvolumen in einem verhältnismäßig eng umgrenzten Gebiet zu finden sind. Der mittlere Wert der Schnellaufzahlen dieser Wagen liegt etwa bei 220, bei zunehmendem Hubvolumen ist ein Abnehmen des Schnellaufes zu beobachten. Der Hanomag-Wagen mit seinem Einzylindermotor und dem kleinsten Hubvolumen besitzt den höchsten Schnellauf, der Fordwagen mit dem größten Hubvolumen seines Motors weist den niedrigsten Schnellaufwert auf.

Die Fig. 10 gibt die reziproken Schnellaufwerte in einer der Übersichtlichkeit halber andersartig gestalteten graphischen Darstellung an.

Entsprechend der Reziprozität nennt der Hanomagwagen hier die kürzeste, der Fordwagen die längste bei 1000 Kurbelwellen-Umdrehungen (im direkten Gang) zurückgelegte Wegstrecke sein eigen.

---

[1] Um im direkten Gang einen hohen Schnellaufwert zu besitzen und trotzdem ohne übermäßige Steigerung der Motordrehzahl große Höchstgeschwindigkeiten erreichen zu können, verwendet man vereinzelt sog. Übergetriebe oder Schnellganggetriebe, und zwar nicht nur bei Personen-, sondern auch bei Lastwagen.

Mit Hilfe der Schnellaufzahlen jedes Fahrzeuges kann zunächst das pro 100 m Wegstrecke zur Verfügung stehende und entsprechend dem Konstruktionsgütegrad ausnutzbare Hubvolumen berechnet werden. Die Fig. 11 zeigt die hierfür errechneten Werte in graphischer Darstellung.

Auch die Kenntnis des pro 100 m Weg ausnutzbaren Hubvolumens gestattet jedoch noch keine eindeutigen Rückschlüsse auf die Fahreigenschaften (Geschmeidigkeit) des Fahrzeuges. Erst das auf Weg- und Gewichtseinheit bezogene Hubvolumen, am zweckmäßigsten in Liter pro Tonnen-Kilometer (l/tokm) ausgedrückt, vermag hierfür Anhaltspunkte zu erbringen.

Die Fig. 12 zeigt die für das Hubvolumen pro Tonnen-Kilometer berechneten Werte.

Um zu untersuchen, wie weit die l/tokm-Werte tatsächlich die Fahreigenschaften der Wagen zu charakterisieren vermögen, sind in Fig. 13 die hierfür berechneten Werte verglichen mit den gemessenen Beschleunigungen der einzelnen Wagen (s. das Kapitel

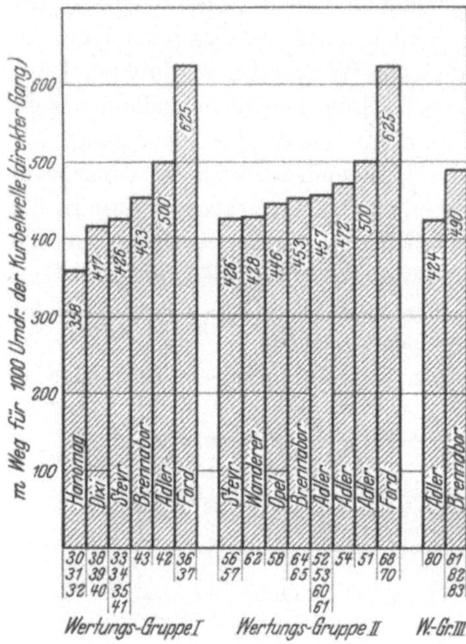

Fig. 10.

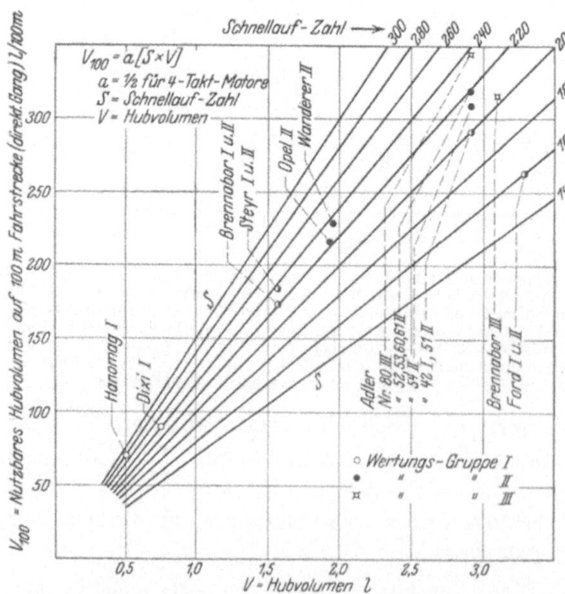

Fig. 11. Die Adlerwagen und die zur Wertungsgruppe III gehörigen Brennaborwagen weisen die höchsten Werte auf, während die Fordwagen trotz des großen Hubvolumens ihres Motors infolge ihres geringeren Schnellaufes dahinter rangieren.

über Einzelprüfung 3, Tab. 14 (S. 65) und den bei den Bergleistungs-
prüfungen erzielten mittleren Geschwindigkeiten (s. Kapitel über Einzelprüfung 14, Tab. 19 (S. 89). Wie aus dieser Darstellung zu ersehen ist,
scheint die Kenntnis des l/tokm-Wertes eines Wagens für die Praxis
tatsächlich ziemlich sichere Anhaltspunkte für die Beurteilung seines
voraussichtlichen Verhaltens beim Beschleunigen und auf Steigungen
zu erbringen. Damit ist eine Möglichkeit geschaffen, mit einfachen

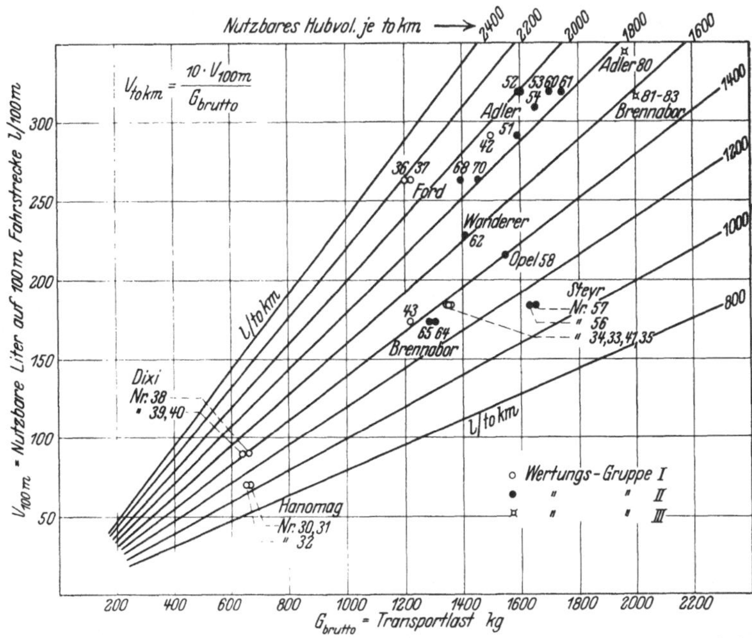

Fig. 12. Die Darstellung zeigt die für sämtliche Fahrzeuge anfallenden l/tokm-Werte, wobei von
der Transportlast (= Totlast + Nutzlast) ausgegangen ist. Im Sektor zwischen den Strahlen für
1800 und 2000 l/tokm ist die größte Häufigkeit der Wertpunkte anzutreffen, d. h. die zugehörigen
Wagen wenden pro Tonnen-Kilometer ein Hubvolumen von 1800—2000 Liter auf. Die Fordwagen
der Wertungsgruppe I (Zweisitzer) weisen trotz ihres geringen Schnellaufwertes (s. Fig. 9) infolge
ihres geringen Gewichtes mit fast 2200 l/tokm die besten Werte auf; die als Viersitzer karossierten
Fordwagen liegen im Bereich der größten Häufigkeit.

Mitteln Meßgrößen für jeden Wagen festzustellen, welche Rückschlüsse
auf dessen Leistungsfähigkeit im Stadtverkehr und freien Gelände gestatten.

Verschiedenheiten der praktischen Meßergebnisse (z. B. für die Beschleunigung)
bei Fahrzeugen mit gleichen l/tokm-Werten und verschiedenartiger Motorkonstruk-
tion, aber sonst gleichen Verhältnissen gestatten Rückschlüsse auf die tatsächliche
Ausnutzung des Hubvolumens, welches in der bekannten von Prof. Becker stam-
menden Beschleunigungsformel

$$b = \frac{H \cdot i}{G \cdot D} \cdot \frac{c \cdot 9850}{1{,}14}$$

durch den Faktor c enthalten und dort Ladungsausnutzung genannt ist. Ihr
Zahlenwert kann bestimmt werden durch Prüfstandversuche. Da ihr Optimum
von einer bestimmten Drehzahl und einem bestimmten Belastungsgrad abhängt,

bleibt beim Beschleunigen des Wagens auf der Straße die Ladungsausnutzung während der Beschleunigungszeit nicht gleich. Auch bei dem mit der Höchstleistung beanspruchten Motor eines Wagens auf einer Bergstrecke muß nicht die gleiche Ladungsausnutzung wie beim gleichen Motor im Prüfstandversuch auf-

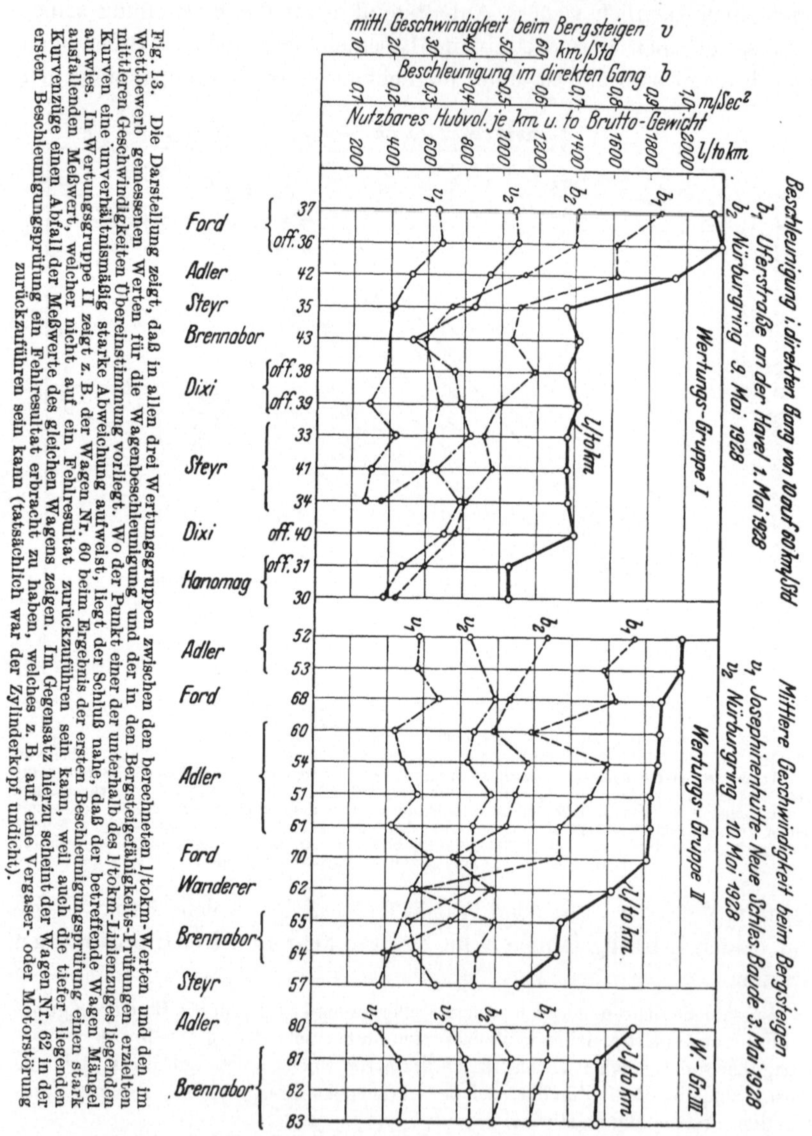

Fig. 13. Die Darstellung zeigt, daß in allen drei Wertungsgruppen zwischen den berechneten l/tokm-Werten und den im Wettbewerb gemessenen Werten für die Wagenbeschleunigung und der in den Bergstrecken erzielten mittleren Geschwindigkeiten Übereinstimmung vorliegt. Wo der Punkt einer der unterhalb des l/tokm-Linienzuges liegenden Kurven eine unverhältnismäßig starke Abweichung aufweist, liegt der Schluß nahe, daß der betreffende Wagen Mängel aufwies. In Wertungsgruppe II zeigt z. B. der Wagen Nr. 60 beim Ergebnis der ersten Beschleunigungsprüfung einen stark ausfallenden Meßwert, welcher nicht auf ein Fehlresultat zurückzuführen sein kann, weil auch die tiefer liegenden Kurvenzüge einen Abfall der Meßwerte des gleichen Wagens zeigen. Im Gegensatz hierzu scheint der Wagen Nr. 62 in der ersten Beschleunigungsprüfung ein Fehlresultat erbracht zu haben, welches z. B. auf eine Vergaser- oder Motorstörung zurückzuführen sein kann (tatsächlich war der Zylinderkopf undicht).

treten, weil der „auf Übergang" eingestellte Vergaser auch bei Bergfahrt selten die gleichen Verhältnisse wie im Prüfstandversuch erbringt. Der Faktor c der Ladungsausnutzung hat somit eine gewisse, allerdings in mäßigen Grenzen schwankende Unzuverlässigkeit der erwähnten Beschleunigungsformel zur Folge.

Der Grad der Ladungsausnutzung an sich ist von verschiedenen Maßnahmen des Konstrukteurs abhängig, z. B. von Form und Größe des Verbrennungsraumes, von der Ventilsteuerung, von der Kühlung, vom Kolben-Baumaterial, von der Vergaserkonstruktion, von der Saugrohrform (Vorverdichtung), vom mechanischen Wirkungsgrad des Motors (Wälzlager, Schmierung) usw.

Im Gegensatz zur Berechnung der Beschleunigungswerte nach der erwähnten Formel setzt die Berechnung der l/tokm-Werte lediglich die Kenntnis des Fahrzeug-Gesamtgewichtes (Transportlast), seines Hubvolumens und die Kenntnis seiner Schnellaufzahl voraus. Da letztere durch einen einfachen Ablaufversuch festgestellt werden kann, vermag man sich binnen weniger Minuten mit Hilfe der errechneten l/tokm-Werte ein Charakteristikum für die Fahreigenschaften eines Kraftwagens zu verschaffen.

In Fig. 13 sind Untersuchungen darüber angestellt, wie weit die berechneten l/tokm-Werte mit den praktischen Ergebnissen der Beschleunigungs- und Bergsteigefähigkeitsprüfungen des Wettbewerbes übereinstimmen. Dabei ist zu berücksichtigen, daß die berechneten Schnellaufzahlen gewisse Fehlerquellen in sich bergen, weil sie lediglich auf Grund der Kenntnis der theoretischen Reifendurchmesser und der Schätzung der Reifeneindrucktiefe mangels Durchführung eines Ablaufversuches entstanden. Die Fehlergrenze dürfte sich zwischen ± 5% bewegen.

Durch Feststellung des l/tokm-Wertes eines Wagens und einer zweiten Zahl, die seine Wirtschaftlichkeit (stehende Unkosten und laufende Betriebskosten) erfaßt und unter Voraussetzung eines bestimmten jährlichen Ausnutzungsfaktors die Gesamtkosten pro Tonnen-Kilometer angibt, kann somit ein einfaches Charakteristikum für jeden Wagen geschaffen werden, welches seinen Transportkomfort und seine Wirtschaftlichkeit, also beide Hauptfaktoren seines Gebrauchswertes, enthält.

Typenverteilung und technische Einzelheiten.

Es wurden 32 Wagen mit 9 Typen gemeldet[1].

Die Verteilung der Typen auf die drei Wertungsgruppen der Zwei-, Vier- und Sechssitzer und die Anzahl der Sechs- und Vierzylinder zeigt Fig. 14.

An technischen Einzelheiten der teilnehmenden Fahrzeuge sind zu erwähnen:

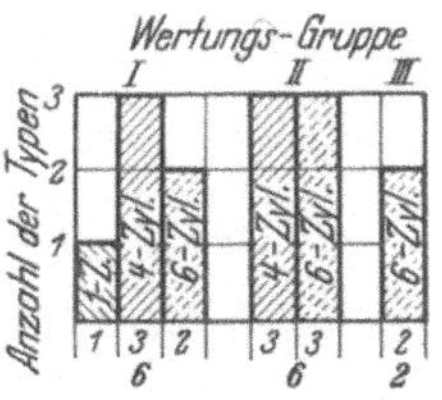

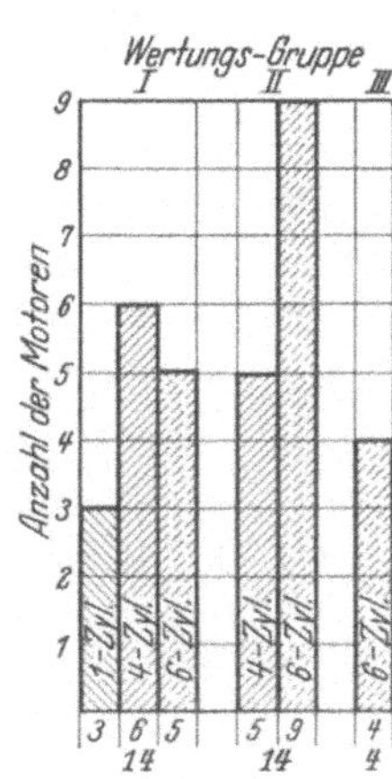

Fig. 14.

Kolbenmaterial. Von 9 Motortypen hatte eine Graugußkolben, die anderen acht hatten Kolben aus besonders wärmeleitendem Material (Leichtmetall. Kupferboden).

---

[1] Unterschiede der Hinterachsuntersetzung und der Reifengröße sollen die Typenzahlen nicht beeinflussen.

Luft-, Öl- und Kraftstoffreiniger. Sechs Typen verwendeten Luftreiniger, d. s. 67%, und zwar nur „trockene" Systeme mit Zentrifugalkraftwirkung. Nur drei Vierzylindertypen hatten keine Luftreiniger.

Ölreiniger hatten drei Typen, nämlich zwei mit Sechszylindermotoren und eine mit Vierzylindermotor ausgerüstete Wagentype.

Ebenfalls nur drei Typen, eine Einzylindertype und zwei Sechszylindertypen hatten besondere **Kraftstoffreiniger.**

Batterie- oder Magnetzündung. Sieben von neun Typen verwendeten Batteriezündung (= 78%), Magnetzündung besaßen nur zwei ältere Typen (= 22%).

Vier- und dreigängige Getriebe. Vierganggetriebe fanden sich nur in zwei Wagentypen, nämlich in einem schon länger bestehenden Typ mit 1½-Litermotor und einem ganz neuen Typ mit 3-Litermotor. Die restlichen sieben Typen hatten Dreiganggetriebe.

Einzelprüfung 1.

Start- und Fahrfähigkeit.

Die Ausschreibung für die Fahrt besagt über die Einzelprüfung auf Start- und Fahrfähigkeit:

„Die Prüfung der Start- und Fahrfähigkeit erfolgt durch die drei nachstehenden Wertungen:

     1a. Startprüfung,
     1b. Startprüfung mit Leistungsprüfung,
     1c. Geländefahrbarkeit."

Die anteilige Wertung der drei Prüfungen für die Start- und Fahrfähigkeit sowie der prozentuale Einfluß der Wertungen für Start- und Fahrfähigkeit auf das Gesamtergebnis ergibt sich aus nachfolgendem Auszug aus der Wertungstabelle:

Auszug aus der Wertungstabelle.

	Wertungsanteile
Start- und Fahrfähigkeit:	
a) Startprüfung	3
b) Startprüfung mit Leistungsprüfung	4
c) Geländefahrbarkeit	7
	14

Weiter besagt die Ausschreibung über die Prüfung:

„1a. Startprüfung.

Diese Prüfung findet bei jedem Tagesstart statt, mit Ausnahme derjenigen Tage, an denen sie unvorbereitet auf Anordnung der Fahrtleitung durch die Prüfung 1b ersetzt wird.

Der ganze Wertungsanteil dieser Prüfung 1a setzt sich aus den einzelnen Tagesstarts mit gleicher Wirksamkeit zusammen.

10 Minuten vor der Startzeit des einzelnen Bewerbers wird diesem (nicht Mit-

fahrern) der Zutritt zum Parkplatz, jedoch nicht zum Fahrzeug gestattet. Auf das Zeichen des Starters darf der Fahrer 1 Minute vor der Startzeit das Fahrzeug berühren und unter beliebigen Behelfen (Einspritzen usw.) den Motor in Gang setzen. Innerhalb der Minute bis zur Startzeit muß das Fahrzeug seinen Standplatz mit eigener motorischer Kraft verlassen haben. Überschreiten dieser einen Minute um 200% führt zum Verlust des ganzen Wertungsanteiles. Geringeres Überschreiten wird prozentual bewertet. Bleibt ein Motor nach Verlassen des Standplatzes innerhalb des gekennzeichneten Parkplatzes stehen, so bedeutet dies in jedem Einzelfalle den Verlust von 50% des Wertungsanteils. Fremde Hilfe beim Start führt zum Verlust von 25% des Wertungsanteils.

Das Fahrzeug hat mithin den Parkplatz ohne Stehenbleiben des Motors zu verlassen. Der Zeitverbrauch hierzu wird nicht bewertet: Nach Verlassen des Parkplatzes werden Insassen, Gepäck, Ersatzreifen usw. aufgenommen. Hierfür sind in die Fahrzeit der ersten Teilstrecke täglich 5 Minuten eingesetzt."

Tabelle 3.

Wertungs-gruppe	Start-Nr.	Fabrikat	Prüfung 1a					
			Wertungen am:					Gesamt-wertung
			2. Mai	3. Mai	4. Mai	5. Mai	6. Mai	
I	30*	Hanomag	0,60	0,60	0,60	0,00	0,60	2,40
	31	„	0,60	0,60	0,60	0,60	0,60	3,00
	32	„	0,60	0,35	0,60	0,21	0,60	2,36
	33*	Steyr	0,60	0,60	0,60	0,60	0,60	3,00
	34*	„	0,60	0,60	0,60	0,60	0,60	3,00
	35*	„	0,60	0,60	0,60	0,60	0,60	3,00
	36	Ford	0,60	0,60	0,30	0,60	0,60	2,70
	37*	„	0,60	0,60	0,60	0,60	0,60	3,00
	38	Dixi	0,60	0,60	0,60	0,60	0,60	3,00
	39	„	0,60	0,60	0,60	0,60	0,60	3,00
	40	„	0,60	0,60	0,60	0,60	0,60	3,00
	41*	Steyr	0,60	0,60	0,60	0,60	0,60	3,00
	42*	Adler	0,60	0,60	0,60	0,60	0,60	3,00
	43*	Brennabor	0,60	0,60	0,60	0,60	0,60	3,00
II	51*	Adler	0,60	0,60	0,60	0,60	0,60	3,00
	52*	„	0,60	0,60	0,28	0,45	0,60	2,53
	53*	„	0,60	0,60	0,46	0,60	0,30	2,56
	54*	„	0,60	0,60	0,17	0,60	0,60	2,57
	56*	Steyr	0,00	0,60	0,60	0,60	0,60	2,40
	57*	„	0,60	0,60	0,60	0,60	0,60	3,00
	58*	Opel	0,60	0,60	0,54	0,00	0,00	1,74
	60*	Adler	0,60	0,48	0,60	0,60	0,60	2,88
	61*	„	0,60	0,60	0,31	0,48	0,60	2,59
	62*	Wanderer	0,60	0,60	0,60	0,60	0,60	3,00
	64*	Brennabor	0,60	0,60	0,60	0,60	0,00	2,40
	65*	„	0,60	0,60	0,60	0,60	0,60	3,00
	68*	Ford	0,60	0,60	0,47	0,55	0,60	2,82
	70*	„	0,60	0,60	0,60	0,60	0,60	3,00
III	80*	Adler	0,60	0,60	0,47	0,40	0,48	2,55
	81*	Brennabor	0,60	0,60	0,60	0,60	0,60	3,00
	82*	„	0,60	0,60	0,60	0,60	0,48	2,88
	83*	„	0,60	0,60	0,60	0,60	0,60	3,00

* Geschlossene Wagen.

Der Zweck der Startprüfungen war die Feststellung, ob sich die heutigen Kraftwagen in einer im praktischen Fahrbetrieb ausreichenden Zeitspanne auch unter ungünstigen Voraussetzungen (Nachtkälte) in Betrieb setzen lassen. Die Ausschreibung hat ausdrücklich beliebige Behelfe (Einspritzen usw.) für die Ingangsetzung des Motors freigegeben. An und für sich bedeutet dies eine ganz wesentliche Erleichterung dieser Prüfung. Der Käufer setzt heute im allgemeinen von einem Gebrauchswagen voraus, daß dessen Motor ohne Öffnung der Haube jederzeit in Gang gesetzt werden kann. Sämtliche der gemeldeten Fahrzeuge waren dementsprechend mit Starterklappen ausgerüstet, welche vom Führersitz aus bedient werden konnten; teilweise wurden noch andere Mittel angewandt: Einspritzen in das Saugrohr oder durch die Kompressionshähne.

Weitere Hilfsmittel bildeten Schwimmertipper, welche vom Führersitz aus bedienbar waren, Pallassparregler, Kühlerkappen, Thermostaten, Zusatzbatterien und Anlasser mit Untersetzung. Alle diese Behelfe sprechen deutlich für die Unzulänglichkeit der heute noch verwendeten Vergaser.

Bei den Startprüfungen der ersten beiden Tage des Wettbewerbes erhielten mit Ausnahme eines Bewerbers alle den vollen Wertungsanteil. Der dritte, vierte und fünfte Tag brachten einer Reihe von Teilnehmern

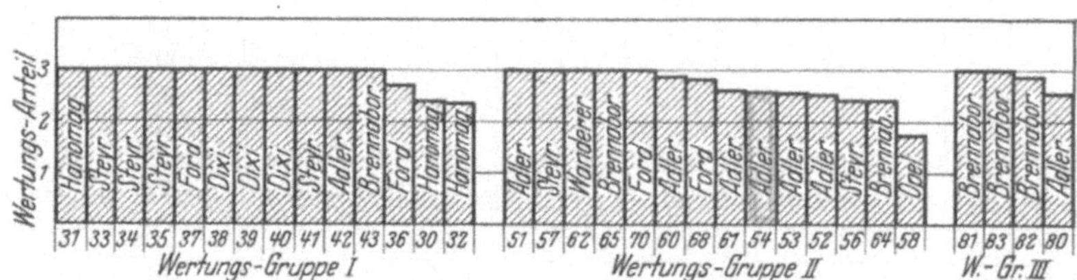

Fig. 15.

Wertungsverluste. Die Resultate verschlechterten sich demnach im Laufe des Wettbewerbes, und zwar nicht unerheblich, wie aus der Tabelle 3 und der zugehörigen graphischen Darstellung in Fig. 15 hervorgeht.

Über den zweiten Teil der Prüfung auf Start- und Fahrfähigkeit, nämlich über die „Startprüfung mit Leistungsprüfung" besagt die Ausschreibung:

„1b. Startprüfung mit Leistungsprüfung.

Die Prüfung 1 b ersetzt auf Anordnung der Fahrtleitung ein oder mehrere Male die Prüfung 1 a. Ihre Besonderheit besteht darin, daß die Fahrzeuge unmittelbar nach dem Ingangsetzen auf gerader ungefährlicher Bergstrecke eine kurze Bergprüfung leisten müssen (Anfahrvermögen).

Maßgebend für die Wertung ist die Zeit von der Aufforderung zum Anlassen des Motors bis zum Erreichen eines mehrere 100 m entfernt liegenden Zieles. Fremde Hilfe hat Verlust von 25% des ganzen Wertungsanteils zur Folge. Die 1 Minute Startzeit der Prüfung 1a findet bei der Prüfung 1b keine Anwendung.

Maßgebend für die Bewertung ist die Bestzeit der Wertungsgruppe. 100% Überschreiten der Bestzeit führt zum Verlust des Wertungsanteiles. Geringeres Überschreiten wird prozentual bewertet.

Die Ausrechnung erfolgt also nach der Formel:

$$W_{1b} = w \cdot \frac{t_v - t_b}{t_{min}} = w \left(2 - \frac{t_b}{t_{min}} \right).$$

Hierbei ist:
W_{1b} = zu errechnender Wertungsanteil des Bewerbers,
w = erreichbarer Höchstwert (s. Wertungs-Tab.),
t_{min} = geringste Fahrzeit,
t_v = $2\,t_{min}$ = Verlust der Wertung,
t_b = Fahrzeit des Bewerbers."

Diese Prüfung stellt demnach eine Kombination einer Start- und Beschleunigungsprüfung am Berge dar, wobei das Hauptgewicht auf dem schnellen Erreichen hoher Motorleistung liegt.

Abb. 1. Bei der Startprüfung mit Leistungsprüfung auf dem Nürburg-Ring.
(Aufnahme der Bayerischen Landesfilm G.m.b.H.-München.)

Praktisch wurde die Prüfung in der Weise durchgeführt, daß die Fahrzeuge während der Nacht vom 9. auf den 10. Mai unter Bewachung auf dem Nürburgring vor einer 15%-Steigung aufgestellt wurden und auf dieser Steigung raschmöglichst 200 m zurückzulegen hatten. Nicht weniger als 13 Konkurrenten verloren den ganzen Wertungsanteil dieser Prüfung. Die Einzelwertungen zeigen Tabelle 4 und Fig. 16.

Tabelle 4.

Wertungs-gruppe	Start-Nr.	Fabrikat	Prüfung 1 b		Wertungs-gruppe	Start-Nr.	Fabrikat	Prüfung 1 b	
			Fahr-zeit min. sec.	Wer-tung				Fahr-zeit min. sec.	Wer-tung
I	30*	Hanomag	4 34	0,00	II	53*	Adler	—	—
	31	,,	3 38	0,00		54*	,,	2 07	3,10
	32	,,	—	—		56*	Steyr	—	—
	33*	Steyr	1 27	1,96		57*	,,	4 38	0,00
	34*	,,	4 15	0,00		58*	Opel	—	—
	35*	,,	1 57	0,00		60*	Adler	1 47	3,88
	36	Ford	1 37	1,25		61*	,,	2 05	3,19
	37*	,,	0 58	4,00		62*	Wanderer	2 01	3,33
	38	Dixi	4 52	0,00		64*	Brennabor	6 17	0,00
	39	,,	1 57	0,00		65*	,,	2 47	1,55
	40	,,	1 55	0,00		68*	Ford	2 18	2,68
	41*	Steyr	3 45	0,00		70*	,,	1 44	4,00
	42*	Adler	2 04	0,00	III	80*	Adler	2 30	4,00
	43*	Brennabor	2 05	0,00		81*	Brennabor	4 25	0,95
II	51*	Adler	3 01	1,02		82*	,,	7 80	0,00
	52*	,,	3 03	0,95		83*	,,	26 05	0,00

* Geschlossene Wagen.

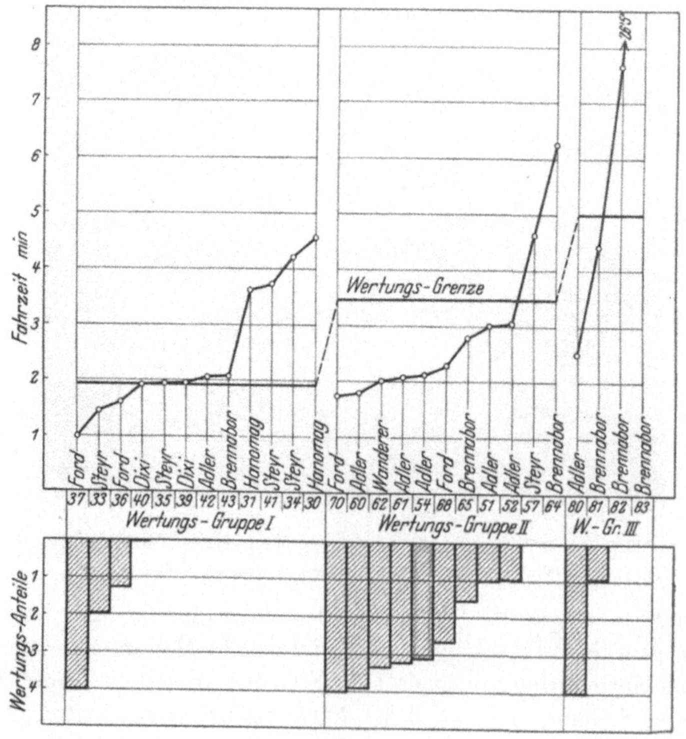

Fig. 16.

Auf Grund der Erfahrungen bei den vorhergehenden Startprüfungen hatten verschiedene Konkurrenten am Tage vor dieser Prüfung das normal verwendete dicke Motorenöl durch dünnes ersetzt, um eine schnelle Durchölung ihrer Maschinen sicherzustellen, was durch die Ausschreibung nicht verboten war. Der Kunde muß heute jedoch fordern, daß ein Gebrauchswagen bei kalter Witterung auch ohne Ölwechsel raschen Start gestattet.

1c. Prüfung der Geländefahrbarkeit.

Zu dieser Prüfung 1c besagt die Ausschreibung:

„Die Strecke ist durch Flaggenpaare festgelegt. Abweichen vom Wege ist so weit zulässig, als jedes Flaggenpaar passiert wird. Die Prüfung 1c findet mehrmals statt.

Der volle Wertungsanteil wird jedem Fahrzeug erteilt, das nicht mehr als 25% Überzeit gegenüber dem Besten seiner Wertungsgruppe benötigt, so daß ein Rennen auf der Geländestrecke vermieden wird. Überschreiten der Bestfahrzeit der Wertungsgruppe um 50% bringt Verlust des ganzen Wertungsanteils. Stehenbleiben mit Aussteigen auch nur eines Fahrers oder Insassen bringt für jeden Fall Verlust von 25% des vollen Wertungsanteils. Fremde Hilfe führt zum Verlust des vollen Wertungsanteils. Solche Hilfsmittel (z. B. Gleitschutzketten), die normal und serienmäßig mitgeliefert oder bei der Abnahme angegeben werden, können benutzt werden. Ihre Montage hat innerhalb der Wertungszeit zu erfolgen.

Benutzung nicht serienmäßiger bzw. nicht gemeldeter Hilfsmittel gilt als fremde Hilfe.

Die Ausrechnung erfolgt nach der Formel:

$$W_{1c} = w \cdot \frac{t_v - t_b}{0,25\, t_{min}} = 4\, w \cdot \left(1,5 - \frac{t_b}{t_{min}}\right)$$

bzw. für geschlossene Wagen:

$$w'_{1c} = 1,15\, w_{1c}.$$

Für Steckenbleiben wird je $\frac{w}{4}$ abgezogen.

Hierbei ist: W_{1c} = zu errechnender Wertungsanteil des Bewerbers,

w = erreichbarer Höchstwert (s. Wertungs-Tab.),

t_{min} = geringste Fahrzeit,

t_{max} = $1,25\, t_{min}$ = höchstzulässige Fahrzeit,

t_v = $1,5\, t_{min}$ = Verlust des Wertungsanteiles,

t_b = Fahrzeit des Bewerbers."

Wie schon in dem Kapitel über den Verlauf des Wettbewerbes angegeben, fanden drei derartige Prüfungen statt. Die erste bei Döberitz, die zweite bei Jüterbog, beide am 1. Mai; die dritte in der Eifel in der Nähe des Nürburgringes am 9. Mai.

Über Führung und Zustand der Geländestrecken besagte ein neutraler Bericht[1]:

Die Geländeprüfungsfahrt in Döberitz.

„Vom Havelufer zog die Kolonne weiter nach Döberitz, wo die erste Geländeprüfung auf dem dortigen Truppenübungsplatz abgehalten wurde.

---

[1] Aus „B. Z. am Mittag" Nr. 120, 2. Beilage zum Sport, Mittwoch, 2. Mai 1928.

Über immer welliger und schwieriger werdendes Gelände führte die Route, die mit blauen und weißen Fähnchen markiert war. Sandige Stellen, oft noch auf einer kurzen Steigung, waren zu überwinden, in stetem Auf und Ab ging es durch dichtes Heidekraut hin, unter dem sich häufig tückische

Abb. 2. Bei der 1. Prüfung der Geländefahrbarkeit.
(Aufnahme von „Motor und Sport".)

Abb. 3. Bei der 1. Prüfung der Geländefahrbarkeit.
(Aufnahme von „Motor und Sport".)

Löcher und kleine Gräben versteckten. Wie schwankende Schiffchen zwischen hohen Wellen versanken die Wagen in den kurzen Geländerillen, um bald wieder aufzutauchen und über die Kuppen hinwegzutanzen und plötzlich wieder um eine der Baumgruppen herum zu verschwinden, die mit ihrem jungen Grün leuchtend im warmen Sonnenschein zwischen dem Schwarzbraun der Heide standen.

Es war in den Ausschreibungsbedingungen den Fahrern anempfohlen worden, bei den Geländefahrten das Tempo nicht zu forcieren. Dennoch fuhren einige Teil-

Abb. 4. Bei der 1. Prüfung der Geländefahrbarkeit.
(Aufnahme von Herrn St. v. Szénásy, Berlin.)

Abb. 5. Bei der 1. Prüfung der Geländefahrbarkeit.
(Aufnahme von Herrn St. v. Szénásy, Berlin.)

nehmer wie die Wilden über das schwierige Terrain. Sie brachten dadurch ihre Konkurrenten, die sich nicht sonderlich beeilten, in starken Nachteil, da eine um mehr als 25% längere Zeit bereits einen Wertungsverlust und mehr als 50% den Ausfall der gesamten Wertungsziffer zur Folge hatten.

Die Jüterboger Geländefahrt.

Während die Strecke auf dem Döberitzer Militärübungsplatz schwierig durch einige knifflige, nahezu an Kunststücke grenzende Aufgaben war, gab es auf dem

Abb. 6. Bei der 2. Prüfung der Geländefahrbarkeit.
(Aufnahme der „Bayerische Landesfilm G.m.b.H.-München".)

Abb. 7. Bei der 2. Prüfung der Geländefahrbarkeit.
(Aufnahme der „Bayerische Landesfilm G.m.b.H.-München".)

Gelände bei Jüterbog Hindernisse, welche nach Ansicht der meisten Fahrer diese zweite Geländefahrt noch viel schwieriger machten als die erste Fahrt. Die Route ging streckenweise über Sandgebiete, die wie mit Dampfpflügen gepflügte Äcker aussahen. Dann gab es Stellen aus reinem Schwemmsand und Gelände mit unzähligen Granatlöchern, die unter Heidekraut verborgen waren. Man hatte oft den Eindruck, als ob einige solcher Löcher extra für diese Prüfung hergerichtet

Abb. 8. Bei der 2. Prüfung der Geländefahrbarkeit.
(Aufnahme der „Bayerische Landesfilm G.m.b.H.-München".)

Abb. 9. Bei der 2. Prüfung der Geländefahrbarkeit.
(Aufnahme der „Bayerische Landesfilm G.m.b.H.-München".)

worden wären. Außerordentlich schwierig für manche Fahrzeuge war das Anfahren eines steilen Hügels aus einer Kurve heraus. Das gleiche wiederholte sich bei einem zweiten Berg, dem ein Graben vorgelagert war, usw."

Der Autor obiger Berichte äußerte sich auf Grund seiner Beobachtungen an Ort und Stelle sehr richtig über den praktischen Wert der Geländeprüfungen:

„Diese beiden Geländeprüfungen stellten hinsichtlich Verwindung des Rahmens, Beanspruchung der Federn, der Schalter und der Steuerungsorgane, auch

Abb. 10. Bei der Geländefahrbarkeits-Prüfung in der Eifel.
(Aufnahme von Herrn P. Schneider, Berlin.)

hinsichtlich der Anzugskraft des Motors und hinsichtlich der Bremsen eine viel vollkommenere Erprobung dar als 5000 Kilometer der sonst üblichen Zuverlässigkeitsfahrten."

Die dritte und letzte Geländeprüfung in der Umgebung des Nürburgringes in der Eifel führte über mehr oder minder schlechte Bergwege, Heidestrecken und durch große Wasserlachen. Die Strecke stand den beiden oben geschilderten Strecken wenig nach.

Fig. 17.

Die Tabelle 5 und Fig. 17 ergeben die Einzelwertungen in den drei Abschnitten der Prüfung 1c sowie deren Gesamtwertung.

Tabelle 5.

Wertungsgruppe	Start-Nr.	Fabrikat	Prüfung 1c						Gesamtwertung 1c
			Döberitz		Jüterbog		Nürburg-Ring		
			Fahrzeit Min.	Wertung	Fahrzeit Min.	Wertung	Fahrzeit Min.	Wertung	
I	30*	Hanomag	35	0,35	28	0,35	27	0,35	1,05
	31	,,	33	0,00	26	0,00	38	0,00	0,00
	32	,,	42	0,00	32	0,00	—	—	0,00
	33*	Steyr	28	1,90	22	2,27	16	2,34	6,51
	34*	,,	23	2,33	19	2,33	15	2,34	7,00
	35*	,,	28	1,90	17	2,33	19	2,34	6,57
	36	Ford	29	1,12	18	2,33	16	2,34	5,79
	37*	,,	26	2,33	18	2,33	17	2,15	6,81
	38	Dixi	22	2,33	27	0,00	16	2,34	4,67
	39	,,	21	2,33	17	2,33	15	2,34	7,00
	40	,,	28	1,55	24	0,82	16	2,34	4,71
	41*	Steyr	43	0,35	27	0,35	21	0,35	1,05
	42*	Adler	26	2,33	19	2,33	13	2,34	7,00
	43*	Brennabor	34	0,35	25	0,63	32	0,35	1,33
II	51*	Adler	22	2,33	16	2,33	15	2,34	7,00
	52*	,,	28	2,12	23	0,59	19	2,34	5,05
	53*	,,	30	1,28	27	0,00	—	—	1,28
	54*	,,	32	0,42	22	1,17	19	0,00	1,59
	56*	Steyr	28	2,12	23	0,59	—	—	2,71
	57⁰	,,	25	2,33	20	2,33	13	2,34	7,00
	58*	Opel	26	2,33	20	2,33	—	—	4,66
	60*	Adler	29	1,70	22	1,17	13	2,34	5,21
	61*	,,	36	0,00	24	0,00	14	2,34	2,34
	62*	Wanderer	27	2,33	18	2,33	14	2,34	7,00
	64*	Brennabor	26	2,33	38	0,00	17	0,78	3,11
	65*	,,	37	0,00	33	0,00	18	0,00	0,00
	68*	Ford	26	2,33	21	1,75	14	2,34	6,42
	70*	,,	26	2,33	17	2,33	12	2,34	7,00
III	80*	Adler	28	1,75	21	2,33	16	0,00	4,08
	81*	Brennabor	32	2,33	25	2,33	15	2,34	7,00
	82*	,,	32	2,33	23	2,33	16	2,34	7,00
	83*	,,	33	2,33	23	2,33	16	2,34	7,00

Die mit * bezeichneten geschlossenen Wagen erhielten laut Ausschreibung in dieser Prüfung je 15% des vollen Wertungsanteiles vergütet.

Die Tabelle 6 und die graphische Darstellung in Fig. 18 ergeben die Gesamtwertung der vorbehandelten ersten Einzelprüfung des Wettbewerbes und lassen gleichzeitig die Reihenfolge der Bewerber erkennen.

Einzelprüfung 2.

Zuverlässigkeit und Reisegeschwindigkeit.

Über diese Einzelprüfung besagt die Ausschreibung:

„Die Wertung der Zuverlässigkeit und Reisegeschwindigkeit erfolgt durch Zeitkontrolle. Jedes Fahrzeug erhält für jeden Fahrtag einen Fahrplan, auf dem seine

Tabelle 6.

Wertungsgruppe	Start-Nr.	Fabrikat	Gesamtwertung 1a	Gesamtwertung 1b	Gesamtwertung 1c	Gesamtwertung 1	Reihenfolge	Wertungsgruppe	Start-Nr.	Fabrikat	Gesamtwertung 1a	Gesamtwertung 1b	Gesamtwertung 1c	Gesamtwertung 1	Reihenfolge
I	30*	Hanomag	2,40	0,00	1,05	3,45	10	II	53*	Adler	2,56	—	1,28	3,84	13
	31	,,	3,00	0,00	0,00	3,00	11		54*	,,	2,57	3,10	1,59	7,26	9
	32	,,	2,36	—	0,00	2,36	12		56*	Steyr	2,40	—	2,71	5,11	12
	33*	Steyr	3,00	1,96	6,51	11,47	2		57*	,,	3,00	0,00	7,00	10,00	6
	34*	,,	3,00	0,00	7,00	10,00	3		58*	Opel	1,74	—	4,66	6,40	10
	35*	,,	3,00	0,00	6,57	9,57	5		60*	Adler	2,88	3,88	5,21	11,97	3
	36	Ford	2,70	1,25	5,79	9,74	4		61*	,,	2,59	3,19	2,34	8,12	8
	37*	,,	3,00	4,00	6,81	13,81	1		62*	Wanderer	3,00	3,33	7,00	13,33	2
	38	Dixi	3,00	0,00	4,67	7,67	7		64*	Brennabor	2,40	0,00	3,11	5,51	11
	39	,,	3,00	0,00	7,00	10,00	3		65*	,,	3,00	1,55	0,00	4,55	12
	40	,,	3,00	0,00	4,71	7,71	6		68*	Ford	2,82	2,68	6,42	11,92	4
	41*	Steyr	3,00	0,00	1,05	4,05	9		70*	,,	3,00	4,00	7,00	14,00	1
	42*	Adler	3,00	0,00	7,00	10,00	3	III	80*	Adler	2,55	4,00	4,08	10,63	2
	43*	Brennabor	3,00	0,00	1,33	4,33	8		81*	Brennabor	3,00	0,95	7,00	10,95	1
II	51*	Adler	3,00	1,02	7,00	11,02	5		82*	,,	2,88	0,00	7,00	9,88	4
	52*	,,	2,53	0,95	5,05	8,53	7		83*	,,	3,00	0,00	7,00	10,00	3

* Geschlossene Wagen.

Durchfahrzeiten für etwa 10 km voneinander entfernt liegende Punkte aufgeführt sind. Einige dieser Punkte sind Geheimkontrollen. Für jede dieser Teilstrecken wird je nach den Gelände- und Straßenverhältnissen für die einzelnen Wertungsgruppen eine bestimmte Durchschnittsgeschwindigkeit vorgeschrieben.

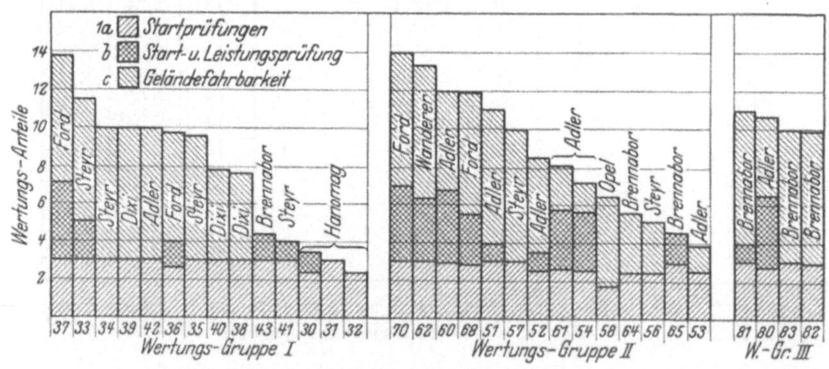

Fig. 18.

Das Fahrzeug muß von Teilstrecke zu Teilstrecke diese vorgeschriebene Zeit einhalten. Durchfährt ein Fahrzeug eine Kontrollstelle bis zu 10 Minuten früher oder bis zu 10 Minuten später als im Fahrplan vorgesehen, so gilt das Fahrzeug als ordnungsgemäß passiert und erhält keine Strafpunkte. Für jede weitere angefangene Minute, die ein Fahrzeug eine Kontrollstelle zu früh oder zu spät passiert, erhält es 1 Verlustprozent des Wertungsanteils dieser Prüfung. Ein Fahrzeug, das eine Kontrollstelle nicht passiert, erhält in jedem Falle 100 Verlustprozente."

Der Anteil dieser Prüfung an der Gesamtwertung war, wie aus der im Vorwort angegebenen Wertungstabelle ersichtlich, mit 16% angesetzt worden.

Bei früheren Veranstaltungen bediente man sich Unparteiischer zur Kontrolle sowie der Plombierung wichtiger Fahrzeugteile, um Veränderungen daran während der Fahrt zu verhindern. Bei der ersten Gebrauchs- und Wirtschaftlichkeitsfahrt hat der ADAC auf beide Kontrollmittel verzichtet und ein zuverlässigeres Kontrollsystem angewandt.

Für jede Wertungsgruppe wurden laut Ausschreibung je nach Straßenbeschaffenheit die in der untenstehenden Tabelle angegebenen Reisegeschwindigkeiten festgesetzt:

Wertungsgruppe	Reisegeschwindigkeit km/Std.
I (Zweisitzer)	32,5—40
II (Viersitzer)	37,5—45
III (Sechssitzer)	42,5—50

Die Tagesetappen-Ziele sowie die Orte mit Zwangsmittagspausen waren als Kontrollpunkte bekanntgegeben, außerdem bestanden Geheimkontrollen. Die Tabelle 7 zeigt als Beispiel den Fahrplan für den zweiten Fahrtag der Wertungsgruppen II und III (entnommen dem jedem Fahrzeug ausgehändigten Streckenbuch). Reparaturen durften nur auf der Strecke und nur von den Insassen des Fahrzeuges mit den an Bord befindlichen Mitteln ausgeführt werden. Um die Zuverlässigkeit der Fahrzeuge festzustellen, wurde die Fahrt in gebirgiges Gelände verlegt und die Reisegeschwindigkeit hoch gewählt. Wie untenstehende Streckenangabe zeigt, führte diese Prüfung durch einen großen Teil des Reiches, vorwiegend durch Mitteldeutschland. Die Aufmerksamkeit der Bevölkerung in allen von der Fahrt berührten Gegenden bewies das in weiten Bevölkerungsschichten vorhandene Interesse für das Kraftfahrwesen. Die Zuverlässigkeits- und Reisegeschwindigkeitsprüfung umfaßte folgende Etappen:

Am 1. Mai	Strecke	Jüterbog—Kottbus	126,1 km		
„ 2. „	„	Kottbus—Hirschberg	172,9 km		
„ 3. „	„	Hirschberg—Freiberg	210,1 km	(Gruppe	I),
„ 4. „	„	Freiberg—Ilmenau	271,7 km	(„	I),
„ 4. „	„	Hirschberg—Ilmenau	481,8 km	(„	II, III),
„ 5. „	„	Ilmenau—Ilmenau	350,8 km	(„	I),
„ 5. „	„	„ „	501,0 km	(„	II, III),
„ 6. „	„	Ilmenau—Adenau	491,7 km.		

Die Gesamtstrecke für die Fahrzeuge der Wertungsgruppe I betrug 1623,3 km, diejenige für die der Wertungsgruppe II und III etwa 150 km mehr oder 1773,5 km.

Tabelle 7.

2. Fahrtag (2. Mai 1928)   Wertungsgruppe II und III
Kottbus—Hirschberg 172,9 km.   Wagen Nr. ....

Ort	km von Ort zu Ort	km von Kontr.-Abschn. zu Kontr.-Abschn.	km lfd.	Durchschn. Geschw. in km/Std. W.Gr. II	W.Gr. III	Zeit von Ort zu Ort in Minuten W. Gr. II	W. Gr. III	Zeit laufend in Minuten W. Gr. II	W. Gr. III	Uhrzeit für Durchfahrt
Kottbus . . .	0,0		0,0	43	50					8^{30}
Gr. Oßnig . .	11,1	11,1	11,1	43	50	15,5	13,3	15,5	13,3	8^{45}
Kantdorf . . .	10,2		21,3	43	50					
Spremberg. .	2,3	12,5	23,6	43	50	17,4	15,0	32,9	28,3	9^{02}
Graustein . . .	8,0		31,6	43	50					
Schönhaide . .	4,9		36,5	43	50					
Wolfshain . .	3,4	16,3	39,9	43	50	22,8	19,6	55,7	47,9	9^{24}
Jämlitz	5,6		45,5	43	50					
Muskau	5,2		50,7	43	50					
Keula	3,5	14,3	54,2	43	50	20,0	17,2	75,7	65,1	9^{44}
Weiskeißel. . .	2,6		56,8	43	50					
Zollhaus Heide.	7,5		64,3	43	50					
Rietschen . .	5,2	15,3	69,5	43	50	21,4	18,4	97,1	83,5	10^{05}
Stannewisch . .	4,4		73,9	43	50					
Niesky	8,6		82,5	43	50					
Oedernitz . .	2,1	15,1	84,6	43	50	21,0	18,1	118,1	101,6	10^{26}
Niederreugersdorf	7,3		91,9	43	50					
Görlitz. . . .	11,4	18,7	103,3	41	47	26,0	22,4	144,1	124,0	10^{52}
Leopoldsheim .	4,2		107,5	41	47					
Troitschendorf .	3,5		111,0	41	47					
Schreibersdorf	10,5	18,2	121,5	41	47	26,6	23,2	170,7	147,2	11^{18}
Lauban	4,7		126,2	41	47					
Langenöls . .	9,5	14,2	135,7	41	47	20,8	18,1	191,5	165,3	11^{38}
Greifenberg . .	6,0		141,7	41	47					
Ottendorf . .	3,3	9,3	145,0	41	47	13,6	11,9	205,1	177,2	11^{51}
Langwasser . .	4,6		149,6	41	47					
Spiller.	6,9		156,5	41	47					
Berthelsdorf.	2,6	14,1	159,1	41	47	20,6	18,0	225,7	195,2	12^{11}
Boberröhrsdorf.	8,5		167,6	41	47					
Hirschberg. .	5,3	13,8	172,9	41	47	20,2	17,6	245,9	212,8	12^{31}

Das Ergebnis der Prüfung ist aus der Fig. 19 ersichtlich und belegt deutlich die Erfahrungstatsache, daß reine Zuverlässigkeitsfahrten heute keine Ausscheidung mehr bringen.

Wenn die Prüfung auf Zuverlässigkeit und Reisegeschwindigkeit auch keinen entscheidenden Einfluß auf die Placierung der Fahrzeuge in der Gesamtwertung der „Gebrauchs- und Wirtschaftlichkeitsfahrt“ ausübte, so hat sie doch indirekt und im Verein mit den Geländeprüfungen das Ergebnis einer Reihe anderer Einzelprüfungen, so z. B. die gegen Ende des Wettbewerbes abgehaltene Beschleunigungs- und Bremsprüfung, ebenso die Zustandsprüfung beeinflußt, und damit zur Erfassung gewisser, die Wirtschaftlichkeit beeinflussender Faktoren beigetragen.

Tabelle 8.

Wertungs-gruppe	Start-Nr.	Fabrikat	Prüfung 2						Gesamt-wertung	Reihenfolge
			1. Mai	2. Mai	3. Mai	4. Mai	5. Mai	6. Mai		
I	30*	Hanomag	2,61	2,66	2,13	2,67	2,66	2,67	15,40	5
	31	,,	2,67	2,53	2,64	2,67	0,00	2,38	12,89	7
	32	,,	2,67	2,48	2,61	2,67	2,13	scheidet aus		
	33*	Steyr	2,67	2,66	2,67	2,67	2,66	2,67	16,00	1
	34*	,,	2,67	2,66	2,67	2,67	2,66	2,32	15,65	4
	35*	,,	2,67	2,66	2,67	2,67	2,66	2,64	15,97	2
	36	Ford	2,67	2,66	2,64	2,67	2,66	2,67	15,97	2
	37*	,,	2,67	2,66	2,67	2,40	2,66	2,67	15,73	3
	38	Dixi	2,67	2,66	2,67	2,67	2,66	2,67	16,00	1
	39	,,	2,67	2,66	2,67	2,67	2,66	2,67	16,00	1
	40	,,	2,67	2,66	2,67	0,00	2,66	2,61	13,27	6
	41*	Steyr	2,67	2,66	2,67	2,67	2,66	2,67	16,00	1
	42*	Adler	2,67	2,66	2,64	2,67	2,66	2,67	15,97	2
	43*	Brennabor	2,67	2,66	2,67	2,67	2,66	2,67	16,00	1
II	51*	Adler	3,20	3,20	—	3,17	3,10	3,20	15,87	5
	52*	,,	3,20	3,20	—	3,20	3,20	3,20	16,00	1
	53*	,,	3,20	3,20	—	3,20	3,10	3,20	15,90	4
	54*	,,	3,20	3,20	—	3,20	3,20	3,20	16,00	1
	56*	Steyr	3,20	2,91	—	3,20	3,20	3,04	15,55	6
	57*	,,	3,20	3,20	—	3,17	3,20	3,20	15,97	2
	58*	Opel	3,20	3,20	—	2,46	1,86	3,20	13,92	9
	60*	Adler	3,20	3,20	—	3,20	3,20	3,20	16,00	1
	61*	,,	3,20	3,20	—	3,20	2,53	3,20	15,33	8
	62*	Wanderer	3,20	3,20	—	3,20	3,17	3,20	15,97	2
	64*	Brennabor	3,20	3,20	—	0,90	3,20	3,20	13,70	10
	65*	,,	3,20	3,20	—	3,20	3,20	3,20	16,00	1
	68*	Ford	3,20	3,20	—	3,20	3,14	3,20	15,94	3
	70*	,,	3,20	3,20	—	2,59	3,20	3,20	15,39	7
III	80*	Adler	3,14	3,20	—	2,56	3,20	3,20	15,30	3
	81*	Brennabor	3,20	3,20	—	3,20	3,20	3,20	16,00	1
	82*	,,	3,20	3,20	—	3,20	3,20	3,20	16,00	1
	83*	,,	3,20	3,20	—	3,10	3,20	3,20	15,90	2

* Geschlossene Wagen.

Die Tabelle 8 zeigt, daß 11 von 32 gestarteten Fahrzeugen den Gesamtwertungs-
anteil von 16,00 Punkten und 16 Fahrzeuge nur geringe Wertungsverluste erhielten.
Zwei Fahrzeuge (Start-Nr. 31 und 40) verloren an je einem Fahrtag die ganze
Wertung. Ein Fahrzeug (Start-Nr. 32) mußte infolge Defektes ausscheiden.

Über die wichtigsten Punkte der Durchführung der Einzelprüfung 2
enthält die Ausschreibung:

„Tanken und Reparaturen.

I. Auf der Strecke: Es kann an jeder Stelle getankt werden. Die Zeit für
Tanken ist jeweils in die vorgeschriebene Fahrzeit eingerechnet, wird also nicht
gutgeschrieben. Reparaturen und Behebung von Reifenschäden dürfen auf der

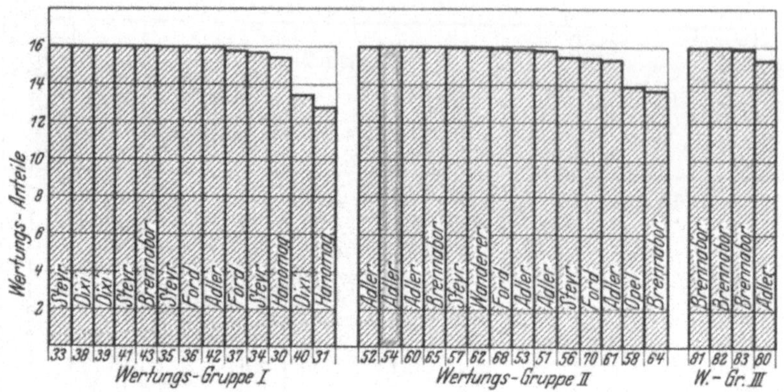

Fig. 19.

Strecke nur von den Insassen des Fahrzeuges und nur mit den an Bord befindlichen katalogmäßigen sowie den von der Abnahmekommission zugelassenen nicht katalogmäßigen Ersatzteilen und Montagemitteln ausgeführt werden.

Sind auf der Strecke Reparaturen nötig, die nur mit nicht zugelassenen Ersatzteilen und Montagemitteln oder Inanspruchnahme fremder Hilfe möglich sind, so ist an der nächsten Kontrollstelle hierüber schriftliche Meldung zu erstatten. In diesem Falle geht das Fahrzeug des vollen Wertungsanteiles verlustig, kann aber die nachfolgenden Prüfungen innerhalb der Konkurrenz noch bestreiten. Die vorgenommene Reparatur wird bei den nachfolgenden Prüfungen berücksichtigt.

Findet die oben genannte schriftliche Meldung nicht statt, so scheidet das Fahrzeug aus der gesamten Gebrauchs- und Wirtschaftlichkeitsfahrt aus.

Die Inanspruchnahme fremder Hilfe oder die Verwendung von Ersatzteilen aus mitgeführten Begleitwagen oder aus Depots führt außerdem zum Antrag auf Disqualifikation des Fahrers.

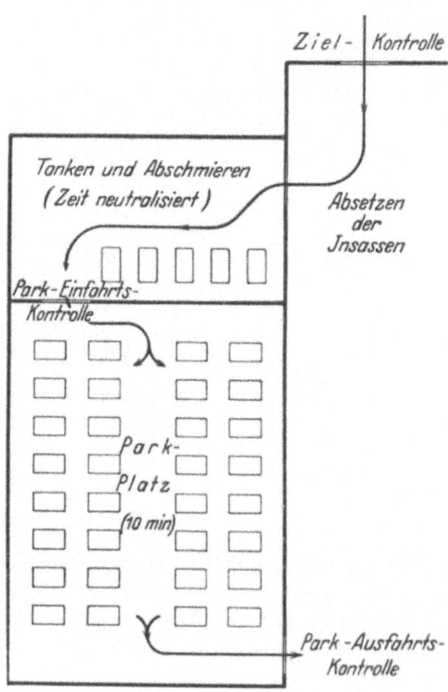

Fig. 20.

II. Im Park: Der Park ist getrennt in einen Tankplatz und in einen Parkplatz.

a) Tankplatz: Nach Ankunft im Tagesetappenziel haben die Insassen das Fahrzeug vor Eintritt in den Tankplatz zu verlassen. Das Tanken und Durchschmieren des Fahrzeuges muß vom Fahrer innerhalb 30 Minuten vorgenommen

werden. Die Zeit hierfür wird neutralisiert. Reparieren führt zu Verlust von 20%
des Wertungsanteiles.

Für die obigen Arbeiten auf dem Tankplatz sind 30 Minuten freigegeben; jede
weitere angefangene Minute führt zu einem Verlustprozent dieser Prüfung.

b) Parkplatz: Im Parkplatz sind irgendwelche Arbeiten am Fahrzeug verboten, lediglich das Überdecken der Motorhaube und Aufrichten des Verdeckes
ist gestattet. Der Fahrzeugführer darf sich im Parkplatz nicht länger als 10 Minuten aufhalten. Jede weitere Minute führt zu einem Verlustprozent.

Reparieren und Aufenthalt an fremden Fahrzeugen führt zu Verlust des gesamten Wertungsanteiles. Fremde Hilfe führt zum Ausschluß beider Teile.

Beschädigte Reifen dürfen im Tagesetappenziel außerhalb des Tank- und
Parkplatzes mit fremder Hilfe instand gesetzt bzw. durch neue ersetzt werden."

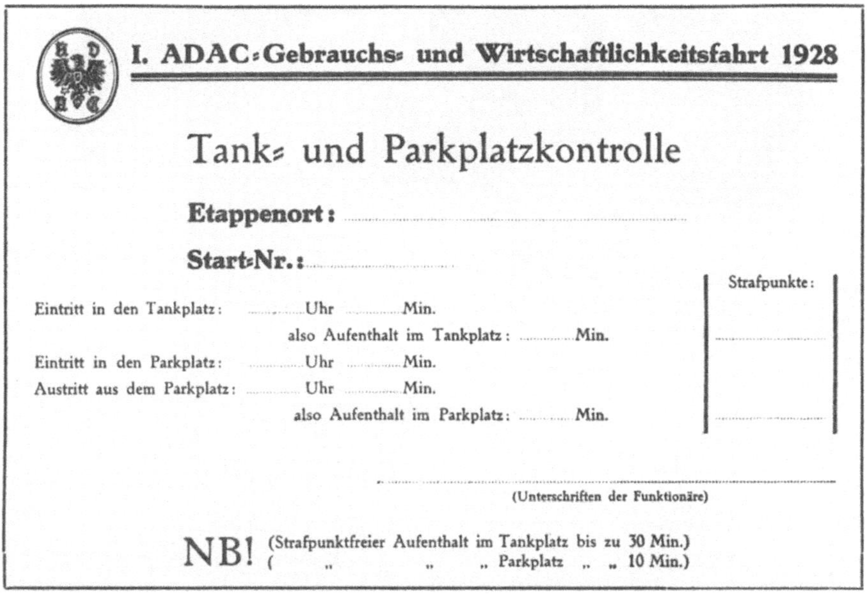

I. ADAC-Gebrauchs- und Wirtschaftlichkeitsfahrt 1928

Tank- und Parkplatzkontrolle

Etappenort: ....

Start-Nr.: ....

Strafpunkte:

Eintritt in den Tankplatz: ....Uhr ....Min.

   also Aufenthalt im Tankplatz: ....Min.

Eintritt in den Parkplatz: ....Uhr ....Min.

Austritt aus dem Parkplatz: ....Uhr ....Min.

   also Aufenthalt im Parkplatz: ....Min.

.... (Unterschriften der Funktionäre)

NB! (Strafpunktfreier Aufenthalt im Tankplatz bis zu 30 Min.)
(„ „ „ Parkplatz „ „ 10 Min.)

Fig. 21.

Die Fig. 20 stellt das Schema eines Parkplatzes samt Tankplatz dar.

Die Herrichtung der Parkplätze führten die ADAC-Ortsgruppen durch. Aus
Sicherheitsgründen und um jedes unbefugte Betreten der Parkplätze außerhalb
der zugelassenen Zeiten zu verhindern, wurden die Parks von Wachmannschaften
überwacht, deren Gestellung gleichfalls den Ortsgruppen übertragen worden war.

Über die Parkung besagt die Ausschreibung:

„Nach erfolgter Abnahme sowie an jedem Tagesetappenziel werden die Fahrzeuge geschlossen und unter Aufsicht parkiert. Jedes Betreten des Parkes außerhalb der gestatteten Zeit, auch an Rasttagen, ist verboten und wird grundsätzlich
mit Ausschluß vom Wettbewerb geahndet."

Die Fig. 21 zeigt die verwendeten Parkplatz-Kontrollzettel in ver-
kleinertem Maßstabe.

Die Abb. 11 gibt den Augenblick wieder, in welchem die Fahrzeuge eben den rechts sichtbaren, umfriedeten (nach der Abnahme bezogenen) Parkplatz an der

Abb. 11. (Aufnahme der „Photo-Union", Berlin.)

Nordkurve der Avus verlassen haben und die Insassen samt dem schon bereitgestellten Gepäck aufnehmen.

Einzelprüfung 3.

Geschmeidigkeit und Bremsfähigkeit.

Die Ausschreibung besagt über diese dritte Einzelprüfung:

„Die Prüfung findet zweimal statt; einmal zu Beginn, das zweite Mal bei Beendigung der Prüfung auf Zuverlässigkeit und Reisegeschwindigkeit. Beide Prüfungen sind gleichwertig, d. h. die für Geschmeidigkeit und Bremsfähigkeit festgesetzten Punkte gelten für jede Prüfung zur Hälfte.

Die Geschmeidigkeit und Bremsfähigkeit eines Fahrzeuges wird durch vier unmittelbar aufeinanderfolgende Prüfungsarten ermittelt. Die Prüfung geht über eine horizontale Gesamtstrecke von rund 2000 m, die in fünf verschieden lange Abschnitte eingeteilt ist. Die Abschnitte sind durch quer über die Fahrbahn gespannte Bänder mit Aufschriften gekennzeichnet (s. Fig. 22). Die Aufschriften geben in knapper Form das wieder, was in dem betreffenden Abschnitt verlangt wird, wie „Auslauf", „Langsamfahrt", „Beschleunigen" und „Bremsen". Jedem Fahrzeug wird ein von der Fahrtleitung gestellter Beifahrer mitgegeben, wofür ein Sandsack im Gewicht von 60 kg bei Anbau des Meßapparates, der bei dieser Prüfung Anwendung findet, abgeladen werden kann. Der Meßapparat erfordert keine Bedienung. Eingeschaltet wird er bei allen Fahrzeugen 100 m vor Beendigung der Langsamfahrtstrecke. Die Stelle ist durch eine Tafel mit der Aufschrift „Apparat einschalten" gekennzeichnet. Das Einschalten geschieht bei allen Fahrzeugen durch einen Mitfahrer."

Die Prüfung auf Geschmeidigkeit und Bremsfähigkeit ist eine der wichtigsten Einzelprüfungen des ganzen Wettbewerbes, jedenfalls die wichtigste der auf Erfassung des Transportkomforts abzielenden Prüfungen.

Mit der Umwandlung des Sportfahrzeuges zum Gebrauchswagen hat die Elastizität oder die Geschmeidigkeit — bestimmt durch Kleinstgeschwindigkeit im direkten Gang, Beschleunigungsvermögen, Höchstgeschwindigkeit und Bremsfähigkeit — einen immer stärkeren Einfluß auf die Bewertung eines Kraftwagens erhalten. Ausschlaggebend sind hierfür die Forderungen des Stadtverkehrs geworden, welche vielmaliges

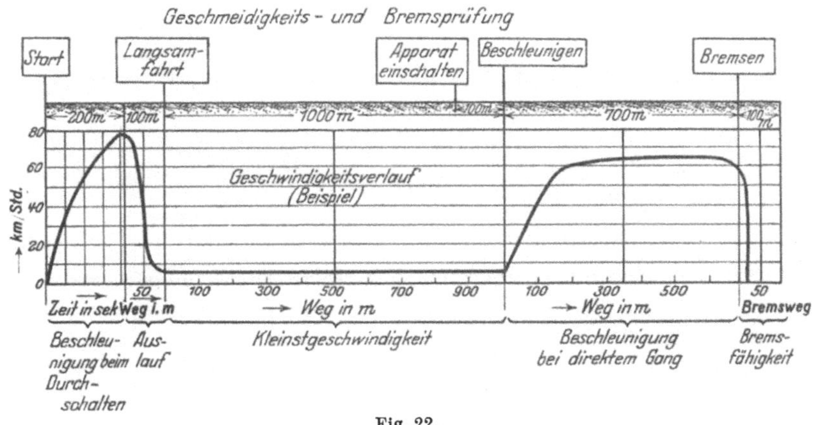

Fig. 22.

Beschleunigen und Bremsen nach kurzen Weg- und Zeitintervallen bedingen. Die mittlere Fortbewegungsgeschwindigkeit des Wagens ist in hohem Maß von seiner Geschmeidigkeit abhängig, und zwar im Stadt- und Überlandverkehr. Fahrzeuge mit Motoren, welche im Verhältnis zum Wagengewicht schwach zu nennen sind, erfordern bei den heute vorherrschenden Getriebekonstruktionen mit Übersetzungswechsel durch den Fahrer ein gewisses Gefühl für den richtigen Zeitpunkt des Schaltens, stellen somit an dessen Aufmerksamkeit und Reaktionsfähigkeit gewisse Anforderungen, deren „statistische" Häufigkeit insbesondere im Stadtverkehr oft unangenehm empfunden wird.

Das Streben nach größter Beschleunigung im direkten Gang und besserer Geschmeidigkeit überhaupt trat zuerst im Lande des stärksten Automobilverkehrs, in Amerika, auf und hat dann, stark begünstigt durch die Mehrzahl aller Käufer, auch den deutschen Automobilbau richtunggebend beeinflußt.

Die bei Fahrzeugen mit hoher Beschleunigung auftretenden Nachteile, die höhere Besteuerung und der etwas ungünstigere Kraftstoffverbrauch, haben beim Käuferpublikum die hohe Wertung der Beschleunigung nicht vermindern können, so daß die Prüfung der Elastizitätsfaktoren mit 29% in der Gesamtwertung beteiligt werden durfte.

Die Geschmeidigkeits- und Bremsprüfung setzte sich, wie aus der Ausschreibung hervorgeht, aus vier verschiedenartigen Prüfungen zusammen, und zwar:

  a) Beschleunigung beim Durchschalten,
  b) Kleinstgeschwindigkeit,
  c) Beschleunigung im direkten Gang,
  d) Bremsfähigkeit.

Diese vier Prüfungen wurden zweimal, und zwar am Anfang und am Schluß der Fahrt abgehalten, um ein evtl. Nachlassen der Fahreigenschaften feststellen zu können.

Die erste Prüfung fand am 1. Mai auf sehr guter Teer-Makadamstraße an der Havel statt, die zweite am 9. Mai auf der betonierten Zielgeraden des Nürburgringes.

An beiden Tagen wurden die vier Prüfungen in einem Zuge hintereinander nach dem in Fig. 22 festgelegten Schema durchgeführt.

3a. Prüfung der Beschleunigung beim Durchschalten.

Die Ausschreibung bringt hierüber folgende Einzelheiten:

„Die Prüfung des Beschleunigungsvermögens erfolgt bei stehendem Start unter beliebiger Benutzung der Gänge über eine Strecke von 200 m. Maßgebend für die Wertung in jeder Gruppe ist die kürzeste Zeit, die für das Durchfahren der 200-m-Strecke benötigt wird. Überschreiten der Zeit des Besten um 25% hat Verlust des Wertungsanteiles zur Folge. Geringeres Überschreiten wird prozentual gewertet. Der Wertungsanteil errechnet sich wie folgt. Wenn

  die kürzeste Zeit $= t_{min}$,
  Verlust des Wertungsanteils bei $t_v = 1{,}25\, t_{min}$,
  Zeit des Bewerbers $= t_b$,
  Wertungsanteil für die Prüfung $= w$ (s. Wertungstabelle)

ist, so ist der auf den Bewerber fallende Wertungsanteil

$$W_{3a} = w \cdot \frac{t_v - t_b}{0{,}25\, t_{min}} = w\left(5 - \frac{4\, t_b}{t_{min}}\right).$$

Für geschlossene Fahrzeuge gilt:

$$w'_{3|a} = 1{,}15\, w_{3a}.$$

Nach Durchfahren des Zieles ist eine Strecke von 100 m frei zum Einregulieren des Wagens auf kleinstmögliche Geschwindigkeit bei direktem Gang. Halten des Fahrzeuges ist nicht gestattet. Einregulieren des Motors auf Kleinstgeschwindigkeit von Führersitz aus mit beliebigen Behelfen ist erlaubt (s. Ausführungsbestimmungen)."

Die Prüfung 3a stellte somit ein Rennen über 200 m mit stehendem Start dar, bei dem die gefahrene Zeit nicht nur die Schaltfähigkeit des Fahrzeuges, sondern auch die Schaltfertigkeit des Fahrers zum Ausdruck brachte. Die Prüfung erhielt daher laut Wertungstabelle die halbe Punktzahl der Prüfung 3c: Beschleunigung im direkten Gang, die eine rein technische Bewertung der Wagengeschmeidigkeit zuläßt. Beiden Prüfungen 3a zusammen wurden daher nur vier Wertungspunkte zugesprochen.

In Tabelle 9 sind die Fahrzeiten und Wertungsanteile für die Prüfung 3a wiedergegeben und in Fig. 23 die erzielten Zeiten und die Wertung graphisch aufgetragen.

Tabelle 9.

Wertungs-Gruppe	Start-Nr.	Fabrikat	Prüfung 3a				Gesamt-wertung 3a
			1. Mai		9. Mai		
			Fahrzeit Sek.	Wertung	Fahrzeit Sek.	Wertung	
I	30*	Hanomag	26,6	0,30	32,2	0,30	0,60
	31	,,	24,2	0,00	24,4	0,00	0,00
	32	,,	23,6	0,00	—	—	0,00
	33*	Steyr	17,2	2,00	19,8	0,64	2,64
	34*	,,	20,0	0,66	19,8	0,64	1,30
	35*	,,	18,4	1,43	19,2	0,93	2,36
	36	Ford	16,6	2,00	16,8	1,80	3,80
	37*	,,	16,6	2,00	16,4	2,00	4,00
	38	Dixi	20,0	0,36	20,8	0,00	0,36
	39	,,	19,2	0,75	19,6	0,44	1,19
	40	,,	19,0	0,84	20,8	0,00	0,84
	41*	Steyr	20,2	0,57	21,2	0,30	0,87
	42*	Adler	17,4	1,92	19,6	0,74	2,66
	43*	Brennabor	25,0	0,30	25,4	0,30	0,60
II	51*	Adler	18,2	1,34	19,0	1,46	2,80
	52*	,,	17,2	1,81	18,2	1,82	3,63

Wertungs-Gruppe	Start-Nr.	Fabrikat	Prüfung 3a				Gesamt-wertung 3a
			1. Mai		9. Mai		
			Fahrzeit Sek.	Wertung	Fahrzeit Sek.	Wertung	
II	53*	Adler	17,6	1,64	—	—	1,64
	54*	,,	16,8	2,00	18,2	1,82	3,82
	56*	Steyr	21,2	0,00	—	—	0,00
	57*	,,	20,2	0,38	21,2	0,47	0,85
	58*	Opel	21,2	0,00	—	—	0,00
	60*	Adler	19,2	0,86	18,6	1,64	2,50
	61*	,,	19,2	0,86	19,0	1,46	2,32
	62*	Wanderer	23,0	0,00	18,2	1,82	1,82
	64*	Brennabor	21,2	0,00	22,8	0,00	0,00
	65*	,,	22,0	0,00	23,2	0,00	0,00
	68*	Ford	17,0	1,91	17,8	2,00	3,91
	70*	,,	16,8	2,00	19,4	1,28	3,28
III	80*	Adler	20,8	0,86	20,4	1,13	1,99
	81*	Brennabor	18,6	1,83	18,6	1,91	3,74
	82*	,,	18,8	1,74	18,4	2,00	3,74
	83*	,,	18,2	2,00	19,8	1,39	3,39

Die mit * bezeichneten geschlossenen Wagen erhielten laut Ausschreibung in dieser Prüfung je 15% des vollen Wertungsanteiles vergütet.

Aus der starken Streuung in Wertungsgruppe I (Zweisitzer), bei der die Zeit des schlechtesten Fahrzeuges die des besten um fast 100% überschreitet, ist zu entnehmen, daß Fahrzeuge großer Verschiedenheit miteinander konkurriert haben.

Sehr viel gleichmäßiger waren die Zeiten der Viersitzer, wo eigentlich nur ein Fahrzeug (Nr. 65) von 14 oder ein Prozentsatz von 7,2 die Wertungsgrenze überschritt. Als guter Mittelwert richtig dimensionierter Viersitzer kann daraus 18 Sekunden für 200 m Beschleunigungsstrecke festgestellt werden, ein Wert, der von fast der Hälfte aller Fahrzeuge erreicht wurde. Die Fahrzeuge über 600 kg Gesamtgewicht je 1 Hubvolumen fielen nahezu vollständig heraus.

Am gleichmäßigsten gestalteten sich die Werte der Sechssitzer, die allerdings in ihren Konstruktionsdaten sehr übereinstimmen. Sie lagen sämtlich innerhalb der Wertung und wichen in ihren Grenzwerten nur 14% voneinander ab. Der Mittelwert war mit 19 Sek. für 200 m etwas höher als bei den Viersitzern.

Alle bisher erwähnten Ergebnisse beziehen sich auf die Prüfung am 1. Mai. Das Mittel der Beschleunigungswerte am 9. Mai, d. h. nach rund 2500 km angestrengter Fahrt, war gesunken, und zwar um

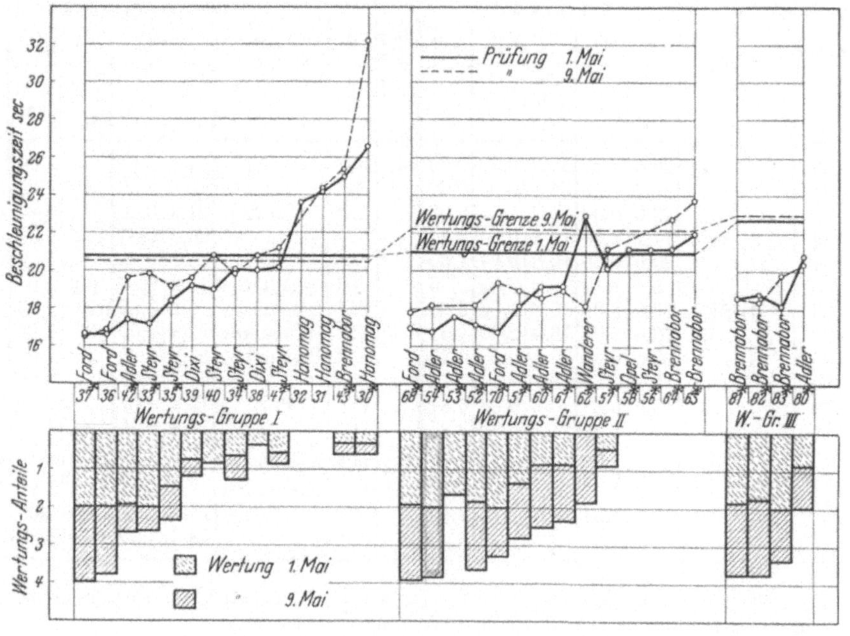

Fig. 23.

5%. Im Maximum war bei allen Wertungsgruppen ein Abfall von 15% gegenüber der am 1. Mai erzielten Zeit zu verzeichnen. In einigen Fällen (Nr. 37, 34, 60, 61, 80, 82) konnte allerdings auch eine Besserung der Beschleunigung erzielt werden. Bei Nr. 62 mußte von einem Vergleich abgesehen werden, denn die am 1. Mai erzielte Zeit weicht von der am 9. Mai erzielten stark ab, da bei der ersten Prüfung eine Motorstörung vorlag. Siehe S. 26, Fig. 13.

Zusammenfassend kann gesagt werden, daß zwar auch bei dieser Prüfung die Schaltfertigkeit des Fahrers eine stark mitbestimmende Rolle spielte, immerhin jedoch die für das Durchfahren einer 200-m-Strecke benötigte Zeit einen gewissen Anhalt für die Durchzugsfähigkeit der Fahrzeuge erbrachte. Sie scheint für alle Fahrzeuge zwischen 18 und 20 Sek. zu liegen.

Abb. 12. Am Start zur 1. Geschmeidigkeits-Prüfung.
(Aufnahme der „Photo-Union", Berlin.)

3b. Prüfung der Kleinstgeschwindigkeit.

Die Ausschreibung besagt hierüber:

„Die Prüfung 3b der Kleinstgeschwindigkeit

erfolgt über eine Strecke von etwa einem Kilometer bei direktem Gang. Während dieser Prüfung führt Stehenbleiben des Fahrzeuges oder Motors, Berühren der Kupplung, Bremse, Gangschaltung, des Anlassers für jede einzelne Handlung zum Verlust von 10% des Wertungsanteils der Prüfung. Für jedesmaliges Stehenbleiben des Fahrzeuges wird außerdem von der gefahrenen Zeit 1 Minute abgezogen. Längeres Stehenbleiben als je 30 Sekunden führt zum Verlust des ganzen Wertungsanteils.

Den vollen Wertungsanteil in jeder Gruppe erhält das Fahrzeug mit der längsten Fahrzeit, d. h. mit der geringsten Geschwindigkeit. Bei einer Fahrzeit von 50% der Längstzeit, d. h. Überschreiten der Kleinstgeschwindigkeit um 100%, tritt Verlust des ganzen Wertungsanteils ein. Geringes Überschreiten wird prozentual gewertet. Der Wertungsanteil errechnet sich wie folgt:

Wenn die längste Fahrzeit (d. h. kleinste Geschwindigkeit) $= t_{max}$,
Verlust des Wertungsanteils bei $t_v = 0.5\, t_{max}$,
Zeit des Bewerbers $= t_b$,
Wertungsanteil für die Prüfung w (laut Wertungstabelle)
ist, so ist der auf den Bewerber fallende Wertungsanteil

$$W_{3b} = w \cdot \left(\frac{2\, t_b}{t_{max}} - 1 \right).$$

Die Kleinstgeschwindigkeit wurde nach Durchfahren einer bestimmten Beruhigungsstrecke über eine Länge von 700 m (Havelstrecke, Teermakadam) am 1. Mai und über 900 m am 9. Mai (Nürburg-Ring, Beton) durch Zeitmessung festgestellt. Da die Kleinstgeschwindigkeit gerade im Stadtverkehr von großer Bedeutung ist, wurde sie mit 6 Punkten bewertet und wie alle Geschmeidigkeitsprüfungen zweimal abgehalten, nämlich am Anfang und am Ende der Fahrt.

In der Tabelle 10 sind die erzielten Kleinstgeschwindigkeiten in km/Std. samt den Wertungsanteilen wiedergegeben, in Fig. 24 die Geschwindigkeiten und Wertungsanteile graphisch aufgetragen.

Tabelle 10.

Wertungsgruppe	Start-Nr.	Fabrikat	Prüfung 3b					Wertungsgruppe	Start-Nr.	Fabrikat	Prüfung 3b				
			1. Mai		9. Mai		Gesamtwertung 3b				1. Mai		9. Mai		GesamtWertung 3b
			Geschw. km/Std.	Wertung	Geschw. km/Std.	Wertung					Geschw. km/Std.	Wertung	Geschw. km/Std.	Wertung	
I	30*	Hanomag	11,7	0,00	—	0,00	0,00	II	53*	Adler	2,9	3,00	—	—	3,00
	31	„	9,3	0,04	—	0,00	0,04		54*	„	4,9	0,00	4,9	1,98	1,98
	32	„	11,1	0,00	—	—	0,00		56*	Steyr	5,0	0,21	—	—	0,21
	33*	Steyr	5,5	2,09	7,5	1,71	3,80		57*	„	4,1	1,24	5,6	1,68	2,92
	34*	„	5,1	1,94	5,9	1,50	3,44		58*	Opel	4,4	1,01	—	—	1,01
	35*	„	4,9	2,70	7,6	1,68	4,38		60*	Adler	4,3	1,11	4,5	2,19	3,30
	36	Ford	8,1	0,47	7,3	1,83	2,30		61*	„	5,1	0,39	7,0	0,00	0,39
	37*	„	10,7	0,00	10,6	0,32	0,32		62*	Wanderer	11,4	0,00	10,4	0,00	0,00
	38	Dixi	8,3	0,38	9,0	0,29	0,65		64*	Brennabor	5,6	0,17	7,6	0,46	0,63
	39	„	8,5	0,30	11,1	0,18	0,48		65*	„	6,6	0,00	8,1	0,23	0,23
	40	„	7,2	0,92	9,9	0,00	0,92		68*	Ford	8,1	0,00	9,7	0,00	0,00
	41*	Steyr	6,3	1,18	7,9	1,13	2,31		70*	„	6,3	0,00	6,8	0,56	0,56
	42*	Adler	4,7	3,00	7,0	1,15	4,15	III	80*	Adler	4,2	1,82	4,6	2,70	4,52
	43*	Brennabor	5,6	1,98	6,8	2,18	4,16		81*	Brennabor	3,4	3,00	4,4	1,67	4,67
II	51*	Adler	4,7	0,96	4,4	3,00	3,96		82*	„	4,8	1,30	4,5	2,26	3,56
	52*	„	6,3	0,00	5,0	1,34	1,34		83*	„	4,8	1,26	5,8	1,77	3,03

* Geschlossene Wagen.

Die Kleinstgeschwindigkeiten in den einzelnen Gruppen schwankten sehr stark und waren in der Hauptsache durch die Zylinderzahlen der Fahrzeuge bedingt, so daß es auf Grund der Ergebnisse möglich ist, charakteristische Kleinstgeschwindigkeiten für Sechs-, Vier- und Einzylindermotoren anzugeben.

Es ergibt sich hierbei das bemerkenswerte Resultat, daß die Sechszylindermotoren in den einzelnen Wertungsgruppen, obwohl zum Teil die gleichen Motoren in allen drei Gruppen (z. B. Adler) liefen, keinesfalls gleiche Kleinstdrehzahlen aufweisen. Zum Vergleich mit der jeweiligen Geschwindigkeit des Fahrzeuges sind in Tabelle 11 die zu den gemessenen Kleinstgeschwindigkeiten gehörigen Motordrehzahlen angegeben, wobei die Tatsache, daß sich in allen Gruppen die Ge-

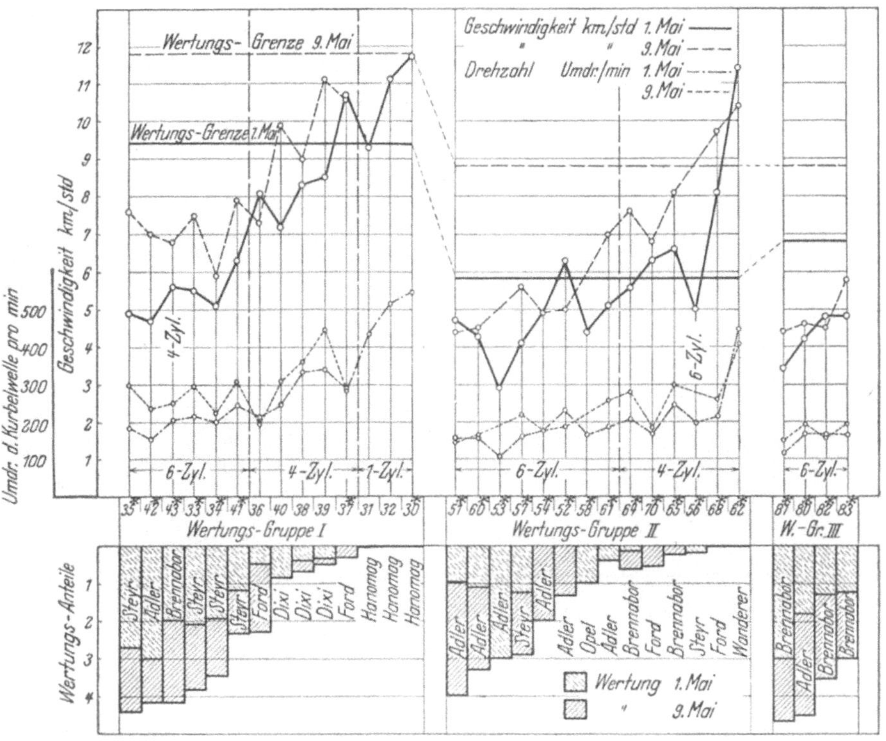

Fig. 24.

schwindigkeiten am Ende der Fahrt verschlechterten, nicht berücksichtigt wurde.

Tabelle 11.

		6-Zylinder			4-Zylinder	1-Zylinder
		2-Sitzer	4-Sitzer	6-Sitzer		
Kleinstgeschwindigkeit km/Std.	von bis	4,7—6,3	2,9—6,3	3,4—8	5,6—11,4	9,3—11,7
	Mittel	5,3	4,5	4,3	7,85	10,—
Drehzahl/Min.	von bis	155—240	106—230	115—162	162—400	455—577
	Mittel	200	165	150	260	530

Die Tabelle 11 ergibt:

Die Kraftwagen mit Sechszylindermotoren gestatteten Kleinstgeschwindigkeiten von 3 bis 8 km/Std. oder eine mittlere Kleinstgeschwindigkeit von 4,5 bis 5,0 km/Std.

Kraftwagen mit Vierzylindermotoren ermöglichten Kleinstgeschwindigkeiten von 5,6 bis 11,4 km/Std. oder eine mittlere Kleinstgeschwindigkeit von rund 8 km/Std.

Kraftwagen mit Einzylindermotoren konnten Kleinstgeschwindigkeiten von 9,3 bis 11,7 km/Std. oder im Mittel 10 km/Std. einhalten.

Berücksichtigt man, daß in allen Gruppen am Ende der Fahrt

Abb. 13.   Beginn der Prüfstrecke bei der 1. Prüfung auf Kleinstgeschwindigkeit.
(Aufnahme der „Photo-Union", Berlin.)

eine Verschlechterung der Kleinstgeschwindigkeit um rund 30% eintrat, so kann als Resultat gelten, daß praktisch von Fahrzeugen mit Sechszylindermotoren 6 bis 7 km, mit Vierzylindermotoren 10 bis 11 km und mit Einzylindermotoren 13 bis 14 km Kleinstgeschwindigkeit erzielt werden.

Als untere Grenzgeschwindigkeit konnte für Sechszylindermotoren 2,9 km (Nr. 53), für Vierzylinder 5,6 km (Nr. 43) und für Einzylinder 9,3 km (Nr. 31) erreicht werden. Die Geschwindigkeitsminima verhalten sich demnach ungefähr wie 1:2:3.

Die Kleinstdrehzahlen der Sechszylinder beliefen sich im Mittel auf 150 bis 200, die der Vierzylinder auf 260 und die der Einzylinder auf 520, wobei die Bestwerte 106 Umdrehungen beim Sechszylinder (53), 162 Umdrehungen beim Vierzylinder (70) und 455 Umdrehungen beim Einzylinder (31) ergaben.

Für die Erreichung kleinster Drehzahlen ist die Frage der verwendeten Zündung und Zündkerzen von Wichtigkeit. Es waren 25 Fahrzeuge mit Batterie und nur sechs Fahrzeuge mit Zündapparat (Bosch)

ausgerüstet. Die ersten neun Fahrzeuge niedrigster Drehzahl (106 bis
162 Umdr./Min.) verwendeten Batteriezündung, aber auch der Bosch-
Zündapparat in den fünf Steyr-Wagen mit 163 bis 217 Umdr./Min.
ließ erstaunlich kleine Drehzahlen zu.

Die ersten neun Fahrzeuge niedrigster Drehzahl verwendeten
Bosch-Zündkerzen, die insgesamt bei 23 Fahrzeugen anzutreffen waren.

Abb. 14. Bei der 1. Prüfung der Kleinstgeschwindigkeit.
(Aufnahme der „Photo-Union", Berlin.)

Es folgt die Marke Champion, die an 10., 18., 19., 23. und 30. Stelle
liegt, ferner wurden verwendet 6 mal A. C. Nr. 350, 1 mal Beru und
1 mal Lepel (siehe Tabelle 23).

3c. Prüfung der Beschleunigung bei direktem Gang.

Die Ausschreibung besagt hierüber:

„Aus der Prüfungsstrecke zur Messung der Kleinstgeschwindigkeit bei direktem
Gang heraus wird das Fahrzeug beschleunigt zur Prüfung der Beschleunigung bei
direktem Gang. Während dieser Prüfung darf weder die Kupplung und Gangschaltung, noch der Anlasser berührt werden. Bei Krafträdern ist Berühren des
Bodens mit den Füßen verboten. Die Beschleunigungsstrecke ist ungefähr 700 m
lang. Innerhalb dieser Strecke ist jedes Fahrzeug lediglich durch Bedienung des
Vergasers und der Zündmomentverstellung (bei Kompressormotoren auch des
Kompressors) auf die unten angegebene Geschwindigkeit so schnell wie möglich
zu beschleunigen. (Es wird mit Rücksicht auf die häufig fehlerhaften Angaben
der Tachometer empfohlen, die vorgeschriebene Geschwindigkeit um 10—15%
zu überschreiten.

Die in Tabelle 12 vorgeschriebenen Geschwindigkeitsgrenzen müssen innegehalten werden, d. h. die Anfangsgeschwindigkeit beim Einfahren in die Prüfungs-

strecke muß niedriger sein als die in der Tabelle 12, Spalte 1 vorgeschriebene und die Geschwindigkeit am Ende dieser 700-m-Strecke muß größer sein als die in der Tabelle 12, Spalte 2 vorgeschriebene Endgeschwindigkeit.

Tabelle 12.

Wertungs-gruppe	Vorgeschriebene Geschwindigkeit in km/Std. beim	
	Hineinfahren in die Beschleuni-gungsstrecke	Ausfahren aus der Beschleuni-gungsstrecke
	1	2
I	15	60
II	10	60
III	10	60

Überschreiten der vorgeschriebenen Anfangsgeschwindigkeit sowie Unterschreiten der Endgeschwindigkeit hat je km/Std. Geschwindigkeitsabstand von den in der Tabelle vorgeschriebenen Geschwindigkeiten 5% des betr. Wertungsanteiles zur Folge.

Maßgebend für das Beschleunigungsvermögen eines Fahrzeuges bei direktem Gang ist die Wegstrecke, die benötigt wird, um von der vorgeschriebenen Anfangsgeschwindigkeit zur vorgeschriebenen Endgeschwindigkeit zu kommen. Die Strecke wird selbsttätig von dem Meßapparat aufgezeichnet.

Bestes Fahrzeug jeder Wertungsgruppe ist dasjenige, welches die kürzeste Wegstrecke zur Erlangung der vorgeschriebenen Geschwindigkeit benötigt. Überschreiten der kürzesten Wegstrecke um 100% führt zum Verlust des Wertungsanteiles. Überschreiten wird wie folgt prozentual gewertet. Der Wertungsanteil errechnet sich wie folgt, wenn

die geringste Wegstrecke $= s_{min}$,
Verlust des Wertungsanteiles bei $s_v = 2\,s_{min}$,
Wegstrecke des Bewerbers: s_b,
Wertungsanteil für die Prüfung: w (s. Wertungstabelle)

ist, so ist der Wertungsanteil des Bewerbers:

$$W_{3c} = w \cdot \frac{s_v - s_b}{s_{min}} = w \cdot \left(2 - \frac{s_b}{s_{min}}\right).$$

Für geschlossene Fahrzeuge gilt

$$w'_{3c} = 1{,}15\,w_{3c}.$$

Berühren der Kupplung oder des Anlassers wird für jede einzelne Handlung mit Verlust von 25% des Wertungsanteils belegt. Schalten führt zu vollem Wertungsverlust.

Die Prüfung 3c bezweckte die Feststellung des Beschleunigungsvermögens im direkten Gang aus der Kleinstgeschwindigkeit. Sie erfolgte laut Ausschreibung im Anschluß an die Prüfung 3b (Kleinstgeschwindigkeit) und wurde ebenfalls zweimal (am 1. Mai an der Havelstrecke bei Berlin auf Teermakadam, am 9. Mai auf der Zielgeraden des Nürburg-Ringes auf Beton) abgehalten.

Gemessen wurde die Strecke durch einen Anfahr- und Bremswegschreiber der Firma Westendarp & Pieper, Berlin, der in Abb. 15 wiedergegeben ist.

Abb. 15. Anfahr- und Bremswegschreiber. (Fabrikat Westendarp & Pieper, Berlin.) Der Meßapparat erhält seinen Antrieb durch eine Gelenkwelle von einem leichten, federnd abgestützten Laufrad; die Geschwindigkeit wird auf eine Diagramm-Papierscheibe aufgezeichnet, die sich im Verhältnis zur abrollenden Fahrstrecke dreht. Der Geschwindigkeitsmesser arbeitet zwangsläufig, d. h. er zeigt die Geschwindigkeit nicht in Abhängigkeit von einer Fliehkraft oder elektromotorischen Kraft an, wie bei den normalen Tachometern, sondern differenziert durch Anwendung einer Uhr den in jedem Drittel einer Sekunde zurückgelegten Weg, wodurch zwangsläufig die jeweilige Geschwindigkeit bestimmt wird. Durch diese zwangsweise Geschwindigkeitsmessung wird eine außerordentliche Genauigkeit erreicht, so daß die Anfahrstrecken zur Bestimmung der Beschleunigung mit der größten bisher praktisch möglichen Genauigkeit gemessen werden konnten.

Abb. 16. Beim Anbau des Beschleunigungs- und Bremsweg-Meßapparates.
(Aufnahme der „Photo-Union", Berlin.)

In Tabelle 13 sind die Wegstrecken und Wertungsanteile beider Prüfungen wiedergegeben und in Fig. 25 graphisch aufgetragen.

Leider waren die für die Beschleunigung zur Verfügung stehenden Strecken so kurz, daß nicht alle Fahrzeuge die vorgeschriebene End-

Abb. 17 zeigt das zur Auswertung der Fahrdiagramme verwendete Gerät. Das Fahrdiagramm selbst läßt die durch die $^1/_3$-Sekunden-Markierung entstehende Stufenbildung erkennen. Jede ganze Stufe stellt einen Zeitabschnitt von $^2/_3$ Sek. dar; die für Erreichung einer bestimmten Geschwindigkeit oder Zurücklegung einer bestimmten Wegstrecke benötigte Zeit kann somit dem Diagramm ebenso wie der Weg entnommen werden.   (Aufnahme von Herrn P. Schneider, Berlin.)

geschwindigkeit erreichten, wodurch das Resultat der Prüfung getrübt wurde. Während auf der vollkommen ebenen Straße an der Havel von 29 Fahrzeugen immerhin 23 innerhalb der 400-m-Strecke die vorgeschriebene Geschwindigkeit erreichten, kamen auf dem Nürburg-Ring infolge Gegenwindes und der leichten Steigung der Prüfstelle nur 13 von 25 Wagen innerhalb einer 500-m-Strecke auf die vorgeschriebene Geschwindigkeit.

Wie aus Fig. 25 hervorgeht, zeigt sich auch in dieser Prüfung bei den Zweisitzern eine starke Streuung der Werte, welche auf die allzu große Verschiedenheit der in dieser Gruppe enthaltenen Fahrzeuge zurückzuführen ist. Am 1. Mai fielen 75%, am 9. Mai sogar

Tabelle 13.

Wertungs-Gruppe	Start-Nr.	Fabrikat	Prüfung 3c				Gesamt-Wertung 3c
			1. Mai		9. Mai		
			Weg m	Wertung	Weg m	Wertung	
I	30*	Hanomag	400	0,60	—	0,00	0,60
	31	„	400	0,00	—	0,00	0,00
	32	„	400	0,00	—	—	—
	33*	Steyr	351	0,60	ca. 675	0,60	1,20
	34*	„	400	0,60	1000	0,60	1,20
	35*	„	321	0,60	ca. 550	0,60	1,20
	36	Ford	190	3,06	ca. 700	0,00	3,06
	37*	„	154	4,00	249	4,00	8,00
	38	Dixi	398	0,00	750	0,00	0,00
	39	„	394	0,00	750	0,00	0,00
	40	„	400	0,00	—	0,00	0,00
	41*	Steyr	350	0,60	ca. 800	0,60	1,20
	42*	Adler	202	3,35	322	3,43	6,78
	43*	Brennabor	400	0,60	ca. 900	0,60	1,20
II	51*	Adler	193	3,89	277	3,46	7,35
	52*	„	188	4,00	244	4,00	8,00

Wertungs-Gruppe	Start-Nr.	Fabrikat	Prüfung 3c				Gesamt-Wertung 3c
			1. Mai		9. Mai		
			Weg m	Wertung	Weg m	Wertung	
II	53*	Adler	195	3,85	—	—	3,85
	54*	„	204	3,66	287	3,30	6,96
	56*	Steyr	400	0,00	—	—	0,00
	57*	„	400	0,00	550	0,00	0,00
	58*	Opel	287	1,89	—	—	1,89
	60*	Adler	263	2,40	309	1,95	4,35
	61*	„	240	2,89	356	2,17	5,06
	62*	Wanderer	400	0,00	328	2,62	2,62
	64*	Brennabor	400	0,00	700	0,00	0,00
	65*	„	400	0,00	700	0,00	0,00
	68*	Ford	189	3,97	307	2,97	6,94
	70*	„	262	2,42	388	0,54	2,96
III	80*	Adler	337	2,71	525	1,54	4,25
	81*	Brennabor	255	4,00	343	3,84	7,84
	82*	„	274	3,70	336	2,93	6,63
	83*	„	260	3,92	330	4,00	7,92

Die mit * bezeichneten geschlossenen Wagen erhielten laut Ausschreibung in dieser Prüfung 15% des vollen Wertungsanteiles vergütet.

84% aller Fahrzeuge der Wertungsgruppe I durch das Auftreten anormal starker Motoren aus der Wertung.

Das Fahrzeug mit dem kleinsten Anfahrweg für die Erreichung der 60-km-Linie (Ford Nr. 37 mit 154 m) ist denn auch in dieser Wertungsgruppe (I) zu finden.

In der Gruppe II der Viersitzer war die Beschleunigung sehr viel gleichmäßiger. Annähernd 70% aller Fahrzeuge blieben innerhalb der Wertung. Vier Fahrzeuge hatten unter 200 m Anfahrstrecke, davon Nr. 51 mit 188 m. Am günstigsten liegen wieder die Sechssitzer, die alle zwischen 250 und 350 m Anfahrstrecke aufweisen.

In den Fig. 26 bis 31 sind die wichtigsten Weg-Geschwindigkeitskurven angegeben. Aus den Schnittpunkten mit der 60-km-Linie ergeben sich die jeweiligen Anfahrstrecken. Vergleicht man gleiche Fahrzeuge einer Firma miteinander, die in Prüfung 3a (Beschleunigen mit Durchschalten) dieselben oder wenig abweichende Fahrzeiten für die Beschleunigungsstrecke von 200 m benötigten, so ist bei dieser Prüfung eine sehr viel stärkere Differenzierung festzustellen. Im rohen Durchschnitt gemessen kommt der prozentuale Abstand in Wegstrecken gemessen rund doppelt so stark zum Ausdruck wie im Zeitmaß. Da ferner die Wegstrecke als Maß für den normalen Kraftfahrer und

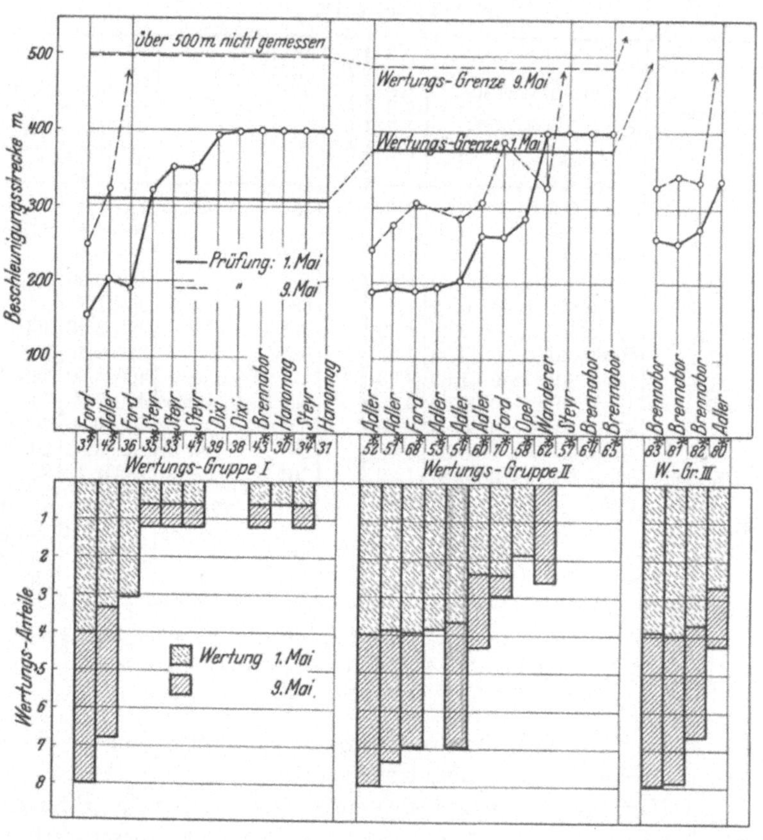

Fig. 25.

Laien viel anschaulicher und sinnfälliger in Erscheinung tritt, scheint es zweckmäßiger zu sein, als Maß für die Beschleunigung statt der zum Erreichen einer bestimmten Geschwindigkeit notwendigen Zeit die Strecke anzugeben, auf welcher ein Fahrzeug im direkten Gang von 10 auf 60 km Stundengeschwindigkeit zu bringen ist.

Um nun ein Bild der tatsächlichen und einen Vergleich mit der rechnerisch feststellbaren Beschleunigung zu erhalten, wurden durch Differenzieren der Weg-Geschwindigkeitskurven (Fig. 26 bis 31) die tat-

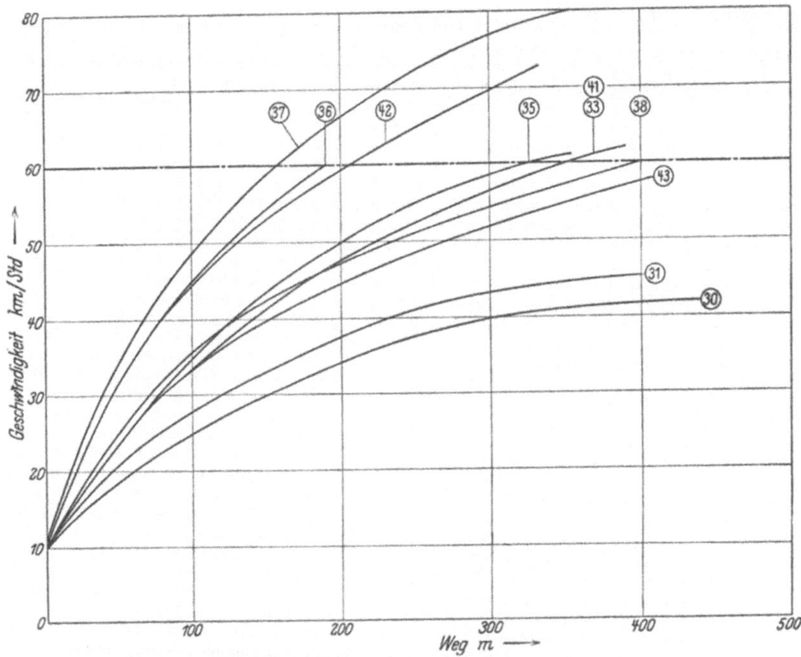

Fig. 26. Geschwindigkeitskurven der Wagen in der Wertungsgruppe I (1. Mai).

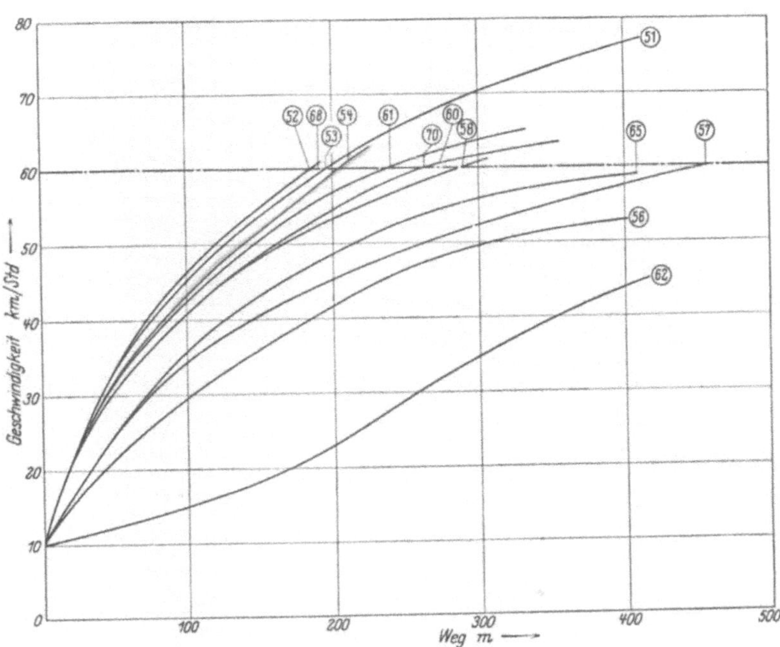

Fig. 27. Geschwindigkeitskurven der Wagen in der Wertungsgruppe II (1. Mai).

sächlich erzielten Beschleunigungswerte ermittelt und in den Kurvendarstellungen der Fig. 32 bis 37 in Abhängigkeit vom Weg aufgetragen.
Diese Beschleunigungskurven verdienen in mehrfacher Hinsicht Be-

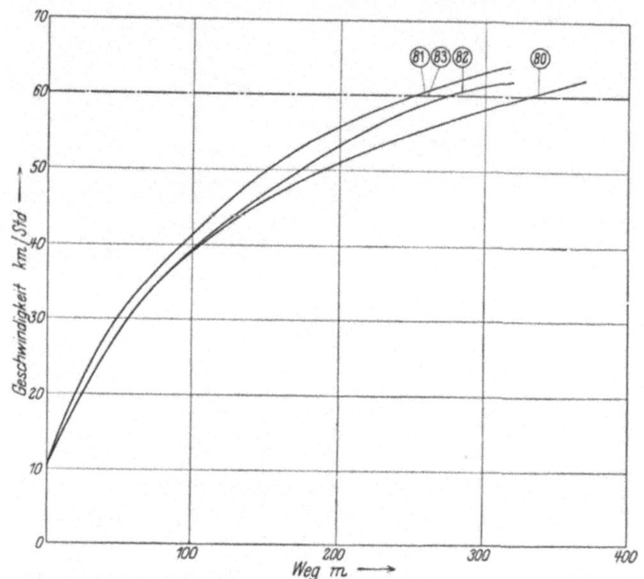

Fig. 28. Geschwindigkeitskurven der Wagen in der Wertungsgruppe III (1. Mai).

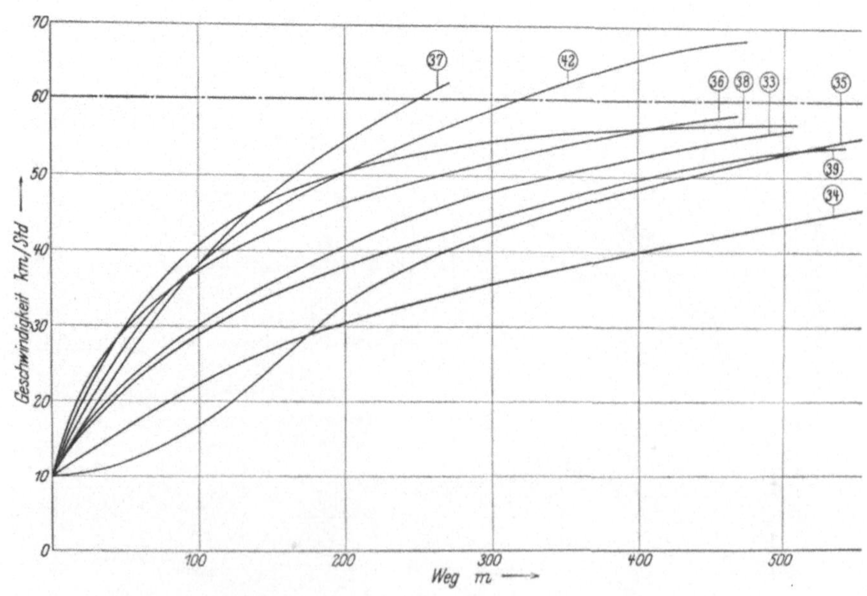

Fig. 29. Geschwindigkeitskurven der Wagen in der Wertungsgruppe I (9. Mai).

achtung. Sie geben nicht nur Aufschluß über das Maximum der Beschleunigung, sondern auch über dessen Lage und über den Verlauf der Beschleunigung.

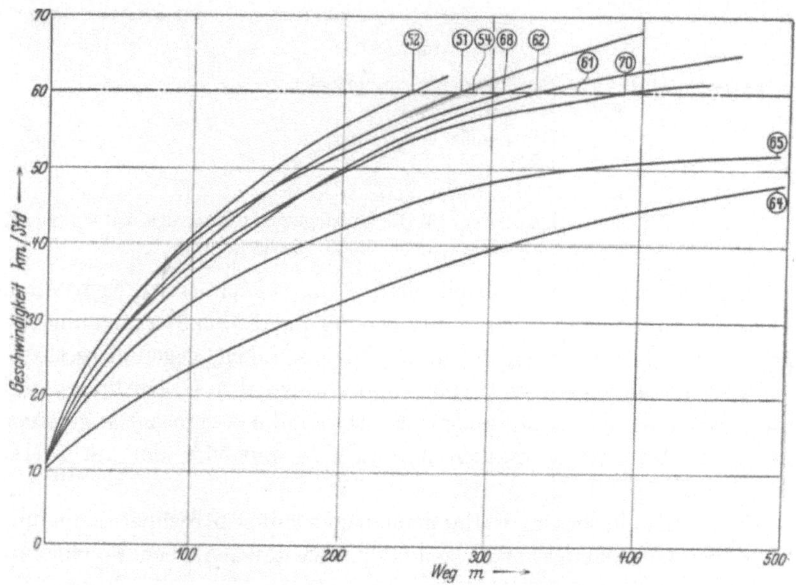

Fig. 30. Geschwindigkeitskurven der Wagen in der Wertungsgruppe II (9. Mai).

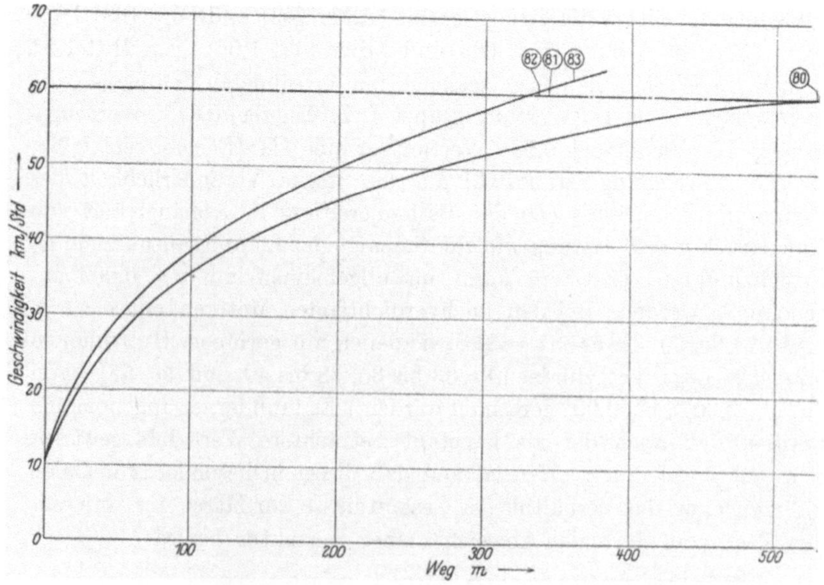

Fig. 31. Geschwindigkeitskurven der Wagen in der Wertungsgruppe III (9. Mai).

Die Höhe der Beschleungiung, die hier praktisch festgestellt worden
ist, läßt sich theoretisch auf rechnerischem Weg nach der von Prof.
Dr.-Ing. Becker aufgestellten Formel[1] ermitteln, welche lautet:

$$b = \frac{H \cdot i}{G \cdot D} \cdot \frac{c \cdot 9850}{1{,}14}.$$

Es ist hierbei: b = Beschleunigung in m/Sek^2,
  H = Hubvolumen in l,
  i = Hinterachsübersetzung,
  G = Gewicht in kg,
  D = Reifenrolldurchmesser in m,
  c = Koeffizient für die Ladungsausnutzung des Hubvolumens,
    wobei c zwischen 0,006—0,008 schwankt.

In Tabelle 14 sind die nach dieser Formel rechnerisch ermittelten
Werte den aus den Kurvendarstellungen der Fig. 32 bis 37 entnommenen
am 1. und 9. Mai gemessenen Beschleunigungen gegenübergestellt.
Die Beschleunigungen am 9. Mai sind infolge des Gegenwindes und
des Ansteigens der Fahrstrecke im Durchschnitt um 28% geringer
als am 1. Mai und schwanken zwischen 14 und 56% der am 1. Mai
erreichten.

Ein Vergleich der am 1. Mai gemessenen mit den rechnerisch gefun-
denen Beschleunigungswerten zeigt, daß die tatsächlichen Beschleunigungen im allgemeinen niedriger sind als die durch die Formel errechneten. Doch zeigt sich auch bei einigen Wagen gutes Übereinstimmen dieser beiden Werte, ja einige bewiesen eine bessere Beschleunigung als sie die Formel ergibt (Adler [42] und Ford [68] 1,10;
Ford [37] 1,09; Dixi [38] 1,085 und Adler [52] 1,06). Im Mittel ist
jedoch das Verhältnis der gemessenen zur errechneten Beschleunigung
($b_2 : b_1$) kleiner als 1. (Wertungsgruppe I [Zweisitzer] 0,875; Wertungsgruppe II [Viersitzer] 0,96; Wertungsgruppe III [Sechssitzer] 0,98).

Die Abweichung ist sowohl auf die starke Veränderlichkeit des
Reifenrolldurchmessers (D) der Ballonbereifung in Abhängigkeit von
Innendruck und Belastung wie auf diejenige der Ladungsausnutzung (c)
zurückzuführen. (Letztere kann im allgemeinen mit $c = 0{,}007$ angenommen werden. Bei den hochverdichtenden Motoren mit $\varepsilon = 1 : 6$
bis 1 : 7 [Nr. 30, 31, 54, 81—83] sowie denen mit geringem Hubvolumen
0,2—0,25 Liter je Zylinder [Nr. 33 bis 35, 38 bis 40 und 56, 57] kann
mit $c = 0{,}0075$ bis 0,008 gerechnet werden.) Es muß ferner angenommen
werden, daß auch der als konstant betrachtete Wert 1,14 gewissen
Schwankungen unterworfen ist und daß dieser insbesondere für kleine
Fahrzeuge, wo das Verhältnis der Gesamtmasse zur Masse der rotieren-
den Teile vom Normalen abweicht, einer Korrektur bedarf.

---

[1] Becker, Prof. Dr.-Ing.: Lehren des amerikanischen und europäischen Automobilbaues. Motorwagen Jhrg. 29, Heft 5.

Tabelle 14.

1	2	3	4	5	6	7	8	9
Wertungsgruppe	Start-Nr.	Fabrikat	Beschleunigung			Verhältnis	Mittelwert	Vergaser
			nach Rechnung	nach Prüfung am				
				1. Mai	9. Mai			
			b_1	b_2	b_3	$\dfrac{b_2}{b_1}$		
			m/Sek²					
I	37	Ford	0,850	0,930	0,705	1,091		Ford-Zenith
	36		0,863	0,810	0,700	0,940		
	42	Adler	0,737	0,810	0,564	1,100		
	35	Steyr	0,556	0,550	0,365	0,987		Pallas
	41		0,560	0,477	0,300	0,850		
	33		0,558	0,453	0,316	0,813		
	39	Dixi	0,564	0,479	0,335	0,880	0,875	Solex
	38		0,544	0,590	—	1,085		
	34	Steyr	0,563	0,405	0,180	0,720		Pallas
	40	Dixi	0,563	0,375	—	0,678		Solex
	43	Brennabor	0,545	0,530	0,295	0,972		
	31	Hanomag	0,431	0,295		0,688		Pallas
	30		0,432	0,217	—	0,504		
II	52	Adler	0,815	0,870	0,635	1,065		Pallas
	68	Ford	0,743	0,820	0,535	1,100		Ford-Zenith
	51	Adler	0,746	0,753	0,552	1,004		Pallas
	53		0,812	0,790	—	0,975		
	54		0,818	0,800	0,585	0,980		
	61		0,696	0,670	0,530	0,962	0,96	
	70	Ford	0,714	0,670	0,384	0,940		Ford-Zenith
	60	Adler	0,712	0,595	0,492	0,835		Pallas
	65	Brennabor	0,513	0,500	0,378	0,975		Solex
	64		0,505	0,450	0,197	0,890		
	57	Steyr	0,459	0,455	—	0,970		Pallas
	62	Wanderer	0,617	0,285	0,490*	(0,795)*		
III	81	Brennabor	0,633	0,646	0,550	1,020	0,98	Solex
	83		0,630	0,595	0,497	0,945		
	82		0,632	0,614	—	0,970		
	80	Adler	0,663	0,648	0,497	0,980		Pallas

* Bezogen auf höhere Ausnutzung am 9. Mai. (Am 1. Mai Zylinderkopf undicht.)

In Tabelle 15 sind für die zusammengehörigen Fahrzeuge die gemessenen und errechneten Werte ihres Beschleunigungsvermögens zusammengestellt. Es zeigt sich hierbei die höchst bemerkenswerte Tatsache, daß Abweichungen bis zu 37,5 % vorkamen. Der Grund hierfür ist wohl in erster Linie in dem verschiedenartigen Verhalten der Vergaser beim Gasgeben zu suchen. Es ist bekannt, daß der Übergang, insbesondere bei plötzlichem Aufreißen der Gasdrossel, bei älteren Vergasersystemen unzulänglich ist. Neuere Vergaser verfügen zur Erzielung eines besonders guten „Vergaserüberganges" vielfach über besondere Einrichtungen, welche entweder als aktiv wirksam (wie z. B.

die beim Durchtreten des Gaspendels betätigten Kraftstoffpumpen)
oder (wie die Kraftstoffsammelbecken anderer Vergasertypen) als passiv
wirksam bezeichnet werden können.

Welchen Wert man in Amerika auf guten Übergang und Vermeiden jedes „Vergaserloches" legt, geht aus den von der „Society of Automotive Engineers" gemeinsam mit dem bekannten „Bureau of Standards" herausgegebenen „Regeln für die Prüfung von Kraftwagen" hervor, nach denen fünf Beschleunigungsprüfungen im direkten Gang abgehalten werden, und zwar aus der Kleinstgeschwindigkeit sowie aus 15, 25, 35 und 45 km/Std.-Geschwindigkeit heraus, jedesmal bis zur Höchstgeschwindigkeit. Diese Prüfung hat in erster Linie den Zweck, das richtige Zusammenarbeiten von Motor und Vergaser festzustellen und nachzuprüfen, ob der Vergaser ein „Übergangsloch" hat.

Tabelle 15.

1	2	3	4
Start-Nr.	Fabrikat	Gemessene Beschleunigung / Errechnete Beschleunigung	Differenz %
37*	Ford	1,091	} 14,0
36	„	0,940	
68*	„	1,100	} 14,5
70*	„	0,940	
38	Dixi	1,085	} 37,5
40	„	0,678	
35*	Steyr	0,987	} 27,0
34*	„	0,720	
52*	Adler (H)	1,065	} 8,5
53*	„ (H)	0,975	
81	Brennabor	1,020	} 7,5
83	„	0,945	

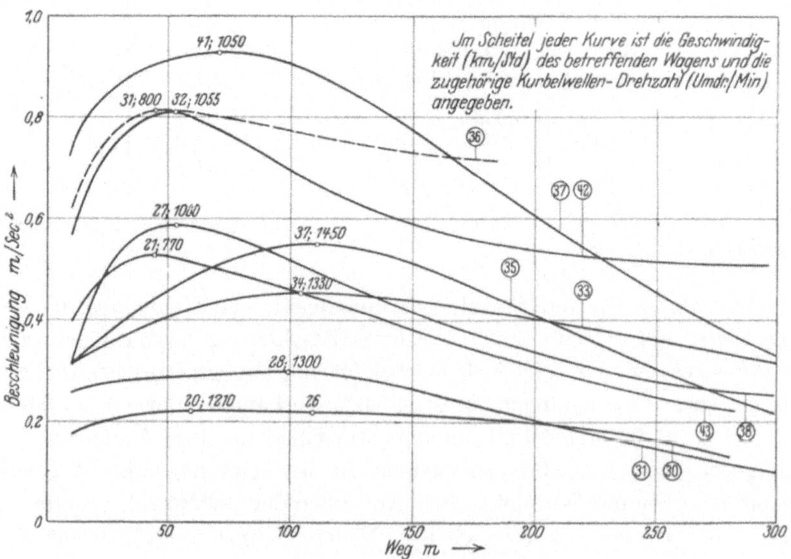

Fig. 32. Beschleunigungskurven der Wagen in der Wertungsgruppe I (1. Mai).

Daß für die Elastizität eines Wagens nicht allein das Beschleunigungsmaximum, sondern auch dessen Lage (nach Zeit, Weg, Drehzahl

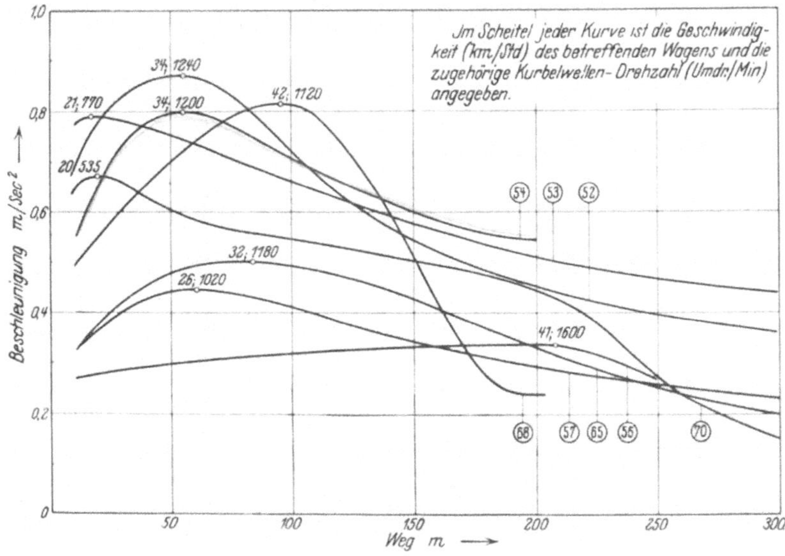

Fig. 33. Beschleunigungskurven der Wagen in der Wertungsgruppe II (1. Mai).

oder Geschwindigkeit bestimmt) sowie der ganze Verlauf der Beschleunigungskurve maßgebend ist, lehrt schon ein oberflächliches

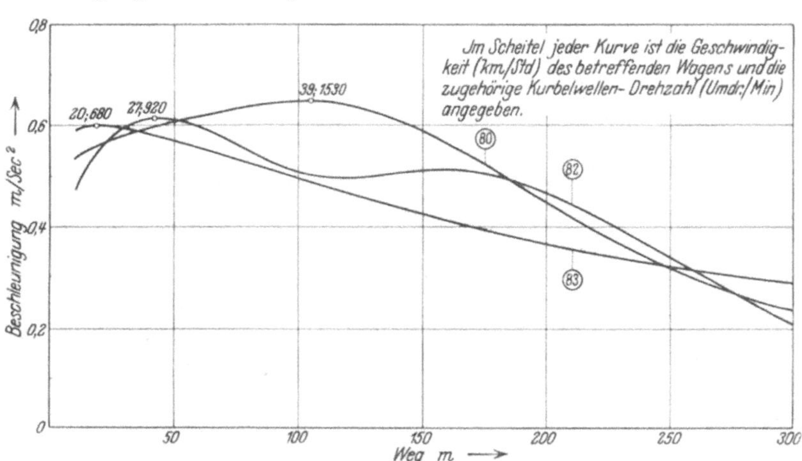

Fig. 34. Beschleunigungskurven der Wagen in der Wertungsgruppe III (1. Mai).

Betrachten der Kurvendarstellung in den Fig. 32 bis 37. Neben Fahrzeugen mit flach verlaufenden Beschleunigungskurven gibt es auch solche mit Kurven von schroff ansteigendem und abfallendem Charakter.

Oft liegt das Maximum auch bei gleichen Fahrzeugen kurz (20 m) nach dem Start, oft bis 100 m danach. Im Mittel schwankt es zwischen 40 und 80 m nach dem Start. Die Maxima der Beschleunigungen

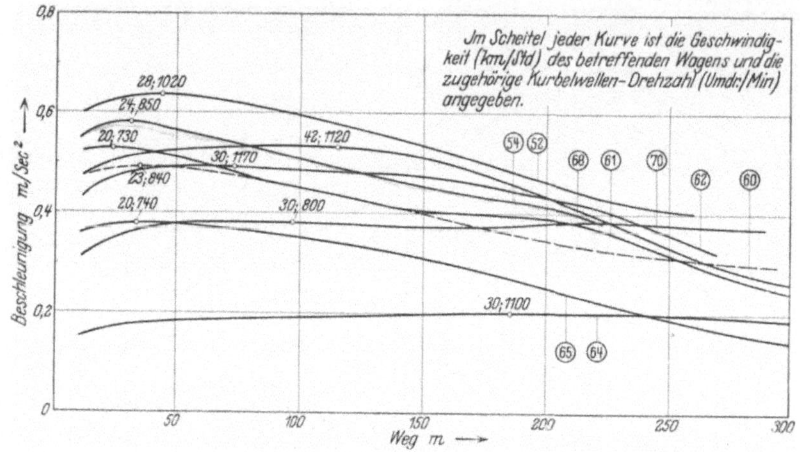

Fig. 35. Beschleunigungskurven der Wagen in der Wertungsgruppe I (9. Mai).

liegen zwischen 16 und 42 km/Std. bzw. 600 und 1500 Kurbelwellen-Umdrehungen je Minute).

Das bei der Prüfung verwendete Weggeschwindigkeitsverfahren, welches sich für die Feststellung einer Beschleunigungsstrecke als Maß

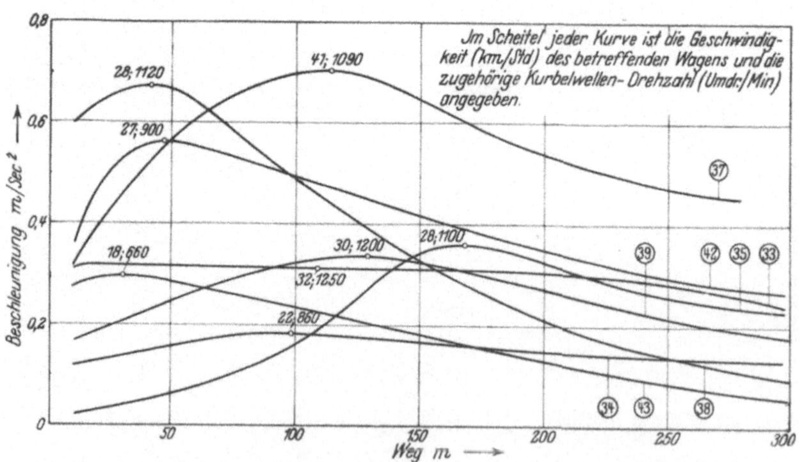

Fig. 36. Beschleunigungskurven der Wagen in der Wertungsgruppe II (9. Mai).

für die Beschleunigung selbst ausgezeichnet bewährt hat, scheint jedoch für die feineren, mehr technisch-wissenschaftlichen Auswertungen, besonders hinsichtlich der Beschleunigung kurz nach dem Anfahren, nicht geeignet zu sein. Gerade die für die Feststellung der Beschleunigung notwendigen Zeiten kommen auf der Weggeschwindigkeitskurve zu wenig zum Ausdruck und erscheinen leicht so stark verzerrt, daß von kritischen Untersuchungen des Beschleunigungsvorganges selbst abgesehen werden muß.

So viel läßt sich jedoch daraus entnehmen, daß die Möglichkeit, schnell eine bestimmte Geschwindigkeit zu erreichen, nicht von dem rechnerisch feststellbaren Maximum der Beschleunigung abhängt, sondern auch von der Lage und dem Verlauf der ganzen Kurve. Da auch vollkommen

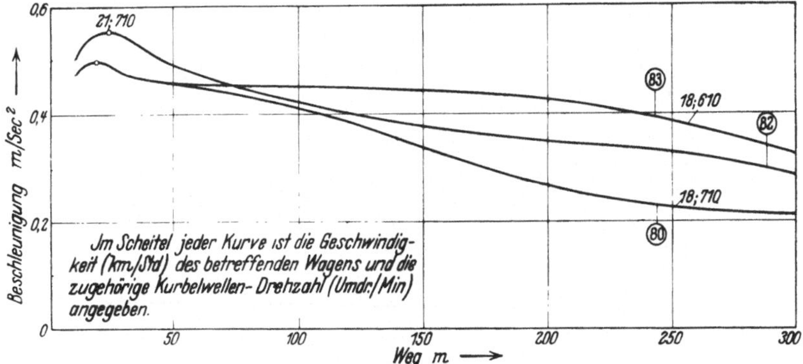

Fig. 37. Beschleunigungskurven der Wagen in der Wertungsgruppe III (9. Mai).

gleiche Wagen erhebliche Abweichungen voneinander zeigen, muß angenommen werden, daß noch andere Faktoren hierbei eine Rolle spielen. Diese sind höchstwahrscheinlich in dem Ansprechen des Vergasers und seiner Arbeitsweise zu suchen. Damit ist die unzweifelhafte Wichtigkeit einer zweckmäßigen, auf Übergang gebauten Vergaserkonstruktion erhellt.

Verwendung fanden drei Vergaserarten, und zwar 16mal Pallas, neunmal Solex und viermal Ford-Zenith. Jede Vergaserart siegte in einer der drei Wertungsgruppen (siehe Tabelle 14).

3d. Prüfung der Bremsfähigkeit.

Die Ausschreibung besagt hierüber:

„Unmittelbar im Anschluß an die Prüfung der Beschleunigung bei direktem Gang erfolgt

die Prüfung der Bremsfähigkeit (3d)

aus der für jedes Fahrzeug vorgeschriebenen Endgeschwindigkeit. Aus bereits oben angeführten Gründen wird Überschreiten der vorgeschriebenen Endgeschwindigkeit um 10 bis 15% empfohlen. Der Beginn der Bremsstrecke ist gleichzeitig Ende der Beschleunigungsstrecke. Gekennzeichnet ist die Stelle durch ein quer über die Fahrbahn gespanntes Band mit der Aufschrift „Bremsen". Da der Bremsweg nicht von diesem Punkt aus gemessen wird, sondern durch den Apparat festgestellt wird, ist es gleichgültig, ob kurz vor oder nach dem Band mit dem Bremsen begonnen wird. Gewertet als Bremsstrecke wird nur die Strecke von der in der Tabelle 12, Spalte 2 vorgeschriebenen Endgeschwindigkeit bis zum Stillstand des Fahrzeuges. Erst nach ausdrücklicher Erlaubnis durch den zuständigen Funk-

Abb. 18. Bremsspur von der (I.) Bremsfähigkeits-Prüfung.
(Aufnahme von Herrn P. Schneider, Berlin.)

tionär darf der Fahrer die Stellung seines Fahrzeuges, in der es zum Stillstand gekommen ist, ändern. Der Meßapparat wird ausgebaut und evtl. abgegebener Sandsackballast wieder aufgenommen.

Den vollen Wertungsanteil einer jeden Wertungsgruppe erhält das Fahrzeug mit dem kürzesten Bremsweg. Überschreiten desselben um 100% hat Verlust des gesamten Wertungsanteils zur Folge. Geringeres Überschreiten wird prozentual gewertet. Unterschreiten der verlangten Geschwindigkeit, aus der gebremst werden soll, führt für jedes Stunden-Kilometer Geschwindigkeitsunterschreitung zu 5% Wertungsverlust. Der Wertungsanteil errechnet sich wie folgt, wenn

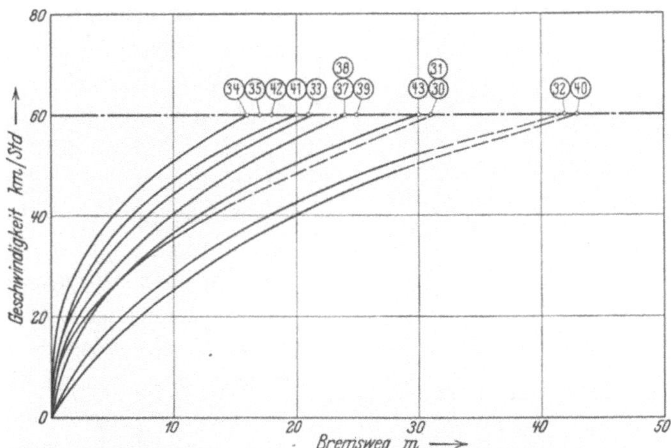

Fig. 38. Bremswegkurven von Wagen der Wertungsgruppe I (1. Mai). [An Stelle mehrerer ähnlicher Bremswegkurven wurden jeweils nur eine oder zwei Kurven eingezeichnet.]

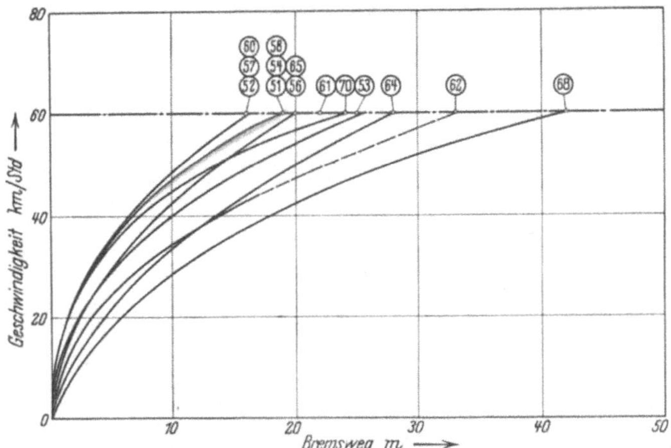

Fig. 39. Bremswegkurven von Wagen der Wertungsgruppe II (1. Mai). [An Stelle mehrerer ähnlicher Bremswegkurven wurden jeweils nur eine oder zwei Kurven eingezeichnet.]

die kürzeste Bremsstrecke $= s_{min}$,
Verlust des Wertungsanteils eintritt bei $s_v = 2\,s_{min}$,
Bremsstrecke des Bewerbers $= s_b$,
Wertungsanteil für Prüfung $= w$ (s. Wertungstabelle)
ist, so ist der auf den Bewerber fallende Wertungsanteil

$$W_{3d} = w \cdot \frac{s_v - s_b}{s_{min}} = w \cdot \left(2 - \frac{s_b}{s_{min}}\right).$$

Das Fahrzeug darf im abgebremsten Zustand bis 20 Grad aus der Fahrtrichtung stehen. Für jeden weiteren Winkelgrad Abweichung wird 1% Verlust des vollen Wertungsanteils angerechnet.“

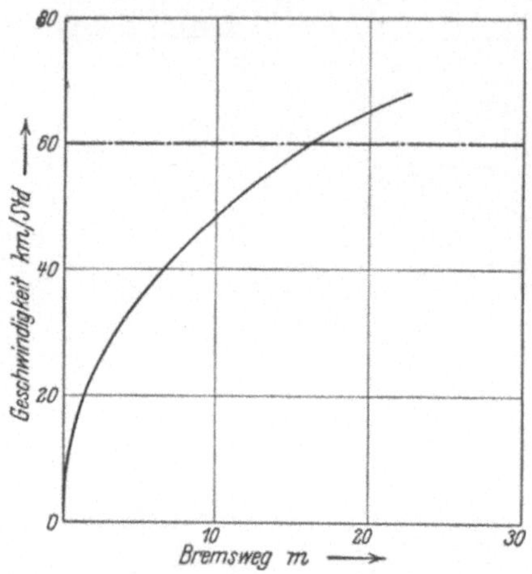

Fig. 40. Charakteristische Bremswegkurve der Wagen in der Wertungsgruppe III.

Laut Ausschreibung wurde bei dieser Prüfung die Bremsstrecke ebenso wie die Anfahrstrecke bei der vorhergehenden Prüfung wieder mit dem Meßapparat festgestellt. Diese Methode ist die genaueste aller bisher zur Feststellung des Bremsweges angewandten. Das System, den Bremsweg von einer bezeichneten Stelle aus zu messen, setzt absolute Fehlerfreiheit der Geschwindigkeitsmessung, richtigen Bremseinsatz und gleiche Reaktionsgeschwindigkeiten der Fahrer voraus, birgt also reichlich Fehlerquellen in sich. Aus Genauigkeitsgründen mußte daher der beschriebene Meßapparat auch zu Bremswegmessungen verwendet werden, ob-

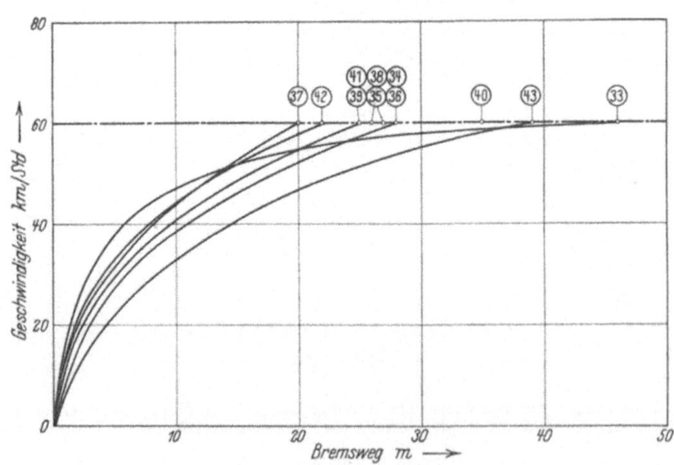

Fig. 41. Bremswegkurven von Wagen der Wertungsgruppe I (9. Mai). [An Stelle mehrerer ähnlicher Bremswegkurven wurden jeweils nur eine oder zwei Kurven eingezeichnet.]

wohl man sich darüber klar war, daß auch er infolge der ⅓-Sek.-Schaltung keine absolut genauen Werte angibt. Infolge des Stufencharakters der Bremskurve ergibt sich durch den jeweiligen Schnittpunkt der Stufe mit der 60-km-Linie ein Fehler, welcher der Größe des in ⅓ Sek. zurückgelegten Weges entspricht. Der Fehler scheint demnach in der 60-km-Linie nicht unbedeutend. Er konnte jedoch erheblich gemindert werden durch das Auswertungsverfahren für Feststellung der Brems-

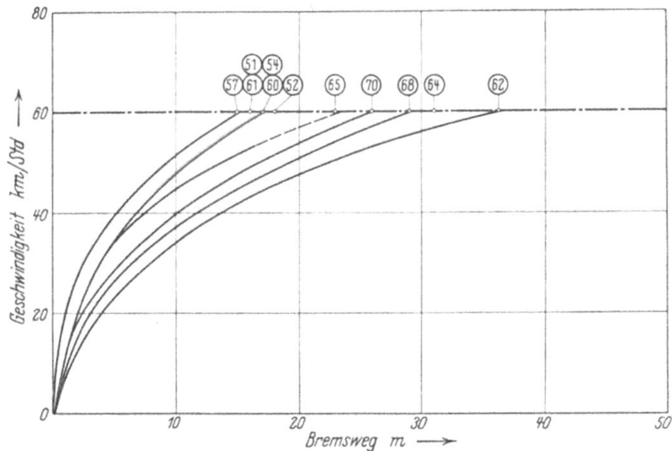

Fig. 42. Bremswegkurven von Wagen der Wertungsgruppe II (9. Mai). [An Stelle mehrerer ähnlicher Bremswegkurven wurden jeweils nur eine oder zwei Kurven eingezeichnet.]

strecke, wobei rückwärts, vom Nullpunkt ausgehend, eine Kurve durch die Mitte der Stufen gelegt wurde, welche die 60-km-Linie annähernd im richtigen Punkte schnitt. Durch eingehende Untersuchungen wurde hierzu festgestellt, daß trotzdem noch Fehler auftraten, die jedoch in keinem Falle 6,5% überschritten, was praktisch für die besten Fahrzeuge bei 16 m Bremsstrecke einen Fehler von rund 1 m bedeutete. Bei mittleren und kleineren Geschwindigkeiten war der Fehler entsprechend geringer.

Die Prüfung wurde ebenfalls wieder zweimal abgehalten, und zwar am 1. Mai auf etwas ansteigender Makadamstraße an der Havel bei völliger Trockenheit. Am 9. Mai fand sie auf der Zielgeraden des Nürburg-Ringes bei Regen, Schnee und Sonnenschein statt. Die Oberfläche der Straße bestand aus Beton, der fast unempfindlich hinsichtlich der Haftfähigkeit in nassem oder trockenem Zustand ist.

Tabelle 16 gibt die Resultate und die Wertungen der Prüfung (3 d) wieder.

Die Fig. 38 bis 42 zeigen die Bremskurven.

In Tabelle 17 sind die Bremswege ihrer Größe nach geordnet unter Hinweis auf die Art und Anordnung der Bremsen jedes Wagens. Fig. 43 zeigt die graphische Auswertung der Tabelle 16. In allen drei Wertungsgruppen lag die geringste Bremsstrecke für die Vierradbremsen zwischen

Einzelprüfung 3.

Tabelle 16.

Wertungs-Gruppe	Start-Nr.	Fabrikat	Prüfung 3 d				Gesamt-Wertung 3 d
			1. Mai		9. Mai		
			Weg m	Wer-tung	Weg m	Wer-tung	
I	30*	Hanomag	31	0,00	60	0,00	0,00
	31	„	31	0,00	60	0,00	0,00
	32	„	42	0,00	—	—	—
	33*	Steyr	21	3,78	46	0,00	3,78
	34*	„	16	4,67	28	0,90	5,57
	35*	„	18	4,81	27	2,98	7,79
	36	Ford	52	0,00	28	2,80	2,80
	37*	„	24	1,10	20	5,50	6,60
	38	Dixi	24	2,75	26	3,05	5,80
	39	„	25	2,40	25	2,93	5,33
	40	„	43	0,00	35	0,00	0,00
	41*	Steyr	20	4,12	25	2,53	6,65
	42*	Adler	17	5,16	22	4,95	10,11
	43*	Brennabor	30	0,14	39	0,00	0,14
II	51*	Adler	19	4,47	16	5,13	9,60
	52*	„	16	5,50	18	4,40	9,90

Wertungs-Gruppe	Start-Nr.	Fabrikat	Prüfung 3 d				Gesamt-Wertung 3 d
			1. Mai		9. Mai		
			Weg m	Wer-tung	Weg m	Wer-tung	
II	53*	Adler	25	2,41	—	—	2,41
	54*	„	19	4,47	17	4,77	9,24
	56*	Steyr	20	2,19	—	—	2,19
	57*	„	16	5,23	15	5,10	10,32
	58*	Opel	19	4,47	—	—	4,47
	60*	Adler	16	5,50	17	4,77	10,27
	61*	„	22	3,44	16	5,13	8,57
	62*	Wanderer	33	0,00	36	0,00	0,00
	64*	Brennabor	28	0,27	31	0,00	0,27
	65*	„	20	3,57	23	0,97	4,54
	68*	Ford	42	0,00	29	0,36	0,36
	70*	„	24	2,75	26	1,37	4,12
III	80*	Adler	16	5,50	18	4,37	9,87
	81*	Brennabor	17	5,15	16	5,50	10,65
	82*	„	17	5,15	19	4,47	9,62
	83*	„	17	5,15	18	4,81	9,96

* Geschlossene Wagen.

15 und 16 m und stieg (mit Ausnahme Nr. 36 [Ford] am 1. Mai, wo durch Schleudern ein übermäßig langer Bremsweg verursacht wurde) bis zu 46 m an. Reine Hinterradbremsung (Hanomag) kam nicht unter 30 m Bremsstrecke herunter. Am 1. Mai hatten fast 60 % aller Fahrzeuge mit Vierradbremse unter 20 m und 35 % unter 18 m Bremsstrecke, am 9. Mai nur noch 42 % unter 20 m, aber ebenfalls 35 % unter 18 m. Bei beiden Prüfungen fielen rund 12 % durch Überschreiten der Wertungsgrenze (doppelte Bremsstrecke des Besten!) aus, darunter alle Fahrzeuge mit reiner Hinterradbremsung.

Aus der Tatsache, daß rund $\frac{1}{3}$ aller Fahrzeuge unter 18 m und die Hälfte unter 20 m Bremsstrecke aufwiesen, kann für moderne Fahrzeuge die Forderung aufgestellt werden, daß sie auf gut griffiger Straße bei einer Geschwindigkeit von 60 km/Std. innerhalb 20 m zum Halten zu bringen sein müssen.

Interessant ist ein Vergleich der Art und Wirkungsweise der Bremsen. 26 Fahrzeuge (über 80 %) verwendeten die Fußbremse als Hinterradbremse. Die Handbremse wirkte zu 53 % direkt auf die Hinterräder, zu 38 % auf das Getriebe und zu 9 % (Dixi) auf die Vorderräder. Die Fahrzeuge mit getrennter Vierradbremse (Hand- und Fußbremse) waren nicht unter 24 m Bremsung (d. h. 50 % schlechter als normale Vierradbremsung) gekommen. Die Handbremse bei den siegreichen

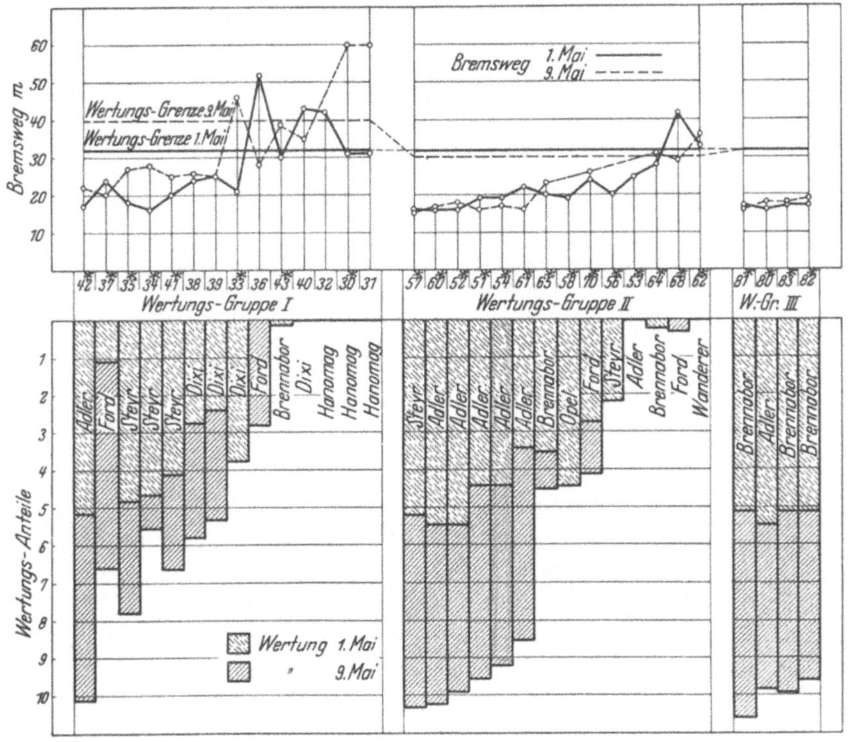

Fig. 43.

Fahrzeugen war zu 65% als Getriebebremse, zu 35% als Hinterradbremse ausgebildet.

Bei Vierradbremsen waren 65% als Innenbackenbremsen und
35% als Bandbremse ausgebildet. Bemerkenswert ist, daß von den
fünf ersten Fahrzeugen jeder Wertungsgruppe 70% Servobremsen
(hydraulisch oder mechanisch) besaßen.

Die mit Hilfe des Meßapparates aufgenommenen Bremswege sind
in Abhängigkeit von der Geschwindigkeit in den Fig. 38 bis 42 wiedergegeben. Aus diesen Bremskurven lassen sich bemerkenswerte Schlüsse
ziehen.

Beim Bremsvorgang ist bekanntlich die lebendige Energie des
Fahrzeuges $\dfrac{m \cdot v^2}{2} =$ dem Bremsweg s mal der Reibungskraft $G \cdot \mu$. Also

$$\frac{m \cdot v^2}{2} = s \cdot G \cdot \mu.$$

Da $G = m \cdot g$, fällt die Masse des Fahrzeuges aus der Gleichung heraus,
weshalb das Gewicht des Fahrzeuges für den Bremsweg ohne Bedeu-

Tabelle 17.

Wertungs-Gruppe	Start-Nr.	Fabrikat	Bremsweg in m 1. Mai	9. Mai	Mittelwert		Handbremse wirksam auf	Art	Fußbremse wirkt auf	Art
I	42	Adler	17	22	19,5		Getrb.	hyd. Außenbd.	4 Rd.	Außenbd. hydr.
	37	Ford	24	20	22		H. Rd.	Inn. Back.	,,	Inn. Backen
2-Sit-zer	34	Steyr	16	28	22		,,	,,	,,	Inn. Backen mech. Serv.
	35	,,	18	27	22,5		,,	,,	,,	,,
	41	,,	20	25	22,5		,,	,,	,,	,,
	39	Dixi	25	25	24,5	27,7	V. Rd.	Inn. Back.	H. Rd.	Inn. Backen
	38	,,	24	26	25		,,	,,	,,	,,
	33	Steyr	21	46	33,5		H. Rd.	,,	4 Rd.	,, mech. Serv.
	43	Brennabor	30	39	34,5		,,	Bandbr.	H. Rd.	Bandbremse
	40	Dixi	43	35	39		V. Rd.	Inn. Back.	,,	Inn. Backen
	36	Ford	52	28	40		H. Rd.	,,	4 Rd.	,,
	32	Hanomag	42	—	42		,,	Bandbr.	H. Rd.	,,
	30	,,	30	60	45	44	,,	,,	,,	,,
	31	,,	30	60	45		,,	,,	,,	,,
II	57	Steyr	16	15	15,5		,,	Inn. Back.	4 Rd.	Inn. Backen mech. Serv.
4-Sit-zer	60	Adler	16	17	16,5		Getrb.	hyd. Außenbd.	,,	Außenbd. hydr.
	52	,,	16	18	17		,,	,,	,,	,,
	51	,,	19	16	17,5		,,	,,	,,	,,
	54	,,	19	17	18		,,	,,	,,	,,
	61	,,	22	16	19		,,	,,	,,	,,
	58	Opel	19	—	19	22,3	,,	—	,,	Inn. Backen
	56	Steyr	20	—	20,0		H. Rd.	Inn. Back.	,,	,,
	65	Brennabor	20	23	21,5		,,	Bandbr.	,,	Bandbremse
	70	Ford	24	26	25		,,	Inn. Back.	,,	Inn. Backen
	53	Adler	25	—	25		Getrb.	hydr.	,,	Außenbd. hydr.
	64	Brennabor	28	31	29,5		H. Rd.	Bandbr.	,,	Bandbremse
	62	Wanderer	33	36	34,5		,,	Inn. Back.	,,	Inn. Backen
	68	Ford	42	29	35,5		,,	,,	,,	,,
III	81	Brennabor	17	16	16,5		Getrb.	Außenbd.	,,	,,
6-	80	Adler	16	18	17	17,3	,,	hyd. Außenbd.	,,	hydr. Außenbd.
Sit-	83	Brennabor	17	18	17,5		,,	Außenbd.	,,	Inn. Backen
zer	82	,,	17	19	18		,,	,,	,,	,,

tung ist. (Leider ist diese Erkenntnis noch keineswegs Allgemeingut der Fachwelt.) Es ergibt sich dann:

$$\frac{v^2}{2} = s \cdot g \cdot \mu \quad \text{oder} \quad s = \frac{v^2}{2\,g\,\mu}.$$

Ersetzt man

v (m/sec) durch $\dfrac{V}{3,6}$ (km/Std) und $g \cdot \mu$ durch a, so ist $s = \dfrac{V^2}{25,9\,a}$.

Zeichnet man diese Parabel auf Logarithmenpapier, so erhält man für a von 1—20 parallele Geraden. Bei den Fig. 44 bis 48 ist in logarithmischem Maßstab auf der Abszissenachse der Bremsweg, auf der Ordinatenachse die Geschwindigkeit aufgetragen. Die Übertragung der erhaltenen Bremskurven auf diese Tafeln zeigt deutlich, daß die ver-

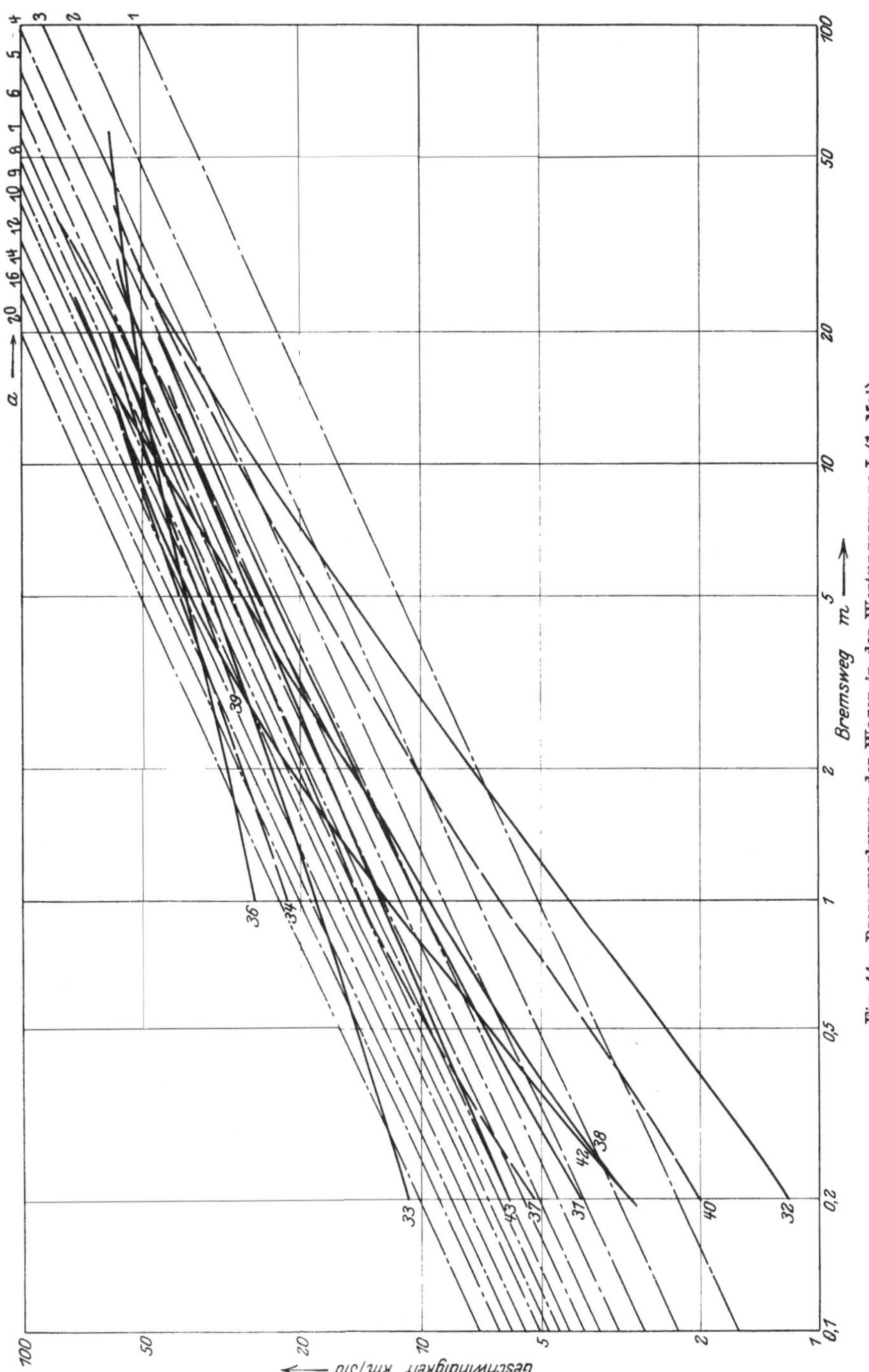

Fig. 44. Bremswegkurven der Wagen in der Wertungsgruppe I (1. Mai).

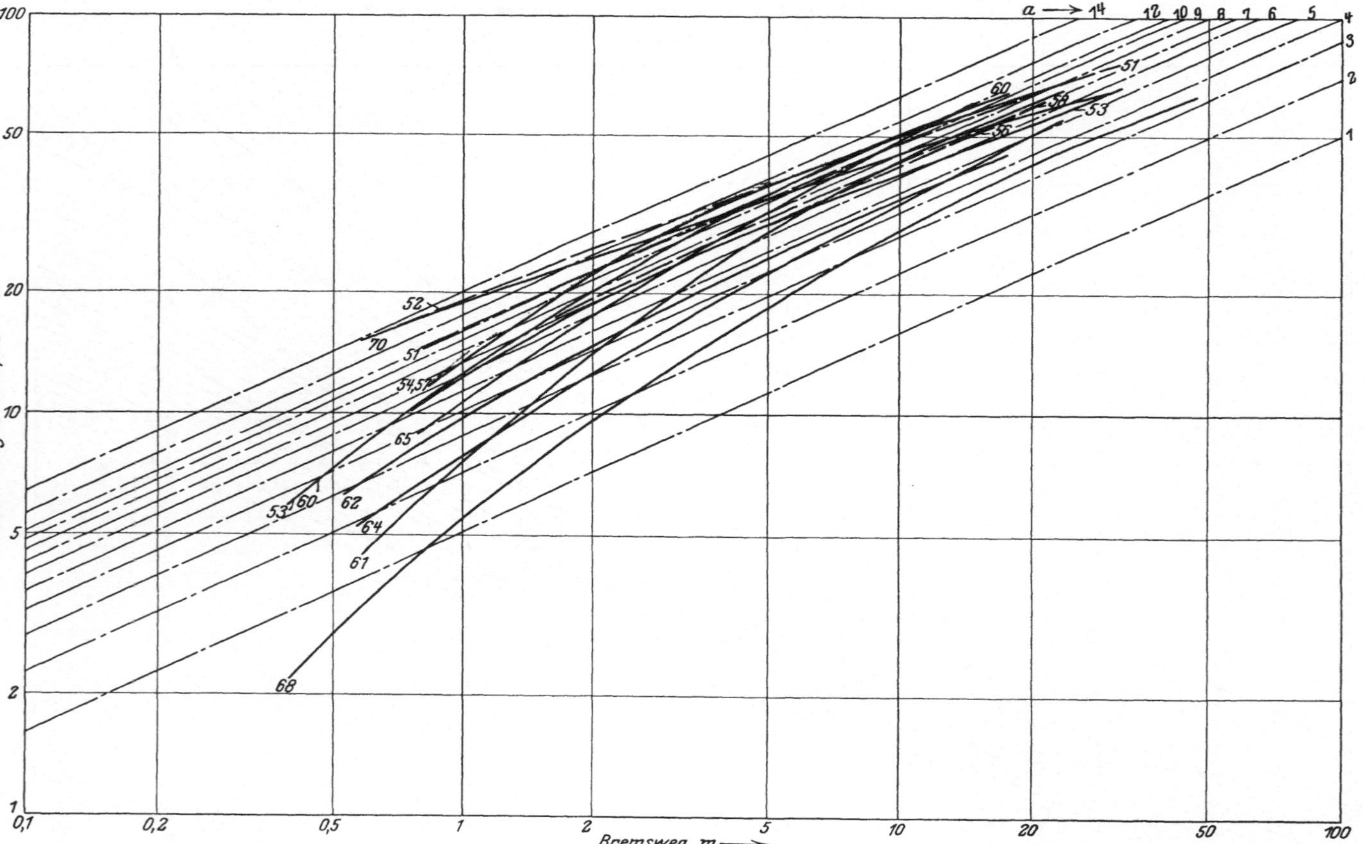

Fig. 45. Bremswegkurven der Wagen in der Wertungsgruppe II (1. Mai).

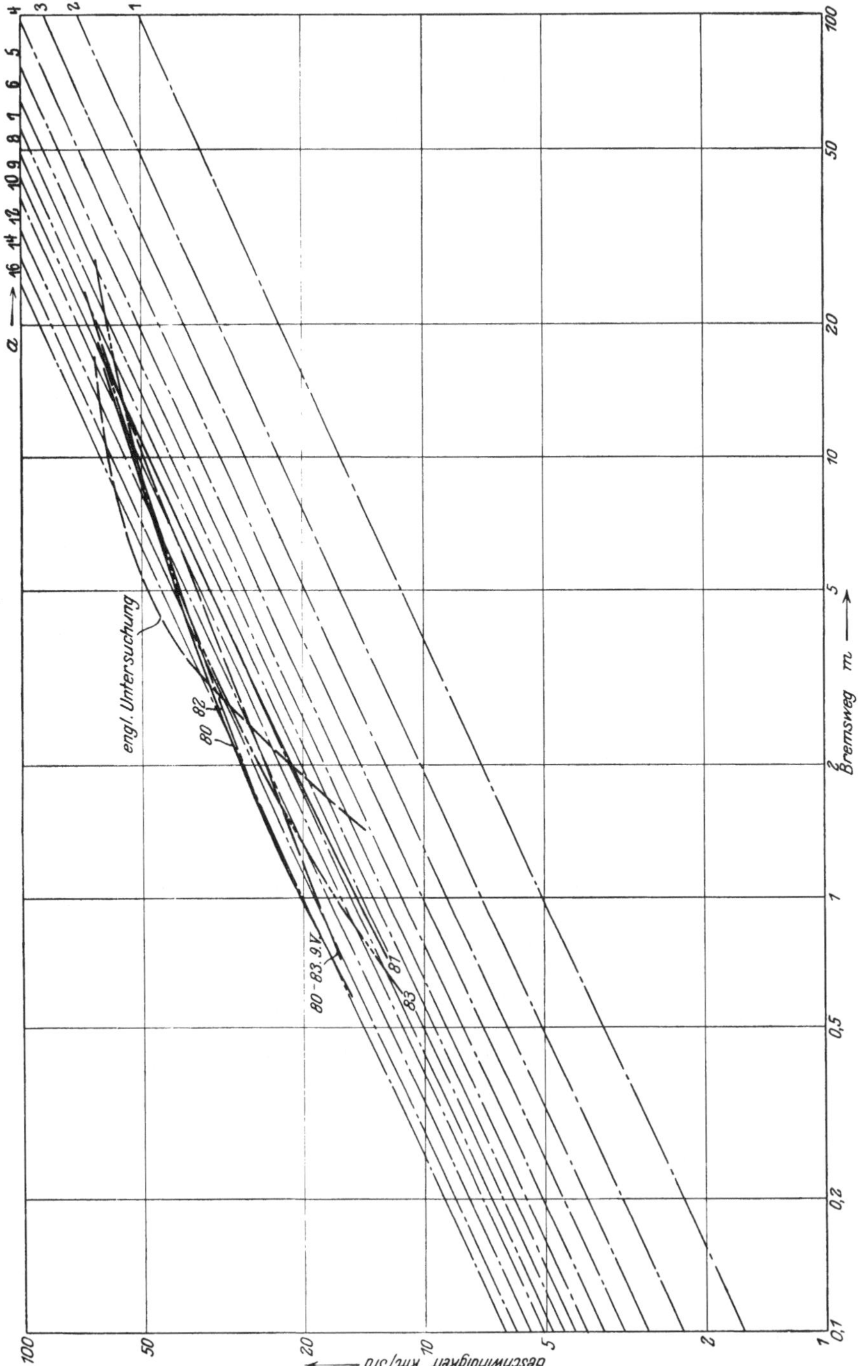

Fig. 46. Bremswegkurven der Wagen in der Wertungsgruppe III (1. und 9. Mai).

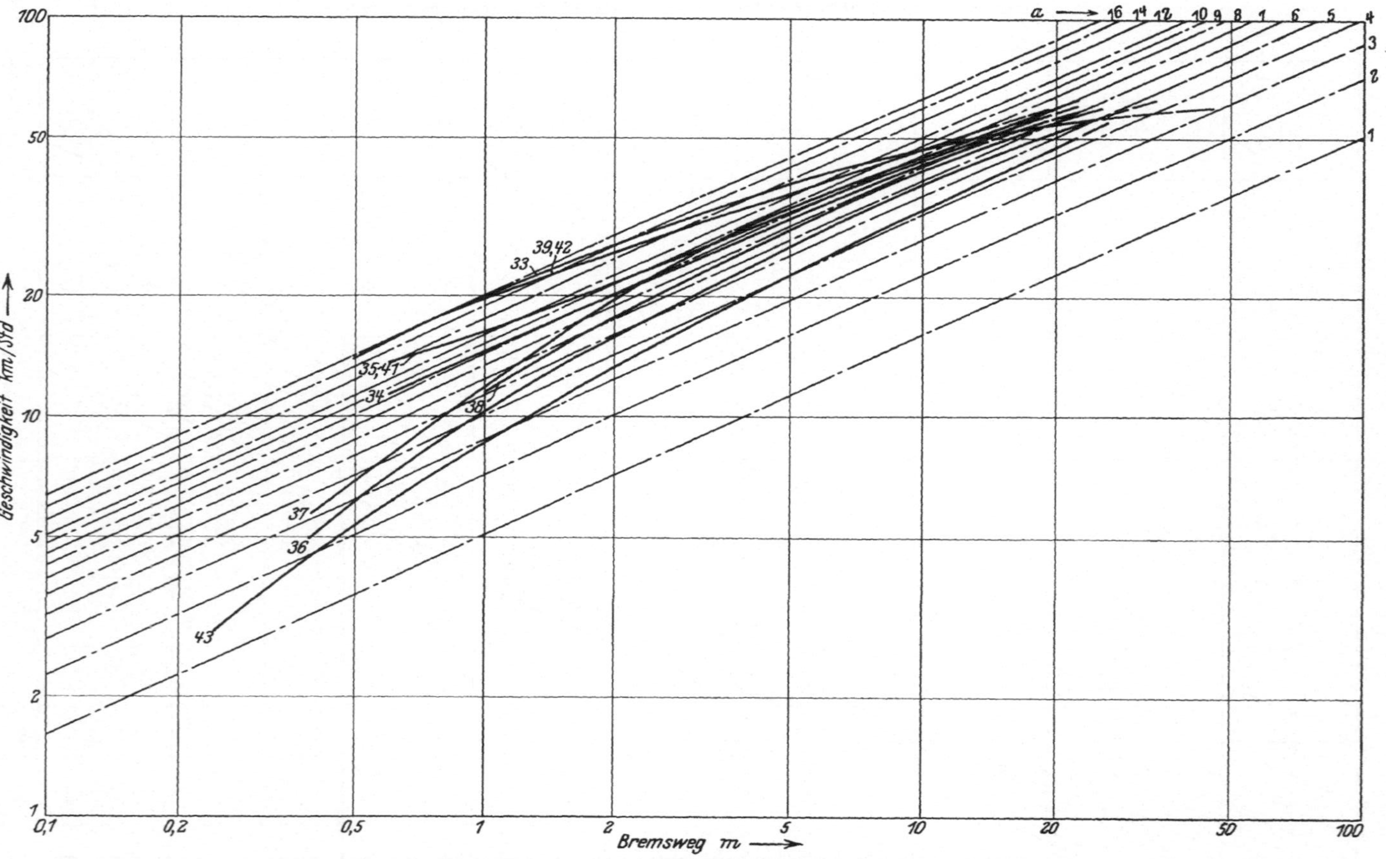

Fig. 47. Bremswegkurven der Wagen in der Wertungsgruppe I (9. Mai).

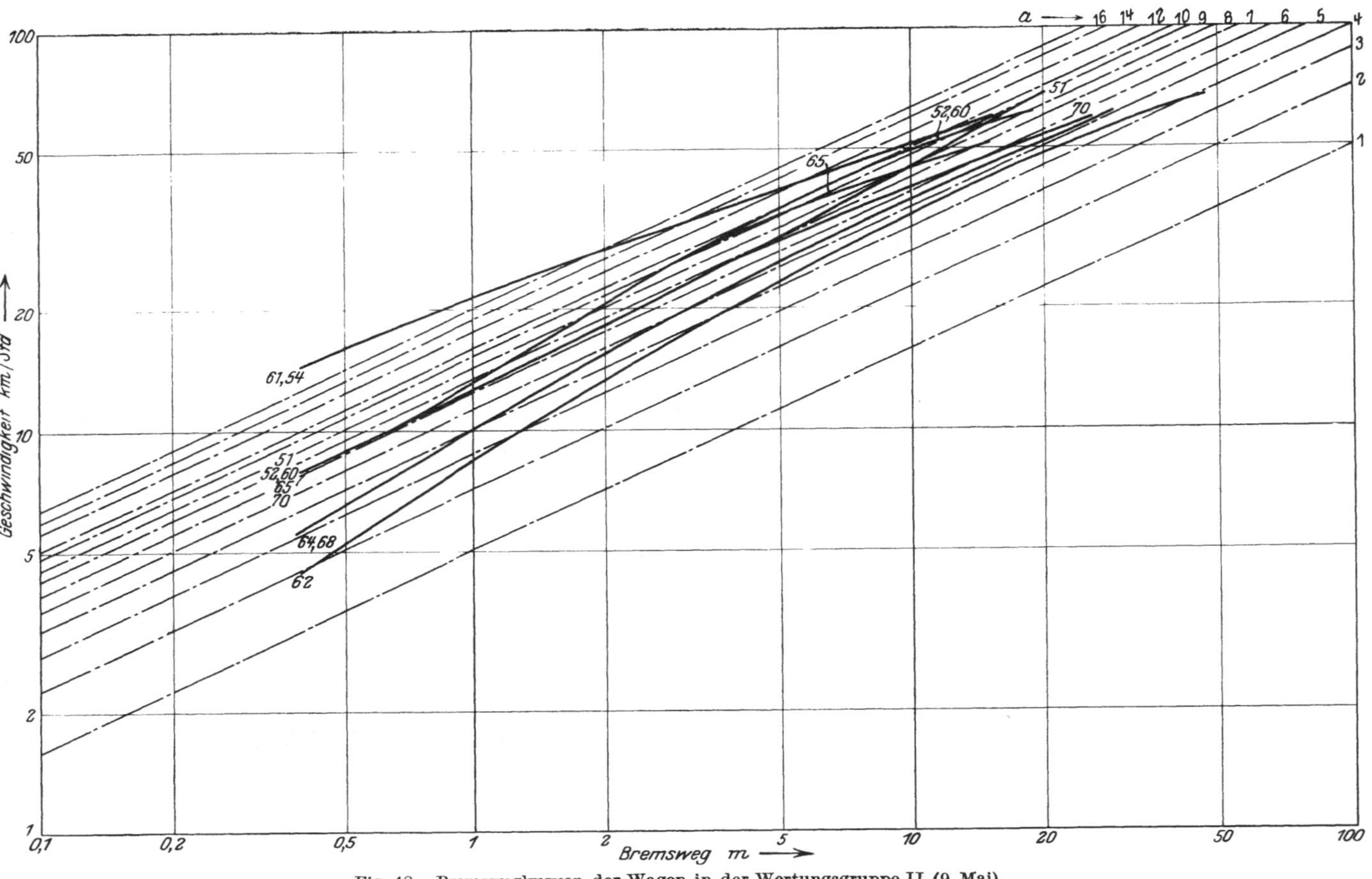

Fig. 48. Bremswegkurven der Wagen in der Wertungsgruppe II (9. Mai).

schiedenen a-Linien von den Bremskurven in sanftem Bogen geschnitten werden. Dies besagt, daß:

1. das quadratische Gesetz für die Bremswegberechnung nicht richtig ist,

2. der Haftkoeffizient (a ist $g.\mu$) eine Funktion der Geschwindigkeit ist. Das Maximum der Reibung scheint, wenn man von ganz herausfallenden Bremskurven absieht, zwischen 25 und 40 km/Std. zu liegen,

3. der Haftkoeffizient viel höher sein kann, als bisher allgemein angenommen wird.

Rechnet man von 60 km mit dem kürzesten bei der Prüfung erreichten Bremsweg von 15 m, so erhält man einen mittleren Haftkoeffizienten von $\mu = 0{,}945$. Aus den obigen Fig. 44 bis 48 ersieht man aber, daß dieses μ nicht über den ganzen Geschwindigkeitsbereich

Tabelle 18.

Wertungs-gruppe	Start-Nr.	Fabrikat	Gesamt-wertung 3a	Gesamt-wertung 3b	Gesamt-wertung 3c	Gesamt-wertung 3d	Gesamt-wertung 3	Reihen-folge
I	30*	Hanomag	0,60	0,00	0,60	0,00	1,20	12
	31	,,	0,00	0,04	0,00	0,00	0,04	13
	32	,,	0,00	0,00	—	—	0,00	14
	33*	Steyr	2,64	4,30	1,20	3,78	11,92	5
	34*	,,	1,30	3,44	1,20	5,57	11,51	6
	35*	,,	2,36	4,84	1,20	7,79	16,19	3
	36	Ford	3,79	2,89	3,06	2,80	12,54	4
	37*	,,	4,00	0,32	8,00	6,60	18,92	2
	38	Dixi	0,36	0,68	0,00	5,80	6,84	9
	39	,,	1,18	0,49	0,00	5,33	7,00	8
	40	,,	0,90	0,93	0,00	0,00	1,83	11
	41*	Steyr	0,87	2,31	1,20	6,65	11,03	7
	42*	Adler	2,65	4,15	6,78	10,11	23,83	1
	43*	Brennabor	0,60	4,16	1,20	0,14	6,10	10
II	51*	Adler	2,80	3,97	7,85	9,60	23,72	1
	52*	,,	3,64	1,34	8,00	9,90	22,88	2
	53*	,,	1,64	3,00	—	—	4,64	11
	54*	,,	3,82	1,98	6,96	9,24	22,00	3
	56*	Steyr	0,00	0,21	—	2,19	2,40	13
	57*	,,	0,91	2,92	0,00	10,32	14,15	6
	58*	Opel	0,00	1,02	—	4,47	5,49	9
	60*	Adler	2,50	3,30	4,35	10,27	20,42	4
	61*	,,	2,32	0,39	5,06	8,57	16,34	5
	62*	Wanderer	1,82	0,00	2,62	0,00	4,44	12
	64*	Brennabor	0,00	0,62	0,00	0,27	0,89	14
	65*	,,	0,00	0,23	0,00	4,54	4,77	10
	68*	Ford	3.91	0,00	6,94	0.36	11,21	7
	70*	,,	3,28	0,56	2,96	4,12	10,92	8
III	80*	Adler	2,06	4,52	4,25	9,87	20,70	4
	81*	Brennabor	3,74	4,67	7,84	10,65	26,86	1
	82*	,,	3,74	3,56	6,63	9,62	23,55	3
	83*	,,	3,39	3,03	7,92	9,96	24,30	2

* Geschlossene Wagen.

konstant bleibt, sondern bei niedriger und hoher Geschwindigkeit abfällt, daher im Maximum dementsprechend höher ansteigen muß. Bemerkenswert ist hierbei, daß bei Geschwindigkeiten über 50 km ein Haftkoeffizient von $\mu = 1{,}0 \left(\dfrac{a}{9{,}81}\right)$ nicht überschritten wurde. Im Maximum wurde (wenn man von einigen Bremskurven, deren Verhalten aus dem Rahmen der übrigen herausfällt und für die eine Erklärung nicht gegeben werden kann) eine größte Haftfähigkeit von 1,4 bis bis 1,6 erreicht. Dieses, die bisherige Annahme weit übersteigende Maß läßt sich vielleicht darauf zurückführen, daß der Gummi im

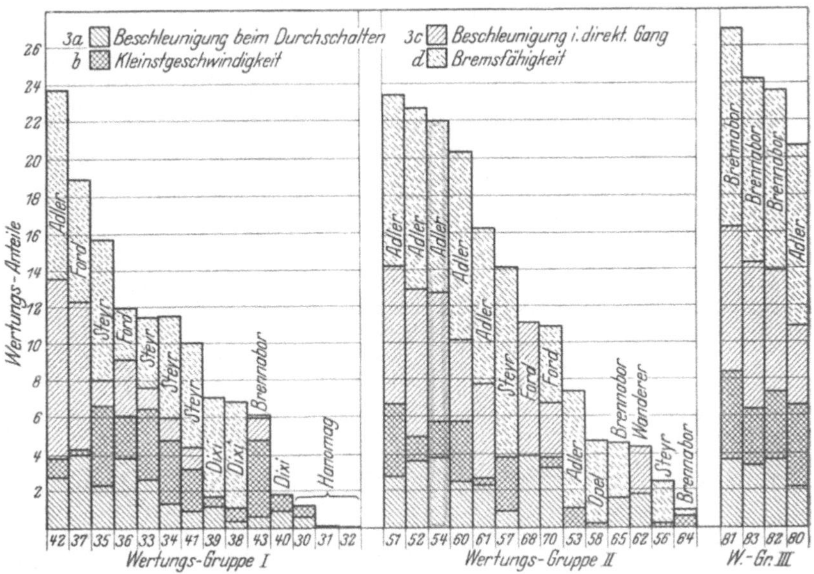

Fig. 49.

Augenblick des Gleitens oder kurz vorher infolge der großen Wärmeentwicklung in zähflüssigen Zustand übergeht und dabei eine innige Verbindung mit der Straßenoberfläche herstellt[1].

Wenn auch das hier verwendete Verfahren zur Messung der Bremsstrecke noch nicht ganz den eigenen Anforderungen der Veranstalter entsprach, so kann doch wohl als Ergebnis der Bremsprüfung angesehen werden, daß die bisherigen Anschauungen über Berechnung

---

[1] In Fig. 46 ist des Vergleiches halber die Bremskurve einer in „The Motor" vom Juli 1928, S. 1059 beschriebenen Servobremse wiedergegeben, mit der aus 60 km/Std eine Bremsstrecke von 9,5 m erreicht worden sein soll, was einem mittleren Haftkoeffizienten von 1,5 und einem Maximum von 2,0 entspräche. Wenn auch dieses Resultat noch unverbürgt ist, zeigt doch die wiedergegebene Kurve den gleichen Verlauf wie die in der Prüfung (3d) erhaltenen.

des Bremsweges nicht den Tatsachen zu entsprechen scheinen und daß dadurch neue wertvolle Fingerzeige für das Bremsproblem geliefert wurden. Die hier gemachten Beobachtungen nachzuprüfen ist Sache der wissenschaftlichen Forschung.

Die Tabelle 18 und die Fig. 49 ergeben die Gesamtwertung in Reihenfolge der Fahrzeuge in der vorstehend behandelten Einzelprüfung 3 auf Geschmeidigkeit und Bremsfähigkeit.

Einzelprüfung 4.

Bergsteigefähigkeit.

Die Ausschreibung besagt hierzu:

„Die Bergsteigefähigkeit wird durch das Befahren einer Bergstrecke geprüft. Den höchsten Wertungsanteil erhält das Fahrzeug jeder Wertungsgruppe mit der besten Fahrzeit. Überschreiten der Bestzeit um 50% bedingt Wertungsverlust für diese Prüfung. Geringeres Überschreiten wird prozentual gewertet. Der Wertungsanteil errechnet sich wie folgt: Wenn

die kürzeste Fahrzeit $= t_{min}$,
Verlust des Wertungsanteiles bei $t_v = 1,5\,t_{min}$,
Zeit des Bewerbers $= t_b$,
Wertungsanteil für die Prüfung $= w$ (s. Wertungstabelle)

ist, so ist der auf den Bewerber fallende Wertungsanteil

$$W_4 = w \cdot \frac{t_v - t_b}{0,5\,t_{min}} = w \cdot \left(3 - \frac{2\,t_b}{t_{min}}\right).$$

Für geschlossene Wagen gilt:

$$w'_4 = 1,15\,w_4.\text{``}$$

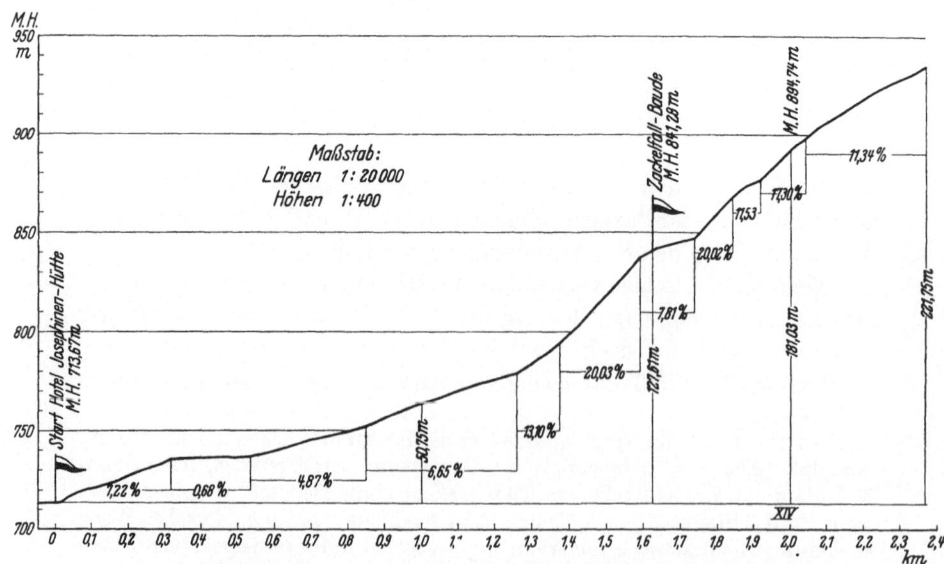

Fig. 50a. Längenprofil der Strecke: Hotel Josephinen-Hütte—Neue Schlesische Baude.

Diese in der Ausschreibung gesondert angeführte, im Laufe des Wettbewerbes besonders vorgenommene Einzelprüfung bildete eine Ergänzung der Prüfung auf Geschmeidigkeit und Bremsfähigkeit und betont ebenfalls eine wichtige Gebrauchseigenschaft des Kraftfahrzeuges.

Praktisch wurde die Prüfung auf Bergsteigefähigkeit doppelt durchgeführt, nämlich am 3. Mai auf der Bergstrecke Josephinen-

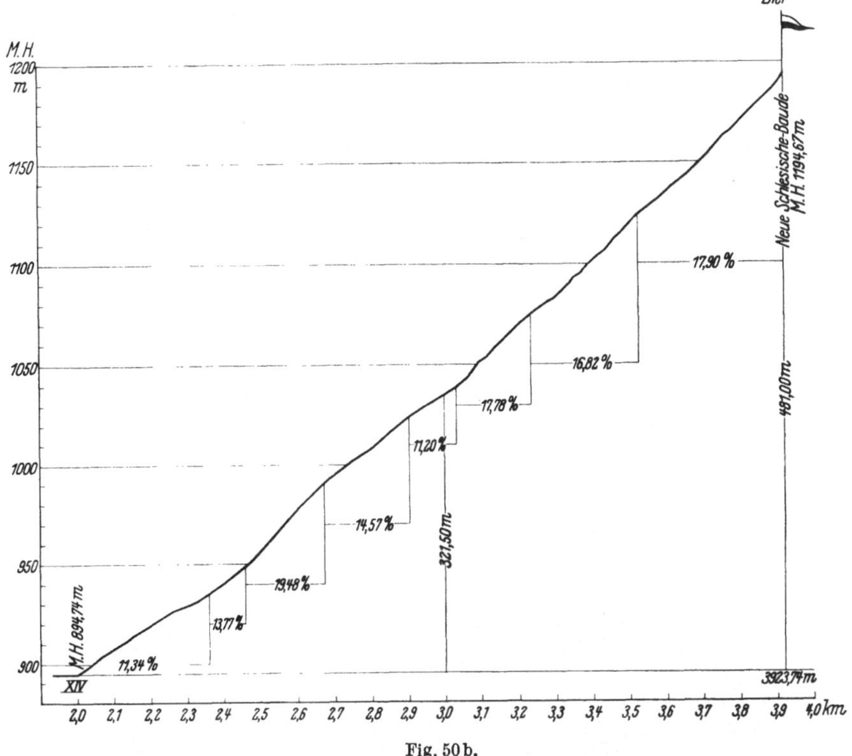

Fig. 50 b.

hütte—Neue Schlesische Baude und am 10. Mai auf dem Nürburg-Ring.

Die erste Bergprüfung im Riesengebirge führte über eine Strecke von 4,0 km Länge bei 11,4% mittlerer Steigung und bis zu 25% auf kurzen Abschnitten (s. Fig. 50). Über die Beschaffenheit der Bergstrecke äußerte sich ein neutraler Bericht[1]:

„Die Straße ist frei von Eis und Schnee, aber sie ist feucht und die dünne Erdschicht läßt sich stellenweise von dem Felsboden abschieben.“

---

[1] Aus „B. Z. am Mittag“ Nr. 121, 2. Beilage zum Sport, Donnerstag, den 3. Mai 1928.

Die zweite Bergprüfung erfolgte auf einer 2 km langen Strecke des Nürburg-Ringes mit 6,77 % mittlerer und 13,1 % maximaler Steigung (s. Fig. 51). Der Start erfolgte auf der kleinen Schleife an der Brücke

Abb. 19. Auf der Bergstrecke zur Schlesischen Baude (1. Bergsteigefähigkeits-Prüfung). (Aufnahme von „Motor und Sport".)

Abb. 20. Auf der Bergstrecke zur Schlesischen Baude. (Aufnahme der „Photo-Union", Berlin.)

bei Müllenbach (km-St. 4), das Ziel lag bei dem „Scharfen Kopf" (km-St. 6).

Als Einlage des Wettbewerbprogramms wurde eine dritte Bergprüfung auf dem Nürburg-Ring vorgenommen, deren Ergebnisse zwar nicht die Wertung in der Einzelprüfung 4 berührten, jedoch in der Gesamtwertung des Wettbewerbes berücksichtigt wurden (s. Tabelle 19 letzte Spalte!). Jedes Fahrzeug, welches die bekannte 550 m lange Steil-

Abb. 21. Auf der Bergstrecke zur Schlesischen Baude.
(Aufnahme der „Bayerischen Landesfilm G.m.b.H.-München".)

Abb. 22. Auf der Bergstrecke zur Schlesischen Baude.
(Aufnahme von „Knips-Hasse", Hirschberg.)

strecke des Nürburg-Ringes von 27% maximaler Steigung (s. Fig. 52) überwinden konnte, bekam einen Wertungspunkt gutgeschrieben. Vier Fahrzeuge konnten sich diesen Vorteil nicht sichern, einige vermochten die Steilstrecke zwar nur mit dem Rückwärtsgang zu über-

Abb. 23. Die Steilstrecke des Nürburg-Ringes. (Aufn. von Herrn St. v. Szénásy, Berlin.)

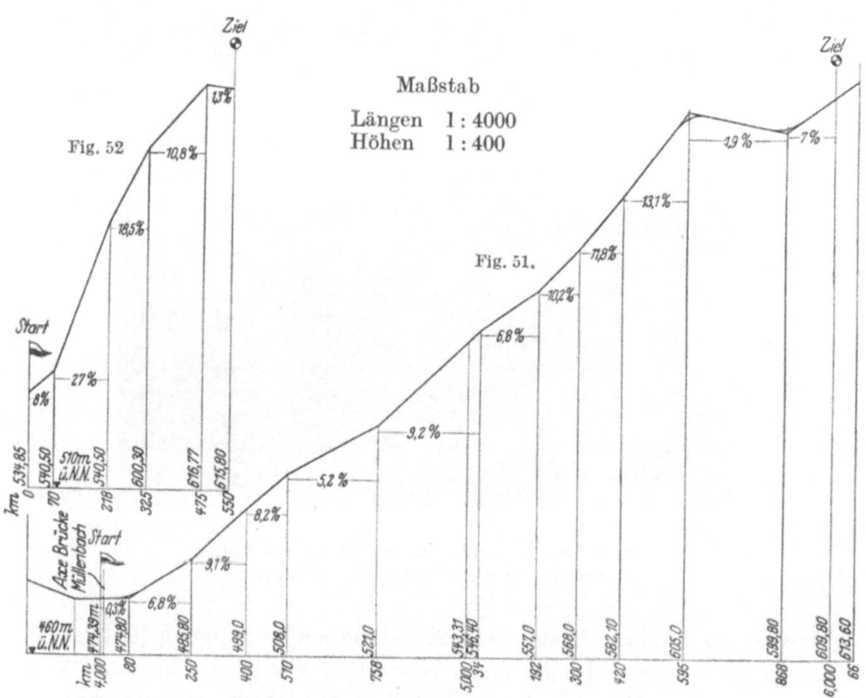

Fig. 51. Längenprofil der Bergprüfungsstrecke auf dem Nürburg-Ring.
Fig. 52. Längenprofil der Steilstrecke des Nürburg-Ringes.

winden, erhielten aber den erwähnten Wertungspunkt trotzdem gutgeschrieben.

Die Tabelle 19 läßt die Einzelwertungen der Bergprüfungen am

Tabelle 19.

Wertungsgruppe	Start-Nr.	Fabrikat	Prüfung 4						Gesamt-Wertung	Reihenfolge	Gutpunkt für Steilstrecke
			3. Mai			10. Mai					
			Fahrzeit Min/Sek.	mittlere Geschw. km/Std.	Wertung	Fahrzeit Min/Sek.	mittlere Geschw. km/Std.	Wertung			
I	30*	Hanomag	—	—	0,00	6,37	18,3	0,30	0,30	8	1,00
	31	,,	—	—	0,00	5,05	23,6	0,00	0,00	9	0,00
	32	,,	—	—	0,00	—	—	—	—	9	—
	33*	Steyr	11,05	21,7	0,30	2,52	41,8	1,11	1,41	4	1,00
	34*	,,	17,41	13,6	0,30	3,04	39,1	0,74	1,05	5	1,00
	35*	,,	11,33	20,8	0,30	2,49	42,6	1,20	1.50	3	1,00
	36	Ford	7,08	33,7	2,00	2,13	54,3	2,00	4,00	1	1,00
	37*	,,	7,21	32,7	2,00	2,15	53,3	2,00	4,00	1	1,00
	38	Dixi	12,31	19,2	0,00	3,09	38;1	0,30	0,30	8	1,00
	39	,,	16,30	14,5	0,00	3,05	39,0	0,43	0,43	7	1,00
	40	,,	—	—	0,00	3,24	35,0	0,00	0,00	9	1,00
	41*	Steyr	15,50	15,1	0,30	3,32	32,4	0,30	0,60	6	1,00
	42*	Adler	9,18	25,8	1,07	2,35	46,5	1,63	2,70	2	1,00
	43*	Brennabor	—	—	0,00	4,37	26,0	0,30	0,30	8	0 00
II	51*	Adler	8,26	28,5	1,20	2,29	48,6	1,92	3,12	3	1,00
	52*	,,	8,19	28,8	1,27	2,49	42,6	1,34	2,61	4	1,00
	53*	,,	8,31	28,2	1,15	—	—	—	1,15	9	—
	54*	,,	9,45	24,7	0,45	2,51	42,1	1,28	1,73	6	1,00
	56*	Steyr	14,11	16,9	0,00	—	—	—	0,00	11	—
	57*	,,	13,11	18,2	0,00	3,33	33,8	0,13	0,13	10	1,00
	58*	Opel	—	—	—	—	—	—	—	—	—
	60*	Adler	10,21	22,3	0,11	2,44	44,0	1,49	1,60	7	1,00
	61*	,,	10,36	21,4	0,00	2,45	43,7	1,45	1,45	8	1,00
	62*	Wanderer	8,49	27,2	0,98	2,45	43,8	1,47	2,45	5	1,00
	64*	Brennabor	—	—	0,00	4,15	28,2	0,00	0,00	11	0,00
	65*	,,	—	—	0,00	4,33	26,4	0,00	0,00	11	0,00
	68*	Ford	7,02	34,2	2,00	2,25	49,7	2,00	4,00	1	1,00
	70*	,,	7,29	32,2	1,74	2,44	44,0	1,49	3,23	2	1,00
III	80*	Adler	13,22	18,0	0,36	3,10	37,9	1,39	1,75	4	1,00
	81*	Brennabor	9,56	24,2	1,81	2,50	42,4	1,88	3,69	3	1,00
	82*	,,	9,29	25,3	2,00	2,45	43,7	2,00	4,00	1	1 00
	83*	,,	9,46	24,7	1,88	2,45	43,7	2,00	3,88	2	1,00

Die mit * bezeichneten geschlossenen Wagen erhielten laut Ausschreibung in dieser Prüfung je 15% des vollen Wertungsanteiles vergütet.

3. und 10. Mai erkennen, ergibt die Gesamtwertung der Einzelprüfung 4 und die daraus resultierende Reihenfolge der Fahrzeuge.

Die Fig. 53 zeigt die Tabellenergebnisse in graphischer Darstellung.

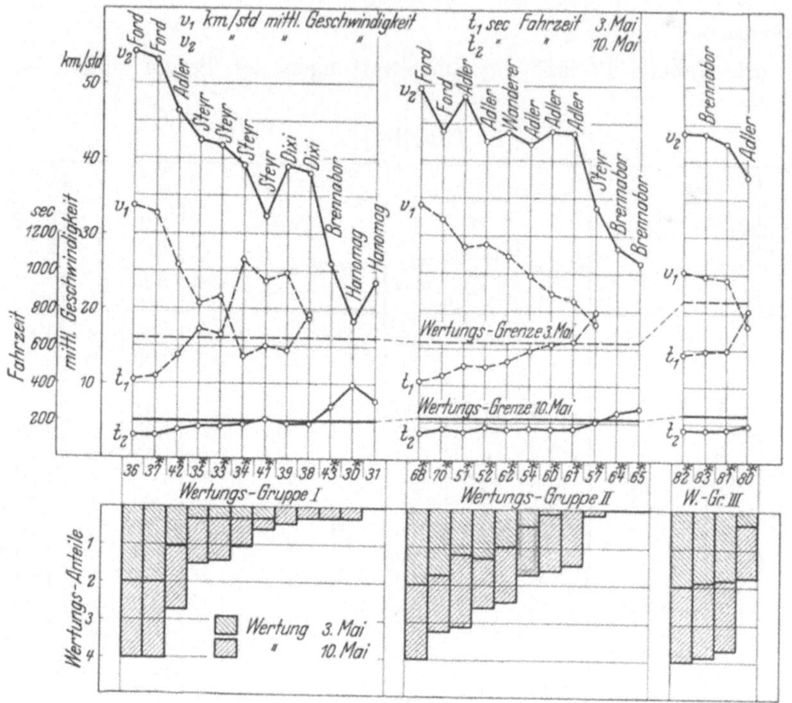

Fig. 53.

Einzelprüfung 5.

Betriebsstoffverbrauch.

Die Ausschreibung besagt hierzu:

„Die Kraftstoffverbrauchsprüfung wird als ca. 16-Stundenfahrt (evtl. mit Fahrerwechsel) auf dem Nürburgring durchgeführt.

Näheres über die Wahl des Kraftstoffes, die Anordnung der Kraftstoffleitung, Plombierung usw. s. unter Betriebsstoffe und Bauvorschriften. Die Kraftstoffe werden untersucht und die Preisberechnung für sie nach dem Untersuchungsergebnis angesetzt. Bei der Nennung ist auf dem Abnahmebogen durch Unterschrift ehrenwörtlich zu versichern, daß Bewerber und Fahrer keinerlei Täuschungsversuche unternehmen. Die Fahrtleitung kann von jedem Preisträger verlangen, daß der Kraftstoffbehälter seines Fahrzeuges zur Nachprüfung aufgeschnitten wird.

Wertungs-gruppe	Durchschn.-Geschw. km/Std.	Länge der Ges.-Strecke ca. km
I 2-Sitzer	40	700
II 4-Sitzer	45	700
III 6-Sitzer	50	700

Die Prüfung setzt sich zusammen aus einer Runde (28,23 km Höchstgeschwindigkeit und einer unmittelbar anschließenden Fahrt mit einer je nach Wertungsgruppe festgesetzten Reisegeschwindigkeit und Rundenzahl. Die Prüfungsstrecken und Geschwindigkeiten sind aus der vorstehenden Tabelle zu ersehen.

Die Zeit für Tanken und etwa notwendig werdende Reparaturen während der Prüfung mit Höchstgeschwindigkeit und Reisegeschwindigkeit wird nicht gutgeschrieben. Maßgebend für die Wertung sind die Kosten in Mark und Pfennig für den verbrauchten Kraftstoff, die beförderte Anzahl der Personen bzw. die beförderte Nutzlast und die zurückgelegte Strecke, also die Kosten pro Personen- bzw. Tonnenkilometer. Als Grundlage für die Kraftstoffpreise gelten die Reichsmittelpreise des statistischen Reichsamtes. Den vollen Wertungsanteil erhält in jeder Wertungsgruppe das Fahrzeug mit den geringsten Kraftstoffkosten. Überschreiten der Geringstkosten der Wertungsgruppe um 100% führt zu Wertungsverlust, geringeres Überschreiten wird prozentual bewertet.

Der Ölverbrauch wird nicht gemessen. An seine Stelle tritt die Bewertung der Ölverdünnung. Die Ölverdünnung (bzw. Ölverdickung) wird durch Entnahme von Ölproben vor und nach der Prüfung festgestellt. Über Anordnung und Ausführung der Öleinfüllstutzen und Plombiermöglichkeit derselben s. Bauvorschriften. 5% Änderung der Ölverdünnung (Wasserdampfflüchtiges) bleiben unberücksichtigt; 20% Änderung der Ölverdünnung führen zu vollem Wertungsverlust, Zwischenwerte werden prozentual bewertet.

Über- oder Unterschreiten der Reisegeschwindigkeit über die ganze Strecke (nicht pro Runde) um 5% bleibt unberücksichtigt. Über- oder Unterschreiten um 25% führt zu vollem Wertungsverlust. Geringeres Über- oder Unterschreiten wird prozentual bewertet.

Der Wertungsanteil errechnet sich wie folgt: Wenn

$$\frac{\text{Literpreis} \times \text{Literverbrauch}}{\text{Perskm}} = K,$$

die Geringstkosten der Wertungsgruppen $= K_{\min}$,
Verlust des Wertungsanteiles bei $K_v = 2\,K_{\min}$ bei Krafträdern und Personenkraftwagen,
$K_v = 3{,}5\,K_{\min}$ bei Omnibussen,
$K_v = 5\,K_{\min}$ bei Lastkraftwagen,
die Betriebsstoffkosten des Bewerbers $= K_b$,
Wertungsanteil für die Prüfung $= w$ (s. Wertungstabelle)
ist, so ist der Wertungsanteil:

$$W_5 = w \cdot \frac{K_v - K_b}{K_{\min}} = w \cdot \left(2 - \frac{K_b}{K_{\min}}\right).$$

Für geschlossene Wagen gilt

$$w'_5 = 1{,}15\,w_5.$$

Der Betriebsstoffverbrauch setzt sich zusammen aus Kraftstoff- und Motorenölverbrauch. Das Betriebsstoffkonto ist eines der gewichtigsten Einzelkonten der beweglichen Unkosten oder laufenden Betriebskosten eines Kraftfahrzeuges. Die Aufwendungen für Betriebsstoff sind (im Gegensatz zu den stehenden Unkosten) etwa proportional der Kilometerleistung.

Daraus ergibt sich zwingend, daß an einem Kraftwagen um so höhere Ersparnisse durch Herabminderung seines Kraftstoffverbrauches möglich sind, je höher sein Benutzungsgrad, d. h. seine Kilometerleistung je Betriebsjahr ist.

Aus dem gleichen Grunde sind an einem Kraftwagen mit geringer Kilometerleistung pro Betriebsjahr nur dann wirkliche Ersparnisse durch eine Herabminderung des Kraftstoffverbrauches zu machen, wenn dieselbe einen nur mäßigen technischen und geldlichen Sonderaufwand voraussetzt. Beträgt z. B. der Anteil des Kraftstoffkontos an den jährlichen Gesamtunkosten eines Kraftfahrzeugbetriebes 15%, so werden bei einer Absenkung des Kraftstoffkontos um $\frac{1}{3}$, z. B. durch Verwendung billigeren Schweröles statt teurer Leichtkraftstoffe, an den Gesamtunkosten ca. 5% gespart. Eine solche Ersparnis im Kraftstoffkonto darf jedoch nicht mit derartigem technischem Aufwand verknüpft sein, daß sich die Betriebssicherheit vermindert, die Abnutzung erhöht und die Bedienung erschwert wird. In solchen Fällen kann die Verwendung eines an sich billigeren Kraftstoffes Mehrkosten, u. a. durch höheren Führerlohn mit sich bringen, welche am Schluß des Betriebsjahres eine etwaige Verringerung des Kraftstoffkontos durch Erhöhungen auf anderen Konten mehr als auszugleichen vermögen.

Der Vergleich von Kraftstoffkosten bei Verwendung verschiedenartiger Kraftstoffe hinkt deshalb oftmals. Die Kraftstoffkosten allein bilden nur einen Teil derjenigen Unkosten, welche von der „Qualität" der Kraftstoffkalorie beeinflußt werden.

Während Kostenvergleiche bei Verwendung verschiedenartiger Kraftstoffe (Leichtkraftstoffe gegen Schwerkraftstoffe) für den Nichtfachmann leicht zu Trugschlüssen führen, liegen die Verhältnisse klarer bei solchen Kostenvergleichen, welche die Verwendung von Kraftstoffen gleicher Qualitätsgattung (Benzin, Benzol, Monopolin usw.) voraussetzen. In letzteren Fällen beruhen Unterschiede im Kraftstoffkonto zumeist mehr auf mengenmäßigen Verschiedenheiten des Kraftstoffverbrauches (Ausnutzung der Kalorie) für gleiche Transportleistungen als auf den Preisunterschieden der verschiedenen Kraftstoffsorten.

Die Größe des Verbrauches hängt ziemlich weitgehend von der Konstruktion und Einstellung des Vergasers ab. Vielfach wird der Vergaser absichtlich „fett" eingestellt, um dadurch das Anspringen und Beschleunigen des kalten Motors zu verbessern.

Dauernde Überfettung des Gemisches bringt, abgesehen vom besseren Anspringen und Beschleunigen der kalten Maschine, nur Nachteile für deren Betrieb mit sich. Ganz abgesehen von der Verringerung der Wirtschaftlichkeit durch den unnötigen Mehrverbrauch, hat eine zu starke Anreicherung des Gemisches Zündkerzenschwierigkeiten und übermäßige Ölkohlebildung im Zylinder, Überhitzung und Minderleistung des Motors sowie Ölverdünnung im Kurbelgehäuse zur Folge. Letztere gefährdet die Betriebssicherheit der Motoren im hohen Maße und führt zu übermäßiger Abnutzung aller auf Schmierung angewiesenen Teile.

In Gestalt von Starterklappen, Vergaserkorrektoren usw. verfügt man über technische Mittel, auch bei sparsam eingestellten Vergasern das Anlassen des kalten Motors hinreichend zu verbessern. Die Notwendigkeit solcher Behelfsmittel bei sparsamer, d. h. wirtschaftlich und technisch richtiger Vergasereinstellung kennzeichnet die heutigen Vergaserkonstruktionen als noch unzulänglich.

Kraftstoffverbrauchs-Wettbewerbe vermögen die dringend notwendige Weiterentwicklung der noch unzulänglichen Vergaserkonstruktionen und die Anwendung anderer konstruktiver, zur Verminderung des Kraftstoffverbrauches beitragender Mittel zu fördern[1].

---

[1] Zweckmäßige Form und Oberflächenbeschaffenheit des Verbrennungsraumes, Leichtmetall-Kolben, höhere Verdichtung usw.

Der Vergleich des Kraftstoffverbrauches verschiedener Kraftfahrzeuge kann schon mit Rücksicht auf die unterschiedlichen Preislagen der verwendeten Kraftstoffsorten nur auf der Basis der pro Personenkilometer oder Tonnenkilometer berechneten Quote der Kraftstoffkosten erfolgen.

Nur die Angabe der Kostenquote pro Leistungseinheit ist für den Verbraucher von Wert. Die Angabe des Verbrauches in Litern, Kilogramm oder Wärmeeinheiten hat für Wirtschaftlichkeitsbetrachtungen wenig Zweck. Die Bezifferung des Verbrauches in Gramm pro PS/Std. hat nur für Prüfstandsversuche Berechtigung und sollte auch hier allgemein durch Angabe der Wärmeeinheiten pro PS/Std. ersetzt werden.

Bremsstand-Verbrauchsziffern erbringen nur geringfügige Anhaltspunkte für den wirklichen Verbrauch im Fahrzeug. Fast alle heutigen Vergaser erfordern nach dem Einbau des Motors in das Fahrgestell eine Neueinregulierung insbesondere zum Zwecke eines guten „Überganges".

Bei der Prüfung des Kraftstoffverbrauches des fahrenden Wagens haben geringe Verschiedenheiten der Straßenneigung, der Straßenoberfläche, der Luftströmungen, der Temperatur und des Barometerstandes häufig erhebliche Veränderungen des Verbrauches zur Folge. Einzelwerte aus zeitlich und örtlich verschiedenen Straßenverbrauchsmessungen lassen sich deshalb nicht miteinander vergleichen, d. h. es ist unmöglich, Absolutwerte für den Kraftstoffverbrauch auf der Straße festzustellen.

Relativwerte, welche einen Vergleich verschiedener Fahrzeuge untereinander gestatten, lassen sich dadurch schaffen, daß man sämtliche zu vergleichenden Fahrzeuge unter gleichen Umständen, d. h. zur gleichen Zeit, auf gleicher Straße usw. prüft. Damit besteht die Möglichkeit, durch Verbrauchswettbewerbe Kraftfahrzeuge gleicher Gattung untereinander hinsichtlich ihrer Kraftstoffkosten je Leistungseinheit zu vergleichen und Anhaltspunkte für die Beurteilung der einzelnen Fahrzeuge hinsichtlich der laufenden Betriebskosten zu schaffen. Derartige Vergleichsprüfungen müssen auf möglichst große Fahrstrecken ausgedehnt werden, um die unvermeidlichen Fehler prozentual möglichst klein werden zu lassen.

Der praktischen Durchführung von Prüfungen dieser Art stehen gewisse Schwierigkeiten entgegen, z. B. kann Schmieröl kraftleistend verbrennen. Auch besteht die Möglichkeit, entweder durch vorherige Schmierölverdünnung Kraftstofff zu sparen oder durch ungewollte Schmierölverdünnung im Verlauf der Prüfung Kraftstoff zu verlieren und das Fahrzeug zu schädigen.

Da der Ölverbrauch mengenmäßig unter 5% des Kraftstoffverbrauches zu bleiben pflegt, gestaltet sich seine Messung schwierig. Außerdem sind nicht selten die Ölverluste durch Undichtigkeiten, zumal bei angeflanschtem Getriebe, von der gleichen Größenordnung

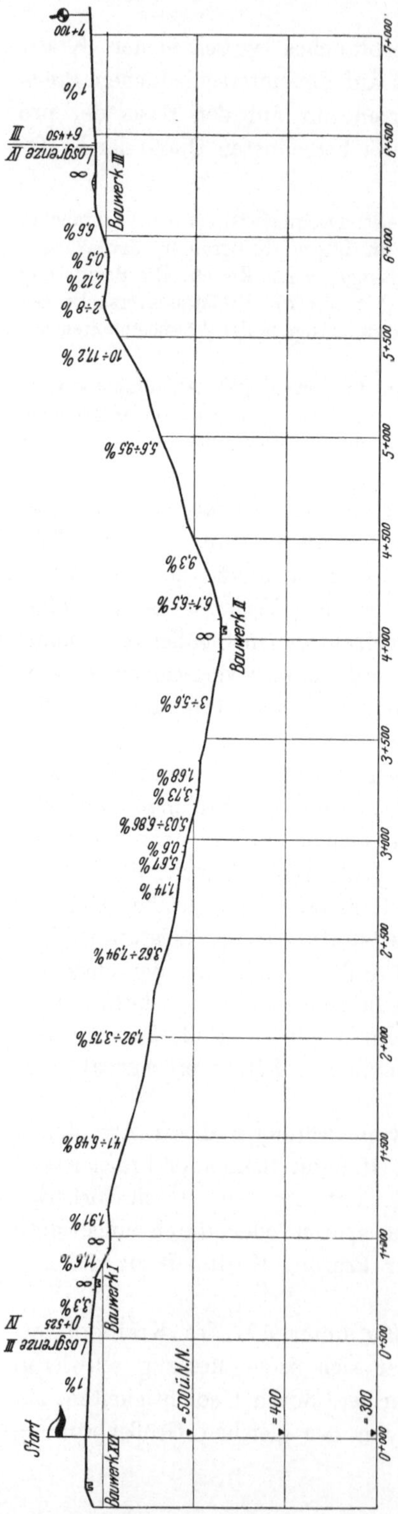

Fig. 54a.

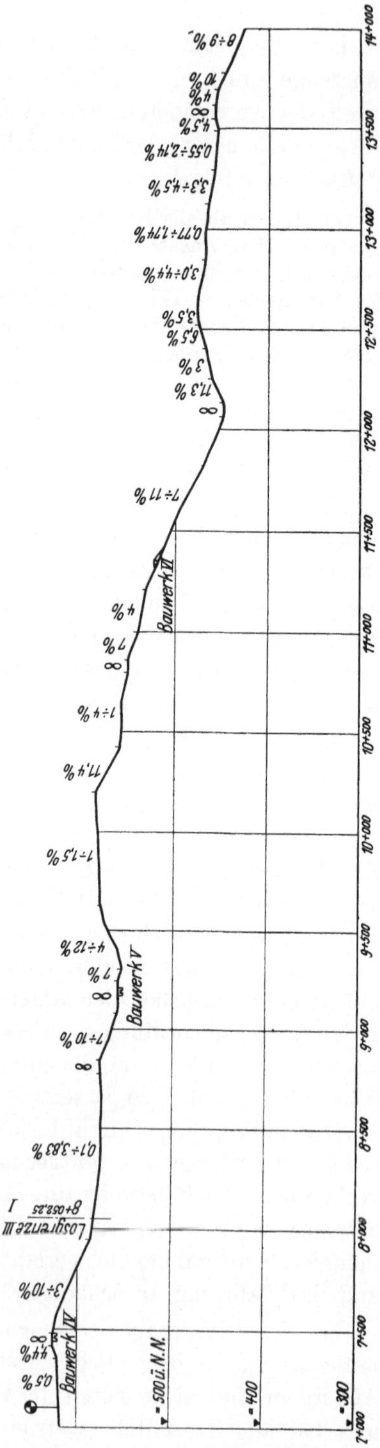

Fig. 54b.

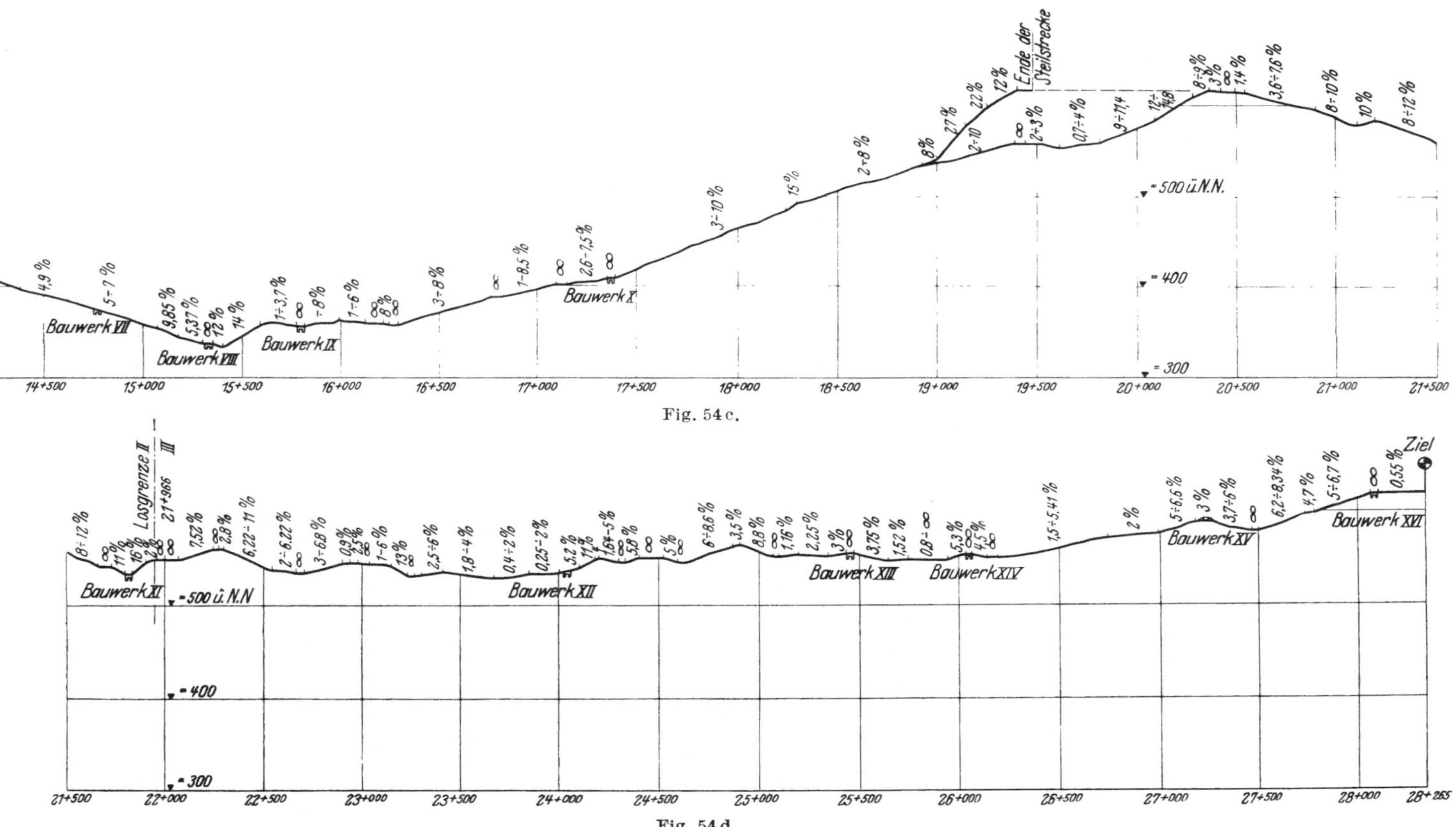

Fig. 54 a—d. Längenprofil des Nürburg-Ringes. (Maßstab: Länge 1 : 10000, Höhe 1 : 2000.)

wie der eigentliche Schmierölverbrauch des Motors; auch sind bei angeflanschtem Getriebe Plombierung und Messung des Ölverbrauches praktisch undurchführbar. Dagegen ist eine Prüfung der Ölverdünnung verhältnismäßig einfach. Ihre Durchführung vor und nach der Fahrt vermag etwaige absichtliche vorherige Ölverdünnungen zu verhindern und sehr unvollkommene Vergasereinstellungen der Bewertung zugänglich zu machen.

Die Verschiedenheit der Kraftstoff-Förderanlagen bringt gleichfalls Schwierigkeiten mit sich. Bei Unterdruckförderung ist eine Trübung des Resultates durch die im Unterdruckförderer enthaltene Kraftstoffmenge nur durch umständliche und zeitraubende vor- und nachherige Kontrolle zu vermeiden, weshalb man sich darauf beschränken wird, die Verwendung von Unterdruckförderern mit anormal großen Vorratsbehältern zu verhindern.

Der besseren Kontrolle wegen ist für die Durchführung einer Verbrauchsprüfung eine Rundstrecke vorzuziehen. Um die Vergleichswerte den Verhältnissen der Praxis anzupassen, kann die Strecke annähernd gleiche Verhältnisse wie eine Überlandstrecke (neben ebenen Strecken auch Steigungen und Gefälle) aufweisen.

Auf Gefällstrecken besteht die Möglichkeit, Kunstgriffe (z. B. die Einschaltung des Leerganges zum Zwecke des Wagenfreilaufes) anzuwenden, wie sie in der Praxis und beim gegenwärtigen Stande der Technik im allgemeinen nicht üblich sind. Die relative Gültigkeit der Prüfungsresultate wird hierdurch erfahrungsgemäß nicht beeinflußt.

Die Reisegeschwindigkeit muß bei Verbrauchsmessungen entsprechend den praktischen Erfordernissen des Verkehrs gemessen werden. Die wirtschaftlichste Fahrgeschwindigkeit mit den Notwendigkeiten des modernen Verkehrs in Einklang zu bringen, ist Sache des Konstrukteurs.

Durchführung der Prüfung.

Die Verbrauchsprüfung wurde laut Ausschreibung am 9. Mai auf der Rundstrecke des Nürburg-Ringes durchgeführt. Die Zweisitzer hatten rund 680 km in 16½ Std., die Viersitzer 700 km in 15½ Std., die Sechssitzer die gleiche Strecke in 14 Std. zurückzulegen. Jede Fahrzeugklasse mußte außerdem eine Runde in Höchstgeschwindigkeit absolvieren, deren Ergebnis in Einzelprüfung 6 gesondert gewertet wurde. Die Prüfung verlief unter starken Temperatur- und sonstigen Witterungsunterschieden.

Die Messung des Verbrauchs in Litern erfolgte in der Weise, daß die Kraftstoffbehälter vor Beginn der Fahrt vollständig gefüllt und nach Schluß der Fahrt messend aufgefüllt wurden. Zum Auffüllen wurden die nachgeeichten Zapfsäulen auf dem Startplatz des Nürburg-Ringes benutzt, wobei die Wagen auf ebenen Betonplatten genau auf Markierungslinien aufgestellt, ihre Achskappen- und Rahmenhöhe sowie die Vollständigkeit und gleichmäßige Verteilung des Ballastes kontrolliert wurden. Beim Zwischentanken wurden runde Mengen (5 Liter oder das Vielfache davon) unter Zwischenlösung der Plomben nachgefüllt.

Die Tabelle 20 gibt die von den Bewerbern verwendeten Kraftstoffe nach der Häufigkeit ihrer Benutzung geordnet an:

Tabelle 20.

Wagenzahl	Kraftstoff-Marke	Gattung	Lieferfirma
11	Shell	Benzin	Rhenania Ossag
4	Bevaulin	Benzin	Benzol-Verband
4	Olexin	⎫ (Benzin-Benzol- ⎞ ⎰	Olex
4	Aral	⎭ ⎝ Gemisch ⎠ ⎱	Benzol-Verband
3	Dapolin	Benzin	D.A.P.G.
2	BV-Benzol	Benzol	Benzol-Verband

Demnach benutzten insgesamt 18 Bewerber (ca. 65 %) Benzin, 8 Bewerber (ca. 28,5 %) Gemische aus Benzin und Benzol, 2 Bewerber (7,2 %) Benzol. Welche Fahrzeuge im einzelnen die verschiedenen Kraftstoffe verwendeten, ist aus Tab. 24 ersichtlich.

Abb. 24. Im behelfsmäßigen Chemischen Laboratorium am Nürburg-Ring.
(Aufnahme von Dipl.-Ing. G. Gerson, Bochum.)

Monopolin war zwar am Startplatz erhältlich, wurde jedoch von keinem Bewerber benutzt, ebensowenig das mit Duolin bezeichnete, von der D.A.P.G. (Deutsch-Amerikanische Petroleum-Gesellschaft als Vertreterin der Standard Oil) bereitgestellte Benzin-Benzol-Gemisch und das von der Rhenania Ossag (Vertreterin der Royal Dutch Shell) bereitgestellte, mit Dynamin bezeichnete Benzin-Benzol-Gemisch, sowie das Motalin der D.G.A.G. (Deutsche Gasolin A.-G.).

Sämtliche Kraftstoffsorten unter Schlüsselbezeichnungen wurden in einem behelfsmäßigen Laboratorium sofort an Ort und Stelle untersucht. Verwendet wurden hierzu Siedeapparate nach Engler für die Benzine, solche nach Kraemer-Spilker (siehe Abb. 26) für die Benzin-Benzol-Gemische und für Benzol.

Die festgestellten Siedekurven und die wichtigsten anderen chemischen Daten der verwendeten Kraft- stoffe nach Durchschnittsmustern aus den Zapfsäulen der Tankstelle auf dem Startplatz des Nürburg-Ringes sind aus Fig. 55 ersichtlich.

Abb. 25. Im behelfsmäßigen Chemischen Laboratorium am Nürburg-Ring.
(Aufnahme von Dipl.-Ing. G. Gerson, Bochum.)

Zur genauen Nachprüfung für evtl. Protestfälle wurden Standproben zurückbehalten. Zur weiteren Kontrolle erfolgten Analysen von Stichproben in einem Berliner Laboratorium. Die Entnahme der Proben geschah mit Hilfe einer Spritze zu Beginn und Schluß, außerdem während der Prüfung.

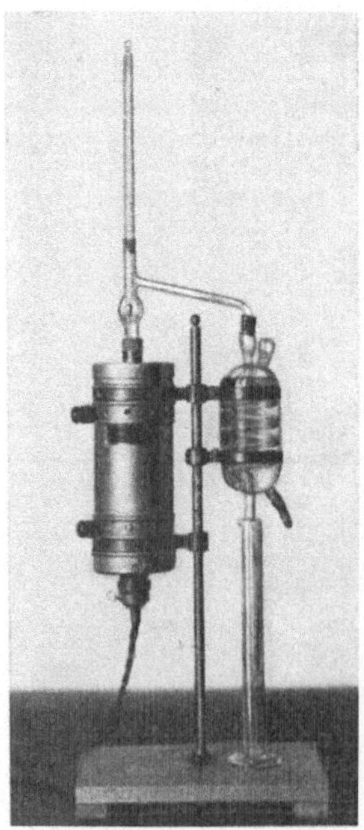

Abb. 26.   Bei Durchführung von Kraftstoff-Siedeanalysen mittels des Kraemer-Spilker-Apparates füllt man 100 cm³ in die Kupferblase des Destillationsapparates ein, setzt den Kolben in den Heizapparat und verschließt mit dem oberen Deckel. Auf die Tülle des Kupferkölbchens setzt man den Destillationsaufsatz, nachdem man das Thermometer darin so befestigt hat, daß seine Kugel sich im Mittelpunkte der kugelförmigen Erweiterung des Aufsatzes befindet, schließt das Abführungsrohr des Aufsatzes an den mit Wasser gefüllten Kühler an und setzt die Mensur unter den Kühler. Alsdann stellt man die Heizung durch Einschalten des elektrischen Heizkörpers an. Als Siedebeginn bezeichnet man die Temperatur, bei welcher der erste Tropfen vom Kühler-ende in die Mensur fällt. Dann notiert man die Temperaturen, die das Thermometer in dem Augenblick anzeigt, wenn gerade 5, 10, 15, 20, 25 bis 95 cm³ Kraftstoff in die Mensur destilliert sind. Man erhält so eine Reihe von Zahlen, deren auf Koordinatenpapier eingetragenen Punkte eine Kurve darstellen. Durch Verbindung dieser Punkte durch einen Kurvenzug erhält man die Siedekurve des betreffenden Kraftstoffes. Die die Flüchtigkeit eines Kraftstoffes angebende „Kennziffer" (K. Z.) erhält man, indem man die Temperaturen bei 5, 15, 35 usw. bis 95 cm³ addiert und die Summe durch 10 dividiert. Die Siede-Analyse ist die für die Beurteilung eines Kraftstoffes wichtigste Probe.

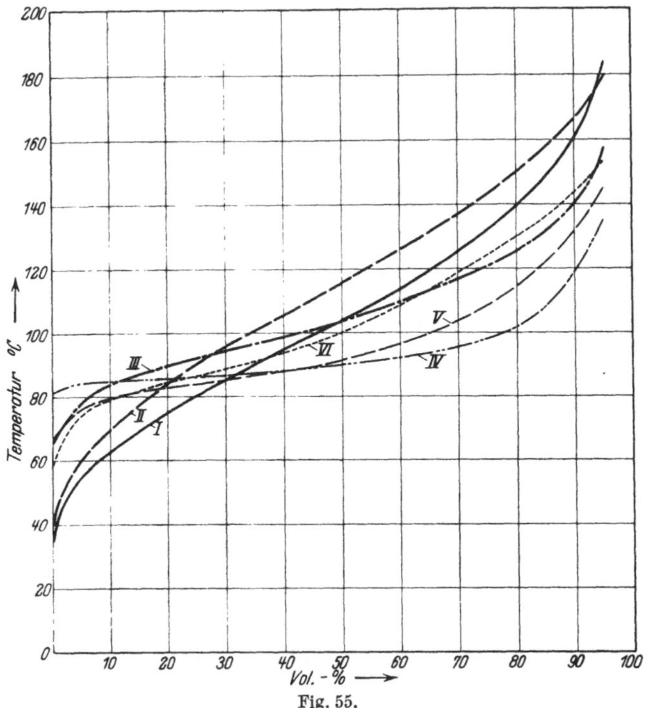

Fig. 55.

Siedekurven der Kraftstoffe aus den Tankstellen des Nürburg-Ringes.

Probe-Nr.	I.	II.	III.	IV.	V.	VI.
Kraftstoff-Name:	Shell	Dapolin	Bevaulin	B.V-Moto-renbenzol	B.V.-Aral	Olexin
Kraftstoff-Art:	Benzin	Benzin	Benzin	Benzol	Benzol-Benzin	Benzol-Benzin
Farbe:		wasserhell, klar			wasserhell, klar	
Geruch:		normal			normal	
Spez.Gew. b. 16° C:	0,745	0,751	0.751	0,876	0,798	0,794
Schwefelsäure-Test:	unter 2	etw. über 3	unter 2	unter 2	unter 2	unter 2
Dimethylsulfat:	19,5 Vol.-%	16,0 Vol.-%	11,0 Vol.-%	100 Vol.-%	47 Vol.-%	50 Vol.-%
Kennziffer:	109	117	108	96	98	106
bis 100° C:	46,2 Vol.-%	34,4 Vol.-%	43,5 Vol.-%	78 Vol.-%	66 Vol.-%	51 Vol.-%
Untersuchungs-App.	Engler	Engler	Engler	Kraemer-Spilker	Kraemer-Spilker	Kraemer-Spilker

Die Tabelle 21 enthält die von den Bewerbern verwendeten Ölsorten, geordnet nach der Häufigkeit ihrer Benutzung.

Tabelle 21.

Wagenzahl	Ölmarke	Viskosität	Hersteller
7	Gargoyle A	7,5° E	Deutsche Vakuum Öl A.G.
4	Gargoyle Arctic	4,8° E	do.
4	Valvoline XRM	11,1° E	Valvoline Öl G. m. b. H.
3	Voltol	11,9° E	Rhenania Ossag
3	Casparoil	11,4° E	Rizinus-Gemisch
3	Speedwell S. Z.E.	17,5° E	do.
1	Gargoyle BB	12,0° E	Deutsche Vakuum Öl A.G.
1	Gargoyle A u. Arctic u. Autodag (Graphitzusatz)[1]	?	do.

[1] Österr. Bezeichnung für das deutsche Kollag.

Die beiden Sorten Casparoil (verwendet von den Brennabor-Sechssitzern) und Speedwell (verwendet von den Dixi-Wagen) waren von den Bewerbern selbst mit-

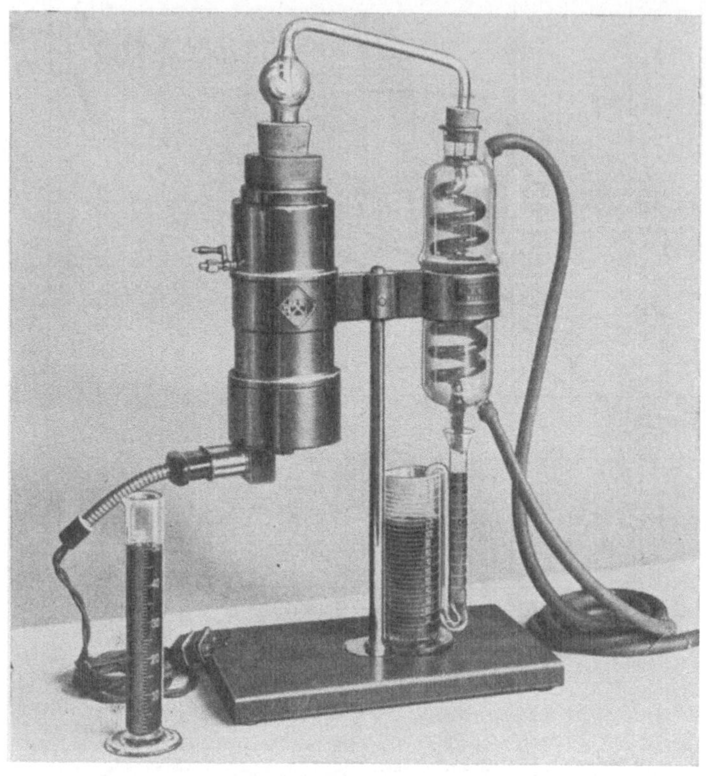

Abb. 27.

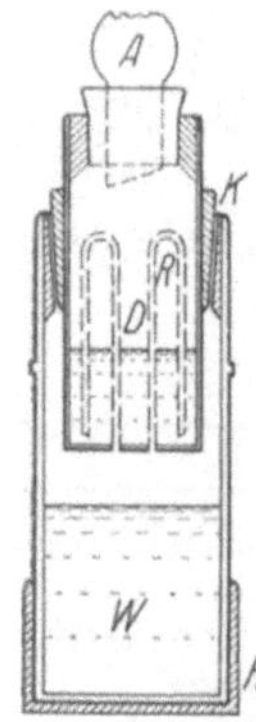

Fig. 56.

Abb. 27 u. Fig. 56. Der Apparat zur Prüfung der Ölverdünnung nach Dr. Kiemstedt setzt sich im wesentlichen aus zwei Teilen zusammen, dem Destillationsapparat und dem Kühler. Der Destillationsapparat besteht aus dem Dampfentwickler W und dem Ölgefäß D. Die Abdichtung beider Behälter wird durch den Konus K bewerkstelligt. Der in W entwickelte Wasserdampf beheizt den Ölbehälter D von außen und läßt gleichzeitig durch die Röhrchen R in das Öl selbst Dampf einströmen, wodurch dessen wasserdampfflüchtige Bestandteile aufgetrieben und durch den Aufsatz A dem Kühler und Meßgefäß zugeführt werden. Der Apparat wird durch den elektrischen Heizkörper H beheizt.

gebracht worden. Das Gemisch von Gargoyle A und Arctic mit Autodag (Graphitzusatz) wurde vom Steyr-Wagen Nr. 57 benutzt.

Sämtliche Ölsorten wurden in dem schon erwähnten bchclfsmäßigen Laboratorium sofort an Ort und Stelle untersucht und erwiesen sich als mit den landesüblichen Qualitäten übereinstimmend. Die Ölverdünnung wurde mit den von Dr. Kiemstedt hierfür entwickelten Apparaten geprüft.

Die Entnahme der Ölproben erfolgte mit einer hierfür besonders konstruierten Apparatur (siehe Abb. 28). Die Zugehörigkeit der Proben wurde keinem der untersuchenden Chemiker bekannt.

Schon hier sei vorweggenommen, daß die Untersuchungen der vor und nach der Fahrt genommenen Ölproben keine Ölverdünnungen ergaben, welche die Wertung beeinflußten. Die zulässige Grenze von 15% nach oben und unten wurde von keinem Fahrzeug erreicht[1].

Abb. 28. Der Probenehmer besteht im wesentlichen aus drei Teilen, der Vakuumpumpe (mit Ausgleichventil), dem Flaschenaufsatz, der Probe- und der Behelfsflasche. Der Flaschenaufsatz ist ein doppelt durchbohrter Gummistopfen, durch den ein starkes und ein schwaches gebogenes Kupferrohr hindurchgehen. Der Flaschenaufsatz ist mit der Pumpe durch Vakuumschlauch (starkwandigen Gummischlauch) verbunden. Vom starken Kupferrohr geht ein langer Gummischlauch zum Entnahme-Nippel. (Aufnahme von Herrn P. Schneider, Berlin.)

Vorgang bei Probenahme. Der Flaschenaufsatz wird auf die Probeflasche gesetzt und das Ventil der Pumpe geschlossen. Der Entnahmenippel ist möglichst in die Mitte des im Kurbelgehäuse befindlichen Motorenöles hineinzuhalten. Durch etwa 6—8 maliges Pumpen wird die Flasche etwa zur Hälfte gefüllt, das Ventil wird dann geöffnet, die Probeflasche ab- und der Entnahmenippel aus dem Öl des Kurbelgehäuses herausgenommen und der Flaschenaufsatz auf eine Hilfsflasche aufgesetzt. Durch mehrfaches Pumpen bei geschlossenem Ventil unter gleichzeitigen mehrfachen Lüften und Schließen des Entnahmenippels mit Hilfe des Daumens wird das in dem langen Schlauch befindliche Öl in das Hilfsgefäß gesaugt. Nunmehr wird bei geschlossenem Ventil der außen sauber gemachte Schlauch und Entnahmenippel in den Ölsumpf des nächsten Wagens gehalten und eine kleine Menge Öl, etwa 10—20 ccm, in die Hilfsflasche gesaugt. Dann wird die Hilfsflasche durch die für den Wagen entsprechend bezeichnete Probeflasche ersetzt; es erfolgt nun die eigentliche Probenahme in dem oben erwähnten Sinne.

Die Tabelle 22 ergibt die zahlenmäßigen Einzelresultate der Prüfung auf Ölverdünnung. Es ist darauf hinzuweisen, daß nur positive Ölverdünnungen und keine Ölverdickungen (entstehend durch Ölverdünnung vor Beginn der Fahrt) vorkamen.

Der festgestellte Kraftstoffverbrauch wurde laut Ausschreibung nach Literverbrauch × Literpreis je Personenkilometer bewertet.

---

[1] Als höchste Ölverdünnung wurde eine solche von 3,6% bei einem der mit Rizinusgemischen fahrenden Dixi-Wagen (Nr. 39) festgestellt.

Der Literpreis wurde nach den Durchschnittspreisen der Straßen-
zapfstellen Deutschlands zu Beginn des Jahres 1928 folgendermaßen
festgelegt:

Benzin . . . . 29,19 Pfg./l
Benzin-Benzol-Gemische 31,19   ,,
Benzol 35,34   ,,

Die Werte entsprechen einem Verhältnis von Benzin : Benzin-
Benzol-Gemische : Benzol = 100 : 107 : 121[1].

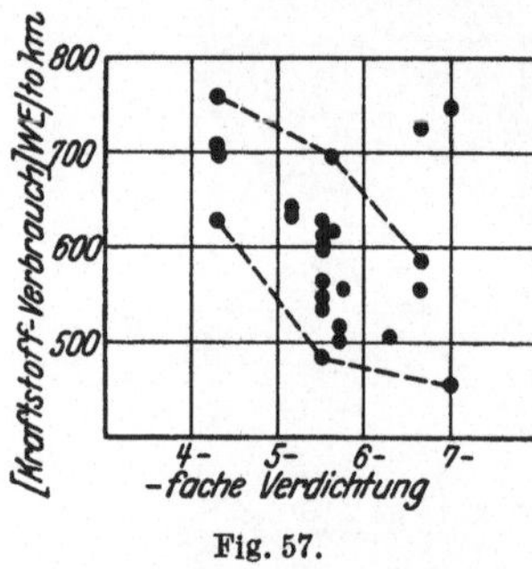

Fig. 57.

Die Tabelle 23 gibt die Zahl der je
tokm (in Form von Kraftstoff) aufgewendeten Wärmeeinheiten, das Verdichtungsverhältnis und die Art des verwendeten
Kraftstoffs für jeden einzelnen Wagen
an, desgl. das verwendete Zündkerzen-
fabrikat und dessen Preis. Die Fig. 57 läßt
erkennen, daß mit steigender Verdichtung
die Zahl der je tokm aufgewendeten Wärmeeinheiten eine Verringerung erfährt.

---

[1] Seit Juni 1928 sind die Brennstoffpreise stabilisiert, und zwar nach dem Verhältnis Benzin : Benzin-Benzol-Gemisch : Benzol = 100 : 112 : 136. Die oben genannten Mittelwerte wurden laut Angaben der VDI-Nachrichten in Nr. 12 vom
31. März 1928, S. 10, berechnet. Dort war angegeben:

Autotreibstoffe.

Zapfstellenpreise am 10. März 1928, gültig seit 1. Januar 1928 bis auf weiteres.
(Sämtliche Preisangaben in RM/100 l.)

Ort	B. V. Benzol	B. V. Aral	Dapolin Shell Strax
Berlin	34	28	26
Hamburg	33	28	25
Hannover	36	32	30
Bremen	35	31	29
Kassel	36	32	30
Magdeburg	36	32	30
Breslau	37	33	31
Königsberg	36	34	33
Stettin	35,5	32	30
Dortmund	34	30	28
Köln	34	30	28
Aachen	34	30	28
Mannheim	36	31	29
Stuttgart	36	33	31
München	37	32	30
Frankfurt a. M. . .	36	31	29
Mittelwerte	35,34	31,19	29,9

Tabelle 22.

Start-Nr.	Wertungsgruppe	Fabrikat	Motorenöl	Ölverdünnung vor der Fahrt i. %	Ölverdünnung nach der Fahrt i. %	Änderung der Ölverdünnung
30	I	Hanomag	Voltol	0,4	0,4	± 0 } Nur Frischöl-
31	2-	,,	,,	0,4	0,4	± 0 } schmierung
33	Sit-	Steyr	Gargoyle Arctic	1,8	3,0	+ 1,2
34	zer	,,	,,	1,4	3,0	+ 1,6
35		,,	,,	1,4	2,8	+ 1,4
36		Ford	Standard M	1,2	2,6	+ 1,4
37		,,	Voltol	0,8	2,0	+ 1,2
38		Dixi	Speedwell SEZ	1,0	3,2	+ 2,2
39		,,	,,	0,6	3,6	+ 3,0
40		,,	,,	1.0	2,0	+ 1,0
41		Steyr	Gargoyle Arctic	2,2	3,0	+ 0,8
42		Adler	Gargoyle A	1,2	1,4	+ 0,2
43		Brennabor	Valvoline XRM	0,4	1,2	+ 0,8
51	II	Adler	Gargoyle A	0,6	1,2	+ 0,6
52	4-	,,	,,	0,8	1,7	+ 0,9
54	Sit-	,,	Gargoyle BB	0,5	1,0	+ 0,5
57	zer	Steyr	Gargoyle Arc. u. A u. Autodac	2,4	3,2	+ 0,8
60		Adler	Gargoyle A	0,4	0,6	+ 0,2
61		,,	,,	0,4	1,0	+ 0,6
62		Wanderer	Valvoline XRM	0,2	1,2	+ 1,0
64		Brennabor	,,	0,7	1,0	+ 0,3
65		,,	,,	0,3	1,0	+ 0,7
68		Ford	Gargoyle A	1,4	3,2	+ 1,8
70		,,	Standard M	1,2	2,6	+ 1,4
80	III	Adler	Gargoyle A	0,6	0,6	± 0
81	6-	Brennabor	Casparoil e. h.	0,5	1,6	+ 1,1
82	Sit-	,,	,,	0,6	1,0	+ 0,4
83	zer	,,	,,	1,0	1,0	± 0

Die Wertungsanteile und die Reihenfolge der Bewerber ergibt sich aus Tabelle 24 und Fig. 58.

Die höchst erreichbare Wertungsziffer war 21,00, die in jeder Wertungsgruppe nur von einem erreicht wurde (Dixi Nr. 39, Adler Nr. 51 und Brennabor Nr. 83). Die Wertungsziffer bestimmte sich nach den Kraftstoffkosten unter Abrechnung der für Unter- oder Überschreiten der vorgeschriebenen Reisegeschwindigkeit vorgesehenen Abzüge. Die geschlossenen Wagen erhielten 15% des vollen Wertungsanteiles gutgeschrieben.

Die Fig. 58 gibt den Kraftstoffverbrauch in l/100 km, die Kraftstoffkosten in Pfg./km und in Pfg./Personen-Kilometer für jedes Fahrzeug in graphischer Darstellung wieder, und zwar nach der Wertungs-Reihenfolge geordnet.

Die eingezeichnete Wertungsgrenze läßt erkennen, daß bei den Zweisitzern 5 Wagen wegen zu hoher Kraftstoffkosten eigentlich aus der Wertung entfielen, davon 4 Wagen jedoch im unteren Teil der Figur mit 3,15 Wertungsanteilen erscheinen, weil sie als geschlossene Wagen laut Ausschreibung in dieser Prüfung 15% des vollen Wertungs-

Tabelle 23.

Start-Nr.	Wertungsgruppe	Fabrikat	Wagenart	Art des Kraftstoffs	Verdichtungsverhältnis	Kraftstoffverbrauch je tokm WE/tokm	Zündkerzenfabrikat	Preis der Zündkerze RM.
68	II	Ford	gesch.	Benzin	1:4,3	758	Champion	4,—
36	I	Ford	offen	Benzin	1:4,3	706	Champion	4,—
70	II	Ford		Benzin	1:4,3	698	Champion	4,—
37	I	Ford		Benzin	1:4,3	628	Champion	4,—
64	II	Brennabor		Benzin	1:5,15	642	Bosch mdr. 7 u. M 150/1	14,—
43	I	Brennabor	geschlossen	Benzin	1:5,15	641	Bosch mdr. 7 u. M 150/1	2,75
65	II	Brennabor		Benzin		631	Bosch mdr. 7	14,—
34	I	Steyr				630	AC 350 und	4,—
41	I	Steyr				612	Bosch DM 140/1	3,25
80	III	Adler				601	Bosch	
33	I	Steyr		Benzol u. Benzin	1:5,5	593	Wie Nr. 34 u. 41	
60	II	Adler				563		
42	I	Adler				548	Bosch M 80/1	2,—
61	II	Adler				543		
57	II	Steyr		Benzin		534	Bosch DM 140/1	3,25
35	I	Steyr		Bzl. u. Bzn.		482	Wie Nr. 34 u. 41	
40	I	Dixi	offen			973		
38	I	Dixi		Benzin	1:5,6	695	Bosch M 80/1	2,—
39	I	Dixi				619		
52	II	Adler			1:5,7	518	Bosch M 80/1	2,—
51	II	Adler	geschlossen			501		
62	II	Wanderer		Benzol u.	1:5,75	553	Bosch	2,- u.
54	II	Adler		Benzin	1:6,3	507	Bosch M 80/1 u. Mea	1,80
81	III	Brennabor				723	Bosch mdr. 7	14,—
82	III	Brennabor		Benzin	1:6,65	587	Bosch mdr. 7	
83	III	Brennabor				555	Bosch M 150/1	2,75
30	I	Hanomag		Benzol	1:7	745	Champion	4,—
31	I	Hanomag	offen	Benzol		454	Beru	2,20

anteiles zugebilligt erhielten. Bei den 4- und 6-Sitzern wurde die Wertungsgrenze nicht erreicht.

Das Beispiel des Wagens Nr. 35 zeigt, daß die Zubilligung eines 15%igen Zuschlages für geschlossene Wagen einen nicht unerheblichen Mehrverbrauch in der Wertung auszugleichen vermochte. Die Wagen Nr. 30 und 54 wurden durch Zeitverluste in der Wertung benachteiligt. Der Wagen Nr. 31 fuhr Benzol und erzielte einen geringeren mengenmäßigen Verbrauch, was jedoch in den Kostenkurven nicht zum Ausdruck kommt; die Wagen Nr. 62 und 80 verwendeten Benzin-Benzol-Gemisch mit dem gleichen Ergebnis.

Tabelle 24.

Wert.-Gruppe	Start-Nr.	Fabrikat	Kraftstoff Art	Prüfung 5						
				Kraftstoff-verbrauch (insge.) Liter	Kraftstoff-verbrauch Ltr/100km	Kraftstoff-Literpreis Pfg.	Kraftstoff-kost.Pfg./km	Kraftstoff-kosten Pfg. pro P-km	Wertung	Reihenfolge
I	30*	Hanomag	B. V. Benzol	40,2	5,91	35,34	2,09	1,05	5,94	6
	31	„	„	31,0	4,56	35,34	1,62	0,81	19,14	2
	32	„	—	—	—	—	—	—	—	
	33*	Steyr	B. V. Aral	68,0	10,00	31,19	3,12	1,56	3,15	9
	34*	„	Bevaulin	74,0	10,88	29,19	3,18	1,59	3,15	9
	35*	„	B. V. Aral	55,5	8,16	31,19	2,55	1,28	9,05	4
	36	Ford	Dapolin	74,0	10,88	29,19	3,18	1,59	0,00	10
	37*	„	Shell	67,0	9,85	29,19	2,88	1,44	4,37	7
	38	Dixi	„	40,0	5,88	29,19	1,72	0,86	17,65	3
	39	„	„	34,5	5,07	29,19	1,48	0,74	21,00	1
	40	„	„	54,3	7,98	29,19	2,33	1,17	8,95	5
	41*	Steyr	B. V. Aral	70,0	10,30	31,19	3,21	1,61	3,15	9
	42*	Adler	Olexin, Aral	69,5	10,25	31,19	3,20	1,60	3,15	9
	43*	Brennabor	Shell	67,5	9,93	29,19	2,90	1,45	4,06	8
II	51*	Adler	Bevaulin	72,5	10,24	29,19	2,99	0,75	21,00	1
	52*	„	Shell	75,0	10,60	29,19	3,09	0,77	20,28	4
	53*	„	—	—	—	—	—	—	—	
	54*	„	B. V. Aral	73,8	10,44	31,19	3,25	0,81	9,17	11
	56*	Steyr	—	—	—	—	—	—	—	
	57*	„	Bevaulin	80,0	11,30	29,19	3,30	0,83	18,83	6
	58*	Opel	—	—	—	—	—	—	—	
	60*	Adler	Olexin, Aral	84,5	11,99	31,19	3,72	0,93	15,83	8
	61*	„	„	83,5	11,95	31,19	3,68	0,92	16,15	7
	62*	Wanderer	B. V. Aral	68,5	9,68	31,19	3,02	0,76	20,80	2
	64*	Brennabor	Shell	76,0	10,74	29,19	3,14	0,79	19,99	5
	65*	„	„	73,5	10,38	29,19	3,03	0,76	20,71	3
	68*	Ford	Dapolin	96,0	13,56	29,19	3,96	0,99	14,19	10
	70*	„	„	92,0	12,99	29,19	3,80	0,95	15,35	9
III	80*	Adler	Olexin, Aral	104,7	14.68	31,19	4,62	0,77	19,08	3
	81*	Brennabor	Shell	133,0	18,78	29,19	5,49	0,92	14,75	4
	82*	„	„	108,0	15,25	29,19	4,46	0,74	19,88	2
	83*	„	„	102,5	14,48	29,19	4,23	0,71	21,00	1

Die mit * bezeichneten geschlossenen Wagen erhielten laut Ausschreibung in dieser Prüfung je 15% des vollen Wertungsanteiles vergütet.

Die Fig. 59 zeigt, daß die Kraftstoffkosten je km bei einer Reihe von Wagen der Zweisitzergruppe auf der Höhe der Kraftstoffkosten der Viersitzer liegen. Die betreffenden Wagen der Zweisitzergruppe fielen schon in Fig. 8 (Kapitel: Abnahme), welche die je Sitz entfallende Totlast angibt, schroff über das für alle 3 Fahrzeugklassen ausreichende Gebiet (von 200—350 kg pro Sitz) hinaus. Analog Fig. 8 zeigt Fig. 58, daß für die Viersitzer, Sechssitzer und die ausgesprochenen Zweisitzer (Kleinkraftwagen) gleiche Grenzen für die Kraftstoffkosten je Personen-Kilometer gelten (0,7—1,0 Pfg./P-km).

Benzol
Benzin
Benzol + Benzin
l Kraftstoff-Verbrauch je 100 km
Pfg " -Kosten " km
Pfg " " " P-km
Kraftstoffverbrauch je 100 km
Kraftstoffkosten je P-km
Kraftstoffkosten je km
Wertungs-Grenze
Wertungs-Gruppe I
Wertungs-Gruppe II
W.-Gr. III
Wertungs-Anteile
Dixi
Hanomag
Dixi
Steyr
Dixi
Hanomag
Ford
Brennabor
Steyr
Steyr
Adler
Steyr
Ford
Adler
Wanderer
Brennabor
Adler
Brennabor
Steyr
Adler
Adler
Ford
Ford
Adler
Brennabor
Brennabor
Adler
Brennabor

Fig. 58.

Kraftstoffkosten je Personen-km
Kraftstoffkosten je km
Zwei-
Vier-
Sitzer
Sechs-
Adler 42
Steyr 41
Ford 36
Steyr 33
Brennabor 43
Ford 37
81 Brennabor
80 Adler
82 Brennabor
83 Brennabor
68 Ford
70 Ford
60 Adler
61 Adler
57 Steyr
54 Adler
64 Brennabor
52 Adler
62 Wanderer
65 Brennabor
51 Adler
35 Steyr
40 Dixi
34 Steyr
30 Hanomag
38 Dixi
31 Hanomag
39 Dixi
Benzol
Benzin
Benzol + Benzin

Fig. 59.

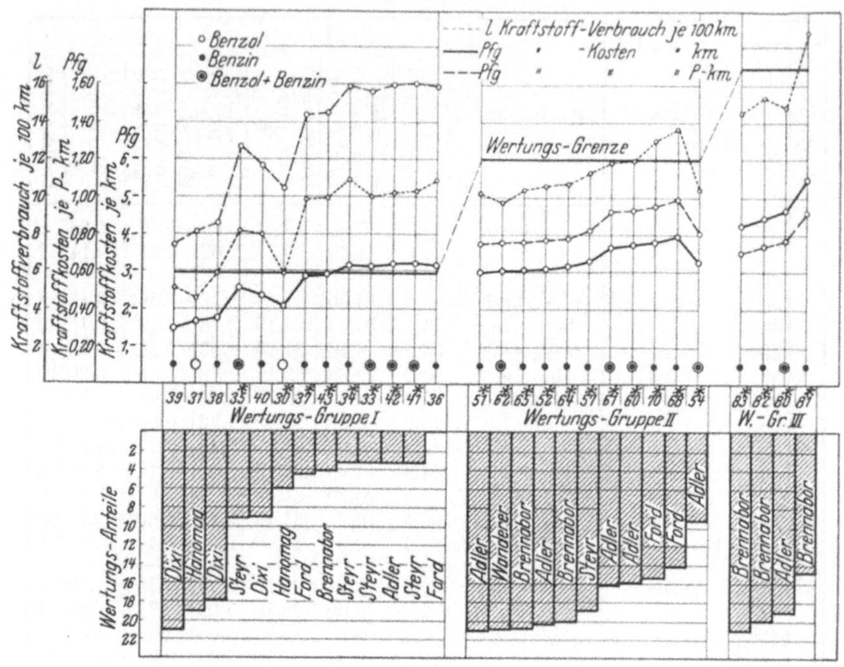

Benzol
Benzin
Benzol + Benzin
39 } I Dixi
38
40
30 } I Hanomag
31
43 I Brennabor
36 } I Ford
37
65 } II Brennabor
64
35 } I Steyr
34
41
68 } II Ford
70
33 I Steyr
62 II Wanderer
42 I
57 II } Adler
52 II
54 II
57 II } Steyr
60 } II Adler
61
60 III Adler
82
81 } III Brennabor
83
Pfg
5
4
3
2
1
Pfg. Kraftstoffkosten je km
Pfg. Kraftstoffkosten
to km
3,2
3,0
2,8
2,6
2,4
2,2
2,0
1,8
1,6
Kraftstoffkosten je km
200 400 600 800 1000 1200 1400 1600 1800 2000
Transportlast G_brutto kg
Wertungs-Gruppe I
"   "   II
"   "   III

Fig. 60.

Benzol
Benzin
Benzol + Benzin
W.-Gr. I
31 } Hanomag
30
40 } Dixi
38
39
W.-Gr. II
65 } Brennabor
64
68 } Ford
70
62 Wanderer
57 } Adler
52
54 } Steyr
57
60 } Adler
61
W.-Gr. III
60 Adler
83 } Brennabor
82
81
1400
1300
1200
1100
1000
900
800
700
600
500
400
300
200
100
WE
to km
1000
900
800
700
600
500
400
Aufgewendete Arbeit je km WE
200 400 600 800 1000 1200 1400 1600 1800 2000
Transportlast G_brutto kg
W.-Gr. I
Ford { 36
37
Brennabor 43
34
Steyr { 41
33
35
Adler 42
Wertungs-Gruppe I
"   "   II
"   "   III

Fig. 61.

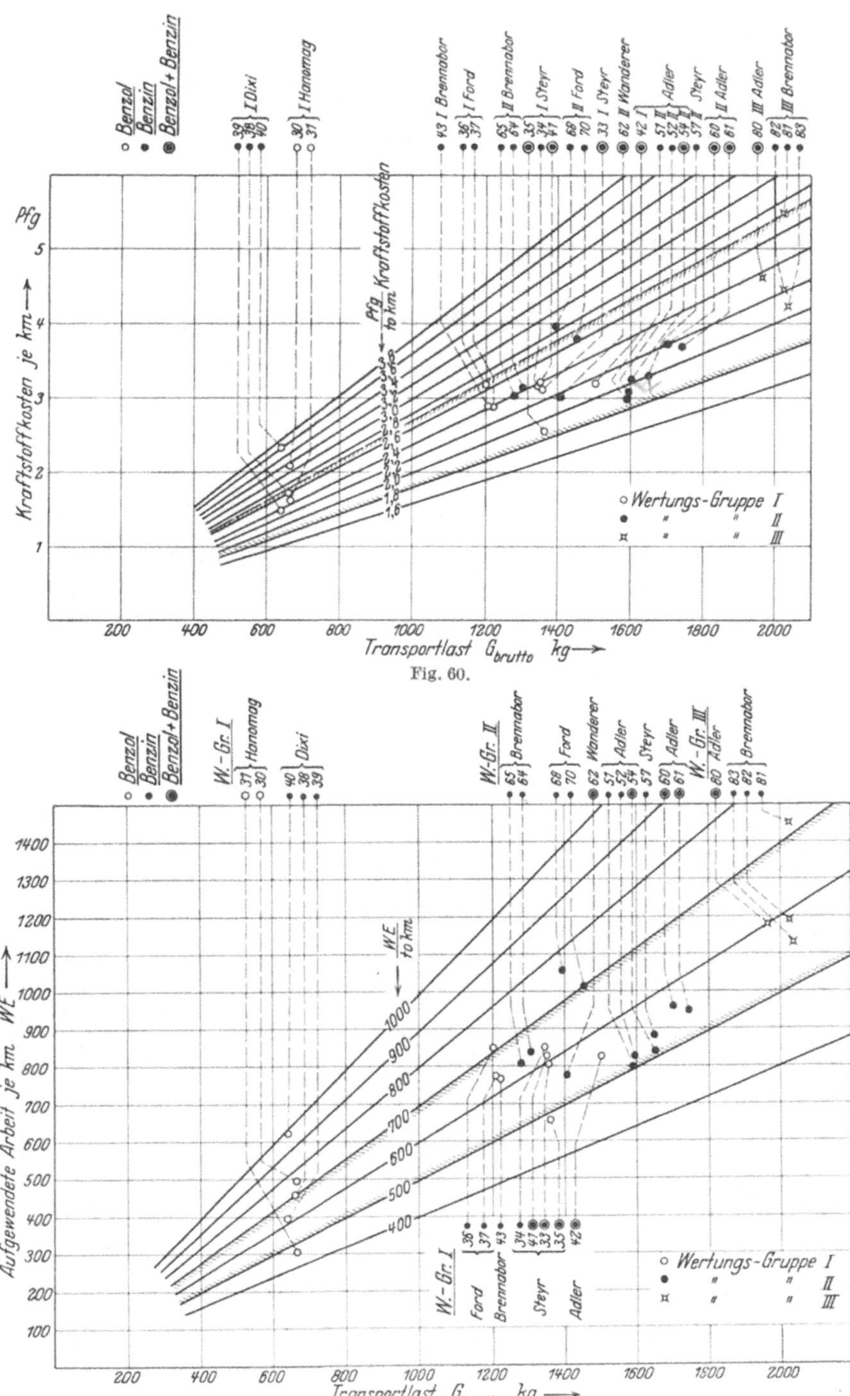

Die Fig. 60 zeigt, daß die Kraftstoffkosten pro tokm (Gesamtlast) bei normalen Durchschnittsgeschwindigkeiten (40—50 km/Std.) mit wenigen Ausnahmen für alle Fahrzeuge innerhalb der Grenzen von 1,8 und 2,7 Pfg. je tokm liegen.

Die Fig. 61 läßt erkennen, daß für die je Transportlast-Einheit aufgewendete Arbeit bei den gewählten Durchschnittsgeschwindigkeiten als Grenzen die Werte von 500 und 700 WE/tokm gelten können.

Einzelprüfung 6.

Höchstgeschwindigkeit.

Die Ausschreibung besagt über die Prüfung der Höchstgeschwindigkeit:

„Sie wird auf dem Nürburg-Ring im Rahmen der Verbrauchsprüfung in der ersten Runde durchgeführt. Den vollen Wertungsanteil erhält das Fahrzeug jeder Wertungsgruppe mit der höchsten Geschwindigkeit. Unterschreiten der Höchstgeschwindigkeit der Wertungsgruppe um 50% bedingt Wertungsverlust für diese Prüfung. Geringeres Unterschreiten wird prozentual gewertet. Der Wertungsanteil errechnet sich wie folgt, wenn

die Höchstgeschwindigkeit $= V_{max}$,
Verlust des Wertungsanteils bei $V_v = 0,5\ V_{max}$,
Geschwindigkeit des Bewerbers $= V_b$,
Wertungsanteil für die Prüfung $= w$

Tabelle 25.

Wertungsgruppe	Start-Nr.	Fabrikat	Prüfung 6			Wertungsgruppe	Start-Nr.	Fabrikat	Prüfung 6		
			Höchstgeschwind. km/Std.	Wertung	Reihenfolge				Höchstgeschwind. km/Std.	Wertung	Reihenfolge
I	30*	Hanomag	41,1	1,17	8	II	53*	Adler	66,4	2,76	3
	31	„	42,9	0,88	9		54*	„	54,3	1,72	10
	32	„	—	—	—		56*	Steyr	—	—	—
	33*	Steyr	61,8	3,00	1		57*	„	57,1	1,95	9
	34*	„	63,2	3,00	1		58*	Opel	—	—	—
	35*	„	64,8	3,00	1		60*	Adler	63,2	2,98	6
	36	Ford	66,2	2,99	2		61*	„	60,9	2,28	7
	37*	„	65,8	3,00	1		62*	Wanderer	64,2	2,57	5
	38	Dixi	56,0	2,07	4		64*	Brennabor	50,8	1,41	11
	59 .	„	58,6	2,30	3		65*	„	49,2	1,27	12
	40	„	55,2	2,00	5		68*	Ford	59,3	2,15	8
	41*	Steyr	49,5	1,93	6		70*	„	67,1	2,82	2
	42*	Adler	66,3	3,00	1	III	80*	Adler	56,9	2,21	4
	43*	Brennabor	47,6	1,76	7		81*	Brennabor	64,5	2,91	3
II	51*	Adler	69,2	3,00	1		82*	„	65,5	3,00	1
	52*	„	65,0	2,64	4		83*	„	65,4	2,99	2

Die mit * bezeichneten geschlossenen Wagen erhielten laut Ausschreibung in dieser Prüfung je 15% des vollen Wertungsanteiles vergütet.

ist, so ist der Wertungsanteil

$$W_6 = w \cdot \frac{V_b - V_v}{V_v} = w \cdot \left(\frac{V_b}{0,5\, V_{\max}} - 1 \right).$$

Für geschlossene Wagen gilt

$$w_6' = 1{,}15\, w_6 .\text{``}$$

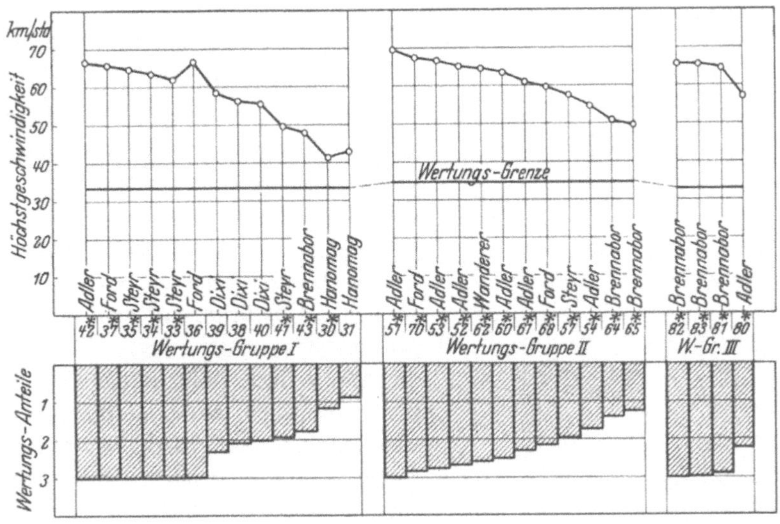

Fig. 62.

Die Prüfung wurde, wie schon im vorhergehenden Kapitel erwähnt, laut Ausschreibung im Rahmen der Verbrauchsprüfung am 9. Mai durchgeführt und erbrachte die in Tabelle 25 wiedergegebenen Resultate, welche in Fig. 62 graphisch dargestellt sind.

Einzelprüfung 7.

Zustand.

Die Ausschreibung besagt hierzu:

„Am Schlusse der Veranstaltung findet die Zustandsprüfung statt. Hierbei werden von einer Kommission die Schäden, welche das Fahrzeug aufweist, ermittelt. Die Wertung erfolgt folgendermaßen: Maßgebend für die Einteilung derselben ist die Beeinträchtigung der Betriebsbrauchbarkeit des Fahrzeugs und die Reparaturdauer. Es werden unterschieden:

1. Sehr schwere Fehler; sie führen bis zu 100% Wertungsverlust.

2. Schwere Fehler; sie führen bis zu 80% Wertungsverlust in jedem Einzelfall.

3. Mittlere Fehler; sie führen bis zu 60% Wertungsverlust in jedem Einzelfall.

4. Leichte Fehler; sie führen bis zu 40% Wertungsverlust in jedem Einzelfall.

5. Sehr leichte Fehler; sie führen bis zu 20% Wertungsverlust in jedem Einzelfall.

Der höchste Wertungsverlust ist 100%; Fahrzeuge, bei welchen keine Fehler festgestellt werden, erhalten den vollen Wertungsanteil. Die Wertung erfolgt nach einer Tabelle, die den Ausführungsbestimmungen beigefügt ist[1]."

Wie schon im Vorwort kurz erwähnt, können im Rahmen eines Wettbewerbes kurzer Zeitdauer von allen für den ersten Teil der Kostenbilanz eines Kraftfahrzeuges, nämlich für die Höhe der stehenden Unkosten, maßgeblichen Einzelfaktoren nur der Wagenbeschaffungspreis und die Steuer genau erfaßt werden. Immerhin vermag eine Zustandsprüfung nach forcierter Beanspruchung für die voraussichtliche Lebensdauer und das Reparaturkonto des Kraftfahrzeuges Anhaltspunkte zu bringen.

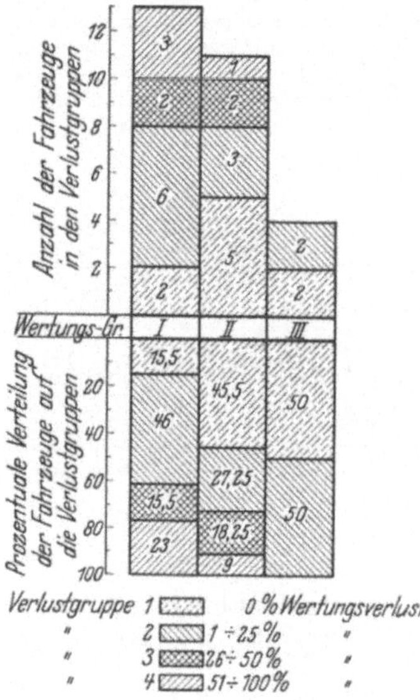

In diesem Zusammenhange erscheint auch die Durchführung von Geländeprüfungen gerechtfertigt, welche für die kurzen, aus praktischen Gründen nicht wesentlich zu steigernden Fahrstrecken der Zuverlässigkeitsprüfung einen gewissen Ausgleich und damit eine bessere Basis für die Zustandsprüfungen bringen.

Bewertet wurde das Ergebnis der Zustandsprüfung laut Wertungstabelle der Ausschreibung mit sieben Anteilen an der Gesamtwertung.

Fig. 63.

Im allgemeinen konnten bei den sehr sorgfältig untersuchten Fahrzeugen keine erheblichen Schäden festgestellt werden.

Vorweggenommen sei hier die Bemerkung, daß im Laufe der Fahrt in Wertungsgruppe I ein Wagen wegen Motorschaden ausgeschieden war, in Wertungsgruppe II drei Wagen, davon einer aus unbekannten Gründen, die anderen zwei durch Unfälle, in der Wertungsgruppe III kein Wagen.

Die Wertungsverluste wurden in vier Gruppen von 0%, 1—25%, 26—50% und über 50% eingeteilt und verteilten sich auf die drei Wertungsgruppen (Zwei-, Vier- und Sechssitzer) laut Tabelle 26.

In der Fig. 63 sind die Ergebnisse der Tabelle 26 graphisch dargestellt[2].

---

[1] Siehe Anhang.
[2] Wie Fig. 63 deutlich zeigt, sind die Mängel prozentual bei den kleineren Wagen schwerer und häufiger.

Tabelle 26.

Wertungs-gruppe	Wertungsverlust 0%		Wertungsverlust 0%—25%		Wertungsverlust 25—50%		Wertungsverlust über 50%	
	Wagen-zahl	Prozent-satz	Wagen-zahl	Prozent-satz	Wagen-zahl	Prozent-satz	Wagen-zahl	Prozent-satz
I	2	15,5	6	46	2	15,5	3	23
II	5	45,5	3	27,25	2	18,25	1	9
III	2	50	2	50	0	0	0	0

Bei der Untersuchung der Wagen wurden folgende Mängel festgestellt:

1. An allen Wagen einer Type:

Mangelhafte Bremsen, zum Teil auf zu schnelle Abnützung, zum Teil auf verbogene Bremsgestänge zurückzuführen.

Bei den Geländefahrten abgebrochene Reserveradstützen.

2. Einzelfälle.

Getriebeschäden.

Gebrochenes Federhauptblatt.

Bruch eines Stoßdämpfers.

Ausgeschlagene Lagerung der Fußgas- und Kupplungshebel.

Rutschende Kupplung.

Undichte Auspuffleitungen.

Loser Kolbenbolzen.

Schlecht schließendes Türschloß.

Gesprungene Windschutz- und Seitenscheiben (zum Teil durch fremde Einwirkung, wie Steinwurf und Zusammenstoß).

Gerissene Blechwand (Leichtmetall) einer Karosserie.

Tabelle 27.

Wertungs-gruppe	Start-Nr.	Fabrikat	Prüfung 7			Wertungs-gruppe	Start-Nr.	Fabrikat	Prüfung 7		
			Wertungs-verluste in %	Wertung	Reihen-folge				Wertungs-verluste in %	Wertung	Reihen-folge
I	30*	Hanomag	80	1,40	8	II	53*	Adler	—	—	—
	31	„	25	5,25	4		54*	„	0	7,00	1
	32	„		—	—		56*	Steyr	—	—	—
	33*	Steyr	0	7,00	1		57*	„	0	7,00	1
	34*	„	5	6,65	2		58*	Opel	—	—	—
	35*	„	10	6,30	3		60*	Adler	5	6,65	2
	36	Ford	30	4,90	5		61*	„	0	7,00	1
	37*	„	10	6,30	3		62*	Wanderer	60	2,80	6
	38	Dixi	10	6,30	3		64*	Brennabor	50	3,50	5
	39	„	10	6,30	3		65*	„	50	3,50	5
	40	„	65	2,45	7		68*	Ford	10	6,30	3
	41*	Steyr	50	3,50	6		70*	„	25	5,25	4
	42*	Adler	0	7,00	1	III	80*	Adler	0	7,00	1
	43*	Brennabor	65	2,45	7		81*	Brennabor	10	6,30	3
II	51*	Adler	0	7,00	1		82*	„	0	7,00	1
	52*	„	0	7,00	1		83*	„	5	6,65	2

* Geschlossene Wagen.

Die Ergebnisse der Einzelprüfung 7 hinsichtlich der Wertung zeigen die Tabelle 27 und die Fig. 64.

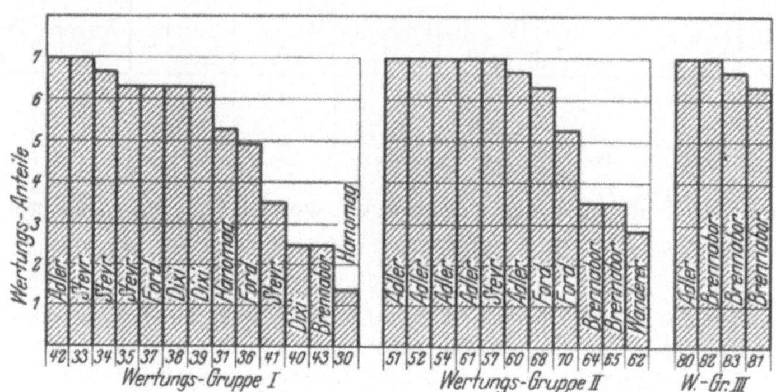

Fig. 64.

Einzelprüfung 8.

Steuer.

Die Ausschreibung besagte über diesen Teil des Wettbewerbes:

Bewertung der Steuer.

„Bewertet wird die Kraftfahrzeugsteuer vom 1. April 1928. Der Wertungsanteil bemißt sich nach der niedrigsten Steuer in Mark eines Fahrzeuges der betreffenden Wertungsgruppe, vorausgesetzt, daß es die ganze Fahrt durchgehalten hat. Dieses erhält den vollen Wertungsanteil. Überschreiten der Geringststeuer um 100 % führt zum Verlust des ganzen Wertungsanteiles, geringeres Überschreiten wird prozentual gewertet.

Die Ausrechnung erfolgt also nach der Formel:

$$W_{8b} = w \cdot \frac{S_v - S_b}{S_{min}} = w \cdot \left(2 - \frac{S_b}{S_{min}} \right).$$

Hierbei ist: W_{8b} = zu errechnender Wertungsanteil des Bewerbers,
          w = erreichbarer Höchstwert (s. Wertungstabelle).
          S_{min} = geringste Steuer,
          S_v = $2\,S_{min}$ = Steuer, bei der Verlust des Wertungsanteils eintritt,
          S_b = Steuer des Bewerberfahrzeugs.

Die Steuer wurde bewertet, um die Wirtschaftlichkeit der einzelnen Fahrzeuge in der Gesamtwertung besser zum Ausdruck zu bringen. Wie die nachstehend in der Tabelle und im Schaubild wiedergegebenen Resultate bezeugen, brachte die Wertung der Steuer nach den Bestimmungen der Ausschreibung (ebenso wie diejenige des Verbrauches), insbesondere in der Wertungsgruppe I, einen gewissen Ausgleich für die kleineren Wagen, welche den in der gleichen Wertungsklasse enthaltenen wesentlich stärkeren Wagentypen in anderen Einzel-

Tabelle 28.

Wert.-Gruppe	Start-Nr.	Fabrikat	Prüfung 8			Wert.-Gruppe	Start-Nr.	Fabrikat	Prüfung 8		
			Steuer M.	Wertung	Reihenfolge				Steuer M.	Wertung	Reihenfolge
I	30*	Hanomag	72	4,00	1	II	53*	Adler	—	—	—
	31	,,	72	4,00	1		54*	,,	418	0,76	3
	32	,,	—	—	—		56*	Steyr	—	—	—
	33*	Steyr	231	0,00	3		57*	,,	231	4,00	1
	34*	,,	231	0,00	3		58*	Opel	—	—	—
	35*	,,	231	0,00	3		60*	Adler	418	0,76	3
	36	Ford	476	0,00	3		61*	,,	418	0,76	3
	37*	,,	476	0,00	3		62*	Wanderer	288	3,01	2
	38	Dixi	116	1,56	2		64*	Brennabor	231	4,00	1
	39	,,	116	1,56	2		65*	,,	231	4,00	1
	40	,,	116	1,56	2		68*	Ford	476	0,00	4
	41*	Steyr	231	0,00	3		70*	,,	476	0,00	4
	42*	Adler	418	0,00	3	III	80*	Adler	418	4,00	1
	43*	Brennabor	231	0,00	3		81*	Brennabor	447	3,72	2
II	51*	Adler	418	0,76	3		82*	,,	447	3,72	2
	52*	,,	418	0,76	3		83*	,,	447	3,72	2

* Geschlossene Wagen.

prüfungen des Wettbewerbes, vornehmlich in den die Wagengeschmeidig-keit berührenden Punkten, nicht gewachsen sein konnten.

In Wertungsgruppe I erhielten die Hanomag-Wagen (Start-Nr. 30 und 31) mit RM 72,— Steuer für 499 cm³ Steuer-Hubvolumen den vollen Wertungsanteil mit 4 Punkten. Alle Wagen mit mehr als RM 144,— Steuer gingen nach der Formel der Wertung leer aus, so daß nur noch die 3 Dixi-Wagen (Start-Nr. 38, 39 und 40) mit 744 cm³ Steuer-Hubvolumen und RM 116,— Steuer bewertet werden konnten.

Die Steyr-Wagen (Start-Nr. 33, 34, 35, 41) mit 1558 cm³ Steuer-Hubvolumen oder RM 233,— Steuer sowie der Brennabor-Wagen (Start-Nr. 43) mit 1559 cm³ Steuer-Hubvolumen oder RM 231,— Steuer, der Adler-Wagen (Start-Nr. 42) mit 2895 cm³ Steuer-Hubvolumen oder RM 418,— Steuer und die beiden Ford-Wagen (Start-Nr. 36, 37) mit 3251 cm³ Steuer-Hubvolumen oder RM 476,— Steuer gingen des Wertungsanteiles dieser Prüfung verlustig.

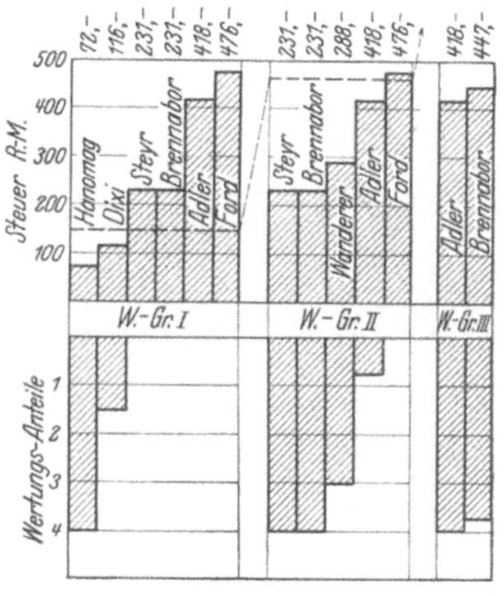

Fig. 65.

Analog wurden in den beiden anderen Wertungsgruppen die Vier- und Sechssitzer bewertet. Einzelheiten sind aus der Tabelle 28 und der Fig. 65 ersichtlich.

Einzelprüfung 9.

Persönliche Bequemlichkeit und technischer Komfort.

Die Ausschreibung besagt hierzu:

„Der technische Komfort und die persönliche Bequemlichkeit der Fahrzeuge werden durch Punktwertung ermittelt. In jeder Wertungsgruppe erhält das durch die Punktwertung als bestes ermittelte Fahrzeug den vollen Wertungsanteil. Die Wertungsanteile der anderen Fahrzeuge der gleichen Gruppe ergeben sich proportional den erzielten Punktzahlen.

Die Ausrechnung erfolgt nach der Formel:

$$W_9 = w\,\frac{B_b}{B_\mathrm{max}}.$$

Hierbei ist: W_9 = der zu errechnende Wertungsanteil des Bewerberfahrzeugs,
          w = der erreichbare Höchstwert (s. Wertungstabelle),
          B_b = Bequemlichkeit (in Punkten) des Bewerberfahrzeuges,
          B_max = Bequemlichkeit (in Punkten) des besten Fahrzeuges der Wertungsgruppe.

Die Wertung erfolgt nach der Tabelle, die den Ausführungsbestimmungen beigefügt ist."

Laut Wertungstabelle der Ausschreibung waren für diese Einzelprüfung zwei Wertungspunkte vorgesehen, und zwar je ein Punkt für persönliche Bequemlichkeit und technischen Komfort. Die Ausführungsbestimmungen zur Ausschreibung besagen weiter:

„1. Bequemlichkeit.

Der Bequemlichkeitspunkt wird in 3 Drittel geteilt. Das erste Drittel verfällt, wenn die Sitzbreite kleiner als 50 cm ist. Das zweite Drittel verfällt, wenn die

Tabelle 29.

Wertungs-gruppe	Start-Nr.	Fabrikat	Prüfung 9 Wertung	Prüfung 9 Reihen-folge	Wertungs-gruppe	Start-Nr.	Fabrikat	Prüfung 9 Wertung	Prüfung 9 Reihen-folge
I	30*	Hanomag	1,28	6	II	53*	Adler	—	—
	31	„	1,28	6		54*	„	1,98	2
	32	„	—	—		56*	Steyr	—	—
	33*	Steyr	1,42	5		57*	„	2,00	1
	34*	„	1,42	5		58*	Opel	—	—
	35*	„	1,42	5		60*	Adler	1,98	2
	36	Ford	1,61	4		61*	„	1,98	2
	37*	„	1,76	3		62*	Wanderer	1,78	3
	38	Dixi	0,46	7		64*	Brennabor	1,65	5
	39	„	0,46	7		65*	„	1,65	5
	40	„	0,46	7		68*	Ford	1,76	4
	41*	Steyr	1,42	5		70*	„	1,76	4
	42*	Adler	1,88	1	III	80*	Adler	1,99	1
	43*	Brennabor	1,85	2		81*	Brennabor	1,85	2
II	51*	Adler	1,98	2		82*	„	1,85	2
	52*	„	1,98	2		83*	„	1,85	2

* Geschlossene Wagen.

je Sitz zur Verfügung stehende karossable Fläche (Rahmenbreite bzw. kleinste Karosseriebreite, unten außen gemessen, mal Abstand zwischen Spritzwand und Hinterbrücke) kleiner als 0,7 m² ist.

Das dritte Drittel wird entsprechend dem Radstand bemessen und für das Fahrzeug mit dem größten Radstand in den betreffenden Wertungsgruppen voll erteilt. Die anderen Fahrzeuge der gleichen Wertungsgruppe erhalten prozentual kleinere Werte zugemessen.

2. Ausstattung.

Der Punkt für Ausstattung wird in freier Würdigung für besonders gute Lackierung, gute Polsterung, Kristallglas, Kurbelfenster, besonders schöne oder kostbare Innenausstattung erteilt.''

Das Gesamtergebnis der Prüfung und die Bewertung in den beiden Teilprüfungen zeigen die Tabelle 29 und die nachstehende Fig. 66.

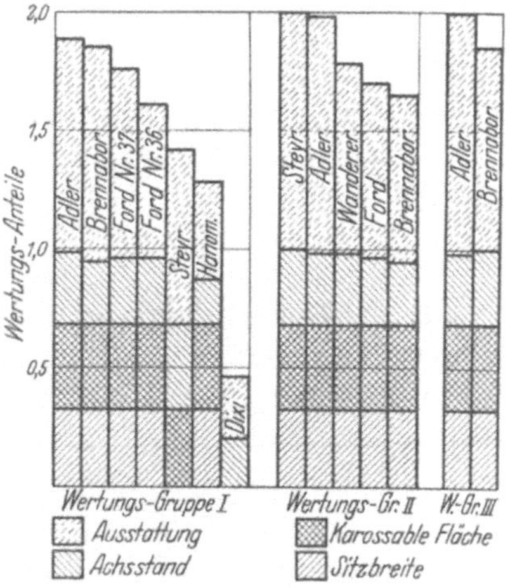

Das erste Drittel des Wertungsanteiles für Bequemlichkeit verfiel in der Wertungsgruppe I bei den Dixi-Wagen und Steyr-Sportzweisitzern, während es in den Wertungsgruppen II und III sämtlichen Wagen gutgebracht werden konnte.

Das zweite Drittel des Wertungsanteiles für Bequemlichkeit konnte allen Wagen mit Ausnahme der Dixi-Wagen belassen werden.

Das letzte Drittel des gleichen Wertungsanteiles war für den größten Achsabstand ausgeworfen worden. Hier standen die Steyr-Wagen mit 3,00 m Achsstand in Wertungsgruppe I und II in vorderster Reihe, während in Gruppe III die Brennabor-Wagen mit 3,29 m Achsstand führten.

Fig. 66.

Der zweite Wertungsanteil dieser Einzelprüfung wurde nach den oben angegebenen Ausführungsbestimmungen in freier Würdigung für gute und praktische Ausstattung des Wagens und des Wageninnern erteilt, wobei man besonders die Vollständigkeit der katalogmäßigen Ausrüstung in Hinsicht auf notwendiges oder wünschenswertes Zubehör (Winker, Scheibenwischer, Rückblickspiegel usw.) in Betracht zog.

Einzelprüfung 10.

Montage-Wettbewerb.

Als zehnte Einzelprüfung fand ein Montagewettbewerb statt, dessen Ergebnisse laut Ausschreibung auf die Gesamtwertung der Fahrzeuge keinen Einfluß hatten. Die Ausschreibung besagt hierüber:

„Der Montage-Wettbewerb besteht darin, daß der Fahrer folgende Arbeiten an seinem Fahrzeug auszuführen hat:

1. Auswechslung eines fertig bereiften Triebrades,
2. Austausch einer Zündkerze bzw. Düse (letzteres bei Dieselmotoren).

3. Hauptkraftstoffseiher ausbauen und wieder einbauen,
4. Kühlwasser ablassen,
5. Je ½ l Kraftstoff und Öl aus eigenen Beständen auffüllen[1],
6. Bereitlegen des Werkzeuges;
7. Bodenbretter vor Führersitz herausnehmen,
8. Ausbauen der Batterie,
9. Ausbauen einer Vergaser-Düse bzw. eines vollständigen Ventilsatzes der Kraftstoffpumpe. (Letzteres bei Dieselmotoren.)

Für die Wertung ist die Zeit, in der alle 9 Arbeiten durchgeführt sind, maßgebend. Die volle Punktzahl erhält der Bewerber mit der Geringstzeit der Wertungsgruppe. Überschreiten der Geringstzeit um 100% führt zu Punktverlust.

Der Wertungsanteil errechnet sich wie folgt:

Wenn die Geringstzeit $= t_{min}$,
Zeit des Bewerbers $= t_b$,
Verlust des Wertungsanteiles bei $t_v = 2\, t_{min}$,
Wertungsanteil für die Prüfung $= w$ ist,
so ist der Punktanteil

$$W_{10} = w\, \frac{t_v - t_b}{t_{min}} = w\left(2 - \frac{t_b}{t_{min}}\right)."$$

Der Wettbewerb wurde am 7. Mai im Rennfahrerlager des Nürburg-Ringes abgehalten. Er wurde durchgeführt, um Erfahrungen auf diesem

Abb. 20. Bei der Montageprüfung. (Aufnahme von „Motor und Sport".)

Gebiete zu sammeln, da für den Gebrauchsfahrer die schnelle Beseitigung von kleinen, öfters wiederkehrenden Schäden (Zündkerzenstörung, Düsenverstopfung, Reifenauswechselung usw.) sowie die

---

[1] Punkt 5 fiel aus.

schnelle Ausführung oft wiederkehrender, mit der Wagenwertung zusammenhängender Arbeiten (Kühlwasser ablassen, Batterie ausbauen usw.) von größter Bedeutung ist. Die Ausschreibung sah daher nur solche Arbeiten für den Montage-Wettbewerb vor, die obigen Bedingungen Rechnung tragen.

Für die Durchführung aller Arbeiten in der kürzesten Zeit wurden drei Punkte erteilt, die jedoch für die Bewertung nicht in Betracht gezogen wurden.

In Tabelle 30 und Fig. 67 sind die Ergebnisse der Montageprüfung zusammengestellt.

Tabelle 30.

Wertungs-gruppe	Start-Nr.	Firma	Zeit	Wertung	Wertungs-gruppe	Start-Nr.	Firma	Zeit	Wertung
I	39	Dixi	8′ 40″	3,00	II	64	Brennabor	8′ 23″	2,23
	43	Brennabor	9′ 39″	2,66		65	,,	8′ 52″	2,00
	42	Adler	10′ 15″	2,45		70	Ford	12′ 16″	0,49
	35	Steyr	11′ 44,6″	1,94		54	Adler	13′ 27,9″	0,00
	31	Hanomag	12′ 46,6″	1,58		56	Steyr	13′ 40″	0,00
	33	Steyr	13′ 47″	1,23		58	Opel	13′ 49,3″	0,00
	37	Ford	13′ 58,5″	1,16		60	Adler	14′ 53,1″	0,00
	38[2]	Dixi	13′ 7″	1,08		51	,,	14′ 55″	0,00
	41	Steyr	14′ 18″	1,05		52	,,	16′ 1″	0,00
	34	,,	15′ 32″	0,62		53	,,	16′ 35″	0,00
	30[1]	Hanomag	15′ 30″	0,25		68	Ford	19′ 13,2″	0,00
	36[2]	Ford	28′ 1″	0,00		61	Adler	20′ 55″	0,00
	40	Dixi	31′ 45″	0,00	III	81	Brennabor	10′ 15,2″	3,00
	32	ausgeschieden				82	,,	11′ 8″	2,74
II	57	Steyr	6′ 40″	3,00		80	Adler	11′ 22″	2,67
	62	Wanderer	8′ 17″	2,28		83	Brennabor	11′ 50″	2,54

Die Zeiten schwanken zwischen 6 Min. 40 Sek. und 31 Min. 45 Sek., also ungefähr um das Fünffache. Betrachtet man Fahrzeuge gleichen Typs, so ergibt sich dasselbe Bild. Dixi Nr. 39 und 40 haben einen Unterschied von 255%, Steyr Nr. 57 und 34 von 132% und Adler Nr. 42 und 61 von 102%, d. h. die Montagezeit hing zum Teil von der Geschicklichkeit des Ausführenden, zum Teil von anderen Zufälligkeiten[3] viel mehr als von der Wagenbauart ab.

Ein klareres Bild ergibt die Gegenüberstellung der mittleren Zeit einer Wagentype. Hier zeigt Brennabor (Wertungsgruppe III) einen Durchschnitt von 11 Min. 10 Sek., Steyr von 12,5 Min., Adler von 15 Min.

---

[1] Erhielt $^1/_8 = 0{,}38$ Wertungsverlust, weil der Hauptseiher fehlte.

[2] Erhielten je $^1/_8 = 0{,}38$ Wertungsverlust, weil sie nicht die Werkzeuge zum Lösen des Hauptseihers an Bord hatten.

[3] In einem Fall fehlte ein Schlüssel, in einem anderen Fall genügte die Maulweite des Verstellschlüssels für eine zu lösende Mutter nicht.

und Dixi von 17 Min. 40 Sek. Da der Bewerb jedoch Einzelsieger und
keine Typensieger kennt und damit die Vorteile eines Fahrzeuges

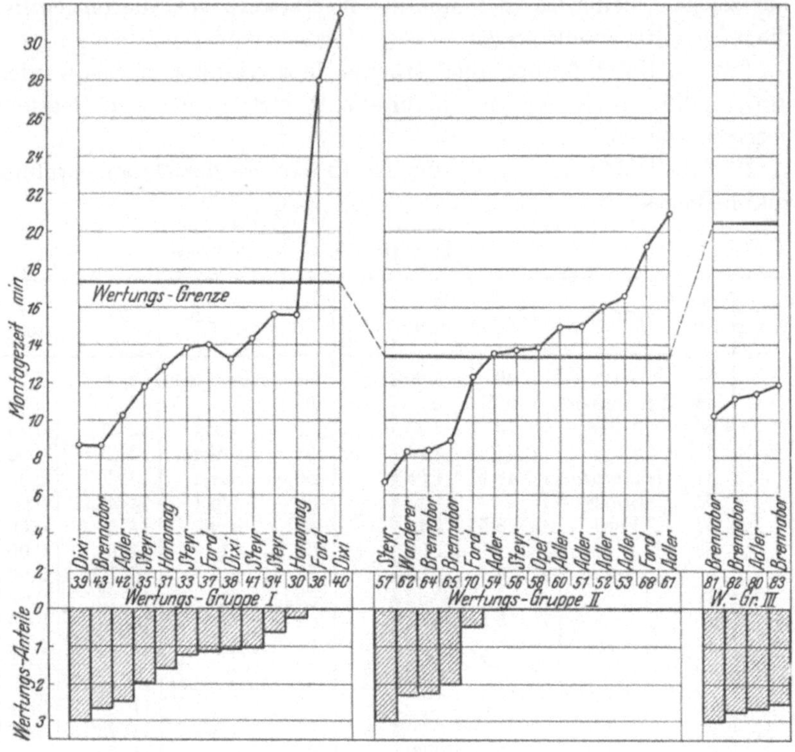

Fig. 67.

bezüglich seiner Wartung und Reparatur nicht erfaßt, ist die Montage-
prüfung im Rahmen der Gebrauchsprüfung immerhin problematisch.

Einzelprüfung 11.

Katalogpreis.

Über die Bewertung des Katalogpreises besagt die Ausschreibung:

„Bei der Nennung ist der Preis des katalogmäßigen Fahrzeuges einschließlich
etwa vorhandener, gemeldeter Besonderheiten durch den Verbrauchern allgemein
bekannte Drucksachen nachzuweisen.

Als Termin gilt

1. für Typen, die nicht mehr gebaut werden, der Katalogpreis vom 15. Dezember 1927,

2. für alle anderen Typen der Katalogpreis vom 1. April 1928.

Der Punktanteil des Katalogpreises bemißt sich nach dem niedrigsten Preise eines Fahrzeuges der betreffenden Wertungsgruppe, vorausgesetzt, daß es die ganze Prüfung durchgehalten hat. Dieses erhält den vollen Punktanteil. Überschreiten des Geringstpreises um 100% führt zum Verlust des ganzen Punktanteils, geringeres Überschreiten wird prozentual gewertet. Die Ausrechnung erfolgt nach der Formel:

$$W_{8a} = w \, \frac{P_v - P_b}{P_{\min}} = w \left(2 - \frac{P_b}{P_{\min}} \right).$$

Hierbei ist: W_{8a} = der zu errechnende Punktanteil des Bewerbers,

w = der erreichbare Höchstwert,

$P_{\min}$ = Geringstpreis der Wertungsgruppe,

P_b = Preis des Bewerberfahrzeuges,

P_v = $2 P_{\min}$ = Preis, bei dem Punktverlust eintritt."

Wie schon erwähnt, konnte die Bewertung des Katalogpreises der am Wettbewerb teilnehmenden Fahrzeuge in der Gesamtwertung wider die Absicht des Veranstalters nicht zum Ausdruck gebracht werden.

Die in Tabelle 31 und Fig. 68 wiedergegebenen Resultate zeigen, daß die ursprünglich geplante Einbeziehung der Katalogpreis-Bewertung in die Gesamtbewertung für manche Fahrzeuge einen gewissen, der Praxis durchaus entsprechenden Ausgleich hätte bringen können.

Tabelle 31.

Wertungs-gruppe	Start-Nr.	Fabrikat	Katalogpreis RM.[1]	Wertung	Reihenfolge	Wertungs-gruppe	Start-Nr.	Fabrikat	Katalogpreis RM.[1]	Wertung	Reihenfolge
I	30*	Hanomag	2650	3,60	3	II	53*	Adler	7820	1,08	7
	31	,,	2405	4,00	1		54*	,,	7790	1,12	6
	32	,,	2405	4,00	1		56*	Steyr	7912	1,00	8
	33*	Steyr	7792	0,00	6		57*	,,	7912	1,00	8
	34*	,,	7792	0,00	6		58*	Opel	5400	3,24	4
	35*	,,	7851	0,00	6		60*	Adler	7950	0,96	9
	36	Ford	3800	1,67	4		61*	,,	7950	0,96	9
	37*	,,	4675	0,24	5		62*	Wanderer	6850	1,92	5
	38	Dixi	2595	3,68	2		64*	Brennabor	4948	3,64	3
	39	,,	2595	3,68	2		65*	,,	4948	3,64	3
	40	,,	2595	3,68	2		68*	Ford	4525	4,00	1
	41*	Steyr	7792	0,00	6		70*	,,	4575	3,96	2
	42*	Adler	8750	0,00	6	III	80*	Adler	8650	3,40	2
	43*	Brennabor	4948	0,00	6		81*	Brennabor	7498	4,00	1
II	51*	Adler	8300	0,68	10		82*	,,	7498	4,00	1
	52*	,,	8300	0,68	10		83*	,,	7498	4,00	1

* Geschlossene Wagen.

Die Bewertung des Katalogpreises im Rahmen eine Gebrauchswert-Prüfung kann einen der wichtigsten Faktoren der Wirtschaftsbilanz eines Kraftfahrzeuges erfassen, da vornehmlich der Wagen-Beschaffungspreis für die Höhe des Kontos der stehenden oder festen Unkosten maßgebend ist. Zu diesen zählen nämlich

---

[1] Einschließlich aller Neuerungen und Katalogzubehör.

vor allem die für die Verzinsung des Beschaffungspreises und Amortisation des Wagens aufzuwendenden Beträge.

Die stehenden Unkosten beeinflussen ihrerseits den Kilometer- oder Tonnenkilometerpreis, wie schon erwähnt, etwa umgekehrt proportional dem Benutzungs-

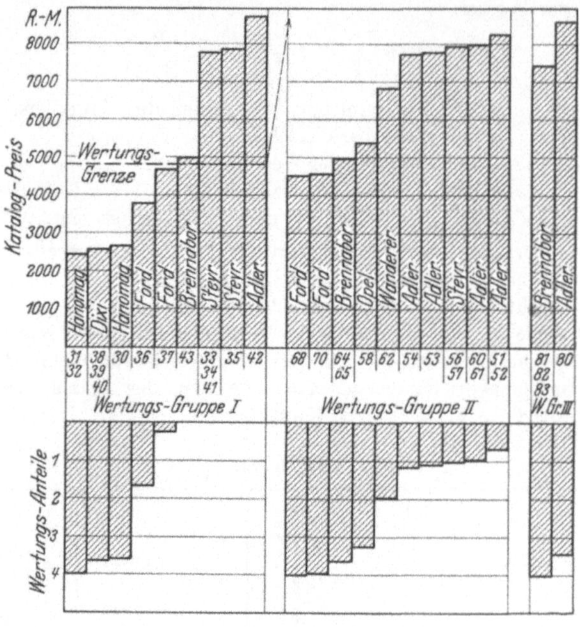

Fig. 68.

grad des Fahrzeugs. Bei den kommenden Gebrauchswert-Prüfungen wird infolgedessen die Wertung des Katalogpreises innerhalb der Wertungstabelle zu finden sein, und zwar in der die Wirtschaftlichkeit des Fahrzeugs erfassenden Gruppe der Einzelprüfungen.

Gesamtwertung.

Die Gesamtwertung des Wettbewerbes ergibt sich aus Tabelle 32, deren graphische Darstellung aus Fig. 69 zu ersehen ist[1].

---

[1] Die genaue mathematische Nachrechnung hat Abweichungen von den in Tabelle 32 (bereits am 11. Mai) angegebenen Werten ergeben, die im allgemeinen 0,01 bis 0,02 und im Höchstfall in der Gesamtwertung 0,98 Punkte betrugen. Im Interesse der raschen Preisverteilung wurde vom ADAC mit Rechenschiebern gearbeitet (s. Kapitel über Berechnungsmethoden). Die Genauigkeit einer Rechnung sollte bekanntlich nicht weiter getrieben werden, als dem ungenauesten Glied der Messungen entspricht.

[Laut S. 11 des offiziellen Programms zur ersten ADAC-Gebrauchs- und Wirtschaftlichkeitsfahrt erhielt der Adler-Wagen Nr. 51 (Fahrer Prof. Becker, Berlin) den Ehrenpreis des Herrn Reichsverkehrsministers. Dieser Preisregelung lag eine andere Wertungsmethode zugrunde, als Tabelle 32 ergibt.]

Tabelle 32.

Wertungs-gruppe	Start-Nr.	Fabrikat	Einzelwertungen der Prüfungen														Steil-strecke	Gesamt-wertung	Reihen-folge
			1a	1b	1c	2	3a	3b	3c	3d	4	5	6	7	8	9			
I	30*	Hanomag	2,40	0,00	1,05	15,40	0,60	0,00	0,60	0,00	0,30	5,94	1,17	1,40	4,00	1,28	1,00	35,14	13
	31	„	3,00	0,00	0,00	12,89	0,00	0,04	0,00	0,00	0,00	19,14	0,88	5,25	4,00	1,28	0,00	46,48	9
	32	„	2,36	—	—	—	—	—	—	—	—	—	—	—	—	—	—	—	—
	33*	Steyr	3,00	1,96	6,51	16,00	2,64	3,80	1,20	3,78	1,41	3,15	3,00	7,00	0,00	1,42	1,00	55,87	6
	34*	„	3,00	0,00	7,00	15,65	1,30	3,44	1,20	5,57	1,04	3,15	3,00	6,65	0,00	1,42	1,00	53,42	7
	35*	„	3,00	0,00	6,57	15,97	2,36	4,38	1,20	7,79	1,50	9,05	3,00	6,30	0,00	1,42	1,00	63,54	4
	36	Ford	2,70	1,25	5,79	15,97	3,80	2,30	3,06	2,80	4,00	0,00	2,99	4,90	0,00	1,61	1,00	52,17	8
	37*	„	3,00	4,00	6,81	15,73	4,00	0,32	8,00	6,60	4,00	4,37	3,00	6,30	0,00	1,76	1,00	68,89	1
	38	Dixi	3,00	0,00	4,67	16,00	0,36	0,67	0,00	5,80	0,30	17,65	2,07	6,30	1,56	0,46	1,00	59,84	5
	39	„	3,00	0,00	7,00	16,00	1,19	0,48	0,00	5,33	0,43	21,00	2,30	6,30	1,56	0,46	1,00	66,05	3
	40	„	3,00	0,00	4,71	13,27	0,84	0,92	0,00	0,00	0,01	8,95	2,00	2,45	1,56	0,46	1,00	39,17	11
	41*	Steyr	3,00	0,00	1,05	16,00	0,87	2,31	1,20	6,65	0,60	3,15	1,93	3,50	0,00	1,42	1,00	42,68	10
	42*	Adler	3,00	0,00	7,00	15,97	2,66	4,15	6,78	10,11	2,70	3,15	3,00	7,00	0,00	1,88	1,00	68,40	2
	43*	Brennabor	3,00	0,00	1,33	16,00	0,60	4,16	1,20	0,14	0,30	4,06	1,76	2,45	0,00	1,85	0,00	36,85	12
II	51*	Adler	3,00	1,02	7,00	15,87	2,80	3,96	7,35	9,60	3,12	21,00	3,00	7,00	0,76	1,98	1,00	88,46	1
	52*	„	2,53	0,95	5,05	16,00	3,63	1,34	8,00	9,90	2,61	20,28	2,64	7,00	0,76	1,98	1,00	83,67	2
	53*	„	2,56	—	1,28	15,90	1,64	3,00	3,85	2,41	1,15	—	2,76	—	—	—	—	34,55	—
	54*	„	2,57	3,10	1,59	16,00	3,82	1,98	6,96	9,24	1,73	9,17	1,72	7,00	0,76	1,98	1,00	68,62	7
	56*	Steyr	2,40	—	2,71	15,55	0,00	0,21	0,00	2,19	0,00	—	—	—	—	—	—	23,06	—
	57*	„	3,00	0,00	7,00	15,97	0,85	2,92	0,00	10,32	0,13	18,83	1,95	7,00	4,00	2,00	1,00	74,97	4
	58*	Opel	1,74	—	4,66	13,92	0,00	1,01	1,89	4,47	0,00	—	—	—	—	—	—	27,69	—
	60*	Adler	2,88	3,88	5,21	16,00	2,50	3,30	4,35	10,27	1,60	15,83	2,48	6,65	0,76	1,98	1,00	78,69	3
	61*	„	2,59	3,19	2,34	15,33	2,32	0,39	5,06	8,57	1,45	16,15	2,28	7,00	0,76	1,98	1,00	70,41	5
	62*	Wanderer	3,00	3,33	7,00	15,97	1,82	0,00	2,62	0,00	2,45	20,80	2,57	2,80	3,01	1,78	1,00	68,15	9
	64*	Brennabor	2,40	0,00	3,11	13,70	0,00	0,63	0,00	0,27	0,00	19,99	1,41	3,50	4,00	1,65	0,00	50,65	11
	65*	„	3,00	1,55	0,00	16,00	0,00	0,23	0,00	4,54	0,00	20,71	1,27	3,50	4,00	1,65	0,00	56,45	10
	68*	Ford	2,82	2,68	6,42	15,94	3,91	0,00	6,94	0,36	4,00	14,19	2,15	6,30	0,00	1,76	1,00	68,47	8
	70*	„	3,00	4,00	7,00	15,39	3,28	0,56	2,96	4,12	3,23	15,35	2,82	5,25	0,00	1,76	1,00	69,72	6
III	80*	Adler	2,55	4,00	4,08	15,30	1,99	4,52	4,25	9,87	1,75	19,08	2,21	7,00	4,00	1,99	1,00	83,59	4
	81*	Brennabor	3,00	0,95	7,00	16,00	3,74	4,67	7,84	10,65	3,69	14,75	2,91	6,30	3,72	1,85	1,00	88,07	3
	82*	„	2,88	0,00	7,00	16,00	3,74	3,56	6,63	9,62	4,00	19,88	3,00	7,00	3,72	1,85	1,00	89,88	2
	83*	„	3,00	0,00	7,00	15,90	3,39	3,03	7,92	9,96	3,88	21,00	2,99	6,65	3,72	1,85	1,00	91,29	1

* Geschlossene Wagen.

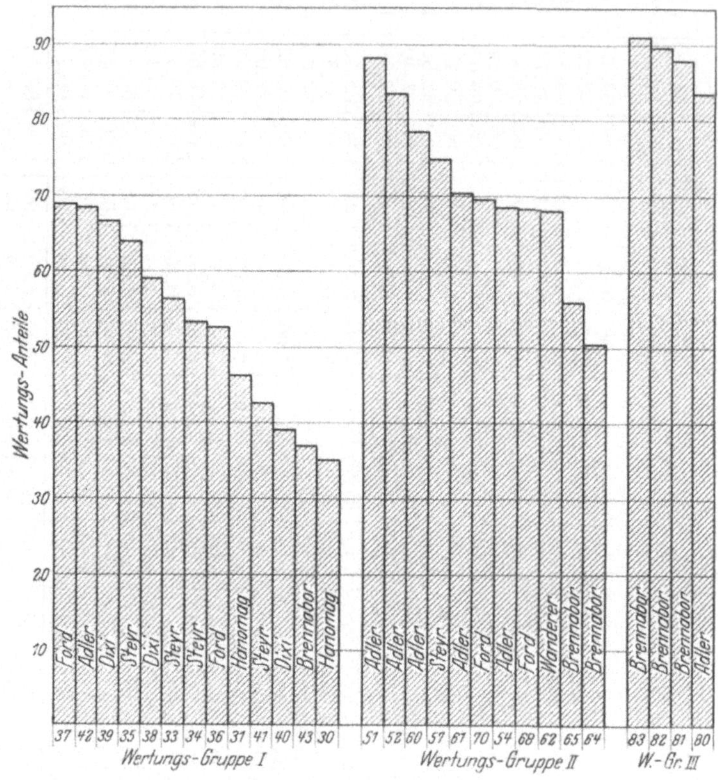

Fig. 69.

Berechnungsverfahren.

Die Ergebnisse der in den vorangegangenen Abschnitten besprochenen Prüfungen fanden ihren zahlenmäßigen Ausdruck in der Wertung.

Hierfür waren, wie schon im Vorwort erwähnt, in der Ausschreibung eingehende Vorschriften ausgearbeitet, denen zwei Wertungsarten zugrunde lagen:

Die relative Wertung und das System der festen Abzüge.

Die relative Wertung bildete die Grundlage fast aller Prüfungen. Sie wurde nicht angewandt lediglich bei der Prüfung der Startfähigkeit (1a), der Zuverlässigkeit und Reisegeschwindigkeit (2) sowie des Zustandes (7). Bei den übrigen Einzelprüfungen erhielt dasjenige Fahrzeug, das in einer Gruppe die Bestleistung erzielte, den vollen Wertungsanteil, während für Leistungen, die einen bestimmten Bruchteil der Bestleistung unterschritten, eine Wertung nicht mehr erfolgte. Die dazwischen liegenden Leistungen wurden geradlinig gemittelt. In Tabelle 33 sind die Formeln, nach denen die erzielbaren Wertungs-

Tabelle 33.

Prüfung	Voller Wertungs-Anteil	Zahl der Prüfungen	Voller Wertungs-Anteil je Prüfung	Wertungsformeln nach Ausschreibung	nach Umformung für die Auswertung	Zuschlag für geschl. Wagen je Prüfung
1. Start- u. Fahrfähigkeit	14					
a) Startprüfung)	3	5				
b) Startprüfung mit Leistungsprüfung	4	1		$w\left(2-\dfrac{t_b}{t_{\min}}\right)$	$8-4\,\dfrac{t_b}{t_{\min}}$	
c) Geländefahrbarkeit	7	3	2,33 2,34 2,33	$4\,w\left(1{,}5-\dfrac{t_b}{t_{\min}}\right)$	$14-9{,}333\,\dfrac{t_b}{t_{\min}}$	0,35
2. Zuverlässigkeit und Reisegeschwindigkeit	16	Gr.I:6 Gr.IIu. III:5	2,67; 2,67 2,66: 2,67 2,67; 2,66 3,2			
3. Geschmeidigkeit und Bremsfähigkeit	29					
a) Beschleunigung beim Durchschalten	4	2	2	$w\left(5-\dfrac{4\,t_b}{t_{\min}}\right)$	$10-8\,\dfrac{t_b}{t_{\min}}$	0,30
b) Kleinstgeschwindigkeit	6	2	3	$w\left(\dfrac{2\,t_b}{t_{\max}}-1\right)$	$6\,\dfrac{t_b}{t_{\max}}-3$	
c) Beschleunigung im direkten Gang	8	2	4	$w\left(2-\dfrac{s_b}{s_{\min}}\right)$	$8-4\,\dfrac{s_b}{s_{\min}}$	0,60
d) Bremsfähigkeit	11	2	5.5	$w\left(2-\dfrac{s_b}{s_{\min}}\right)$	$11-5{,}5\,\dfrac{s_b}{s_{\min}}$	
4. Bergsteigefähigkeit	4	2	2	$w\left(3-\dfrac{2\,t_b}{t_{\min}}\right)$	$6-4\,\dfrac{t_b}{t_{\min}}$	0,30
5. Betriebsstoffverbrauch	21	1	21	$w\left(2-\dfrac{K_b}{K_{\min}}\right)$	$42-21\,\dfrac{K'_b}{K'_{\min}}$	3,15
6. Höchstgeschwindigkeit	3	1	3	$w\left(\dfrac{V_b}{0{,}5\,V_{\max}}-1\right)$	$6\,\dfrac{V_b}{V_{\max}}-3$	0,45
7. Zustand	7	1	7			
8. Steuer	4	1	4	$w\left(2-\dfrac{S_b}{S_{\min}}\right)$	$8-4\,\dfrac{S_b}{S_{\min}}$	
9. Persönliche Bequemlichkeit u. techn. Komfort	2	1	2	$w\cdot\dfrac{B_b}{B_{\max}}$	$2\,\dfrac{B_b}{B_{\max}}$	
Steilstrecke (nachträglich)	1	1	1			
insgesamt	101					5,15

anteile zu errechnen waren, angegeben, und zwar in zwei Formen, nämlich in der für die Ausschreibung angegebenen und in der für die Ausrechnung geeignetsten Form. Fig. 70 veranschaulicht die Lage der

Grenzen, bei denen voller Wertungsverlust eintrat, und den Verlauf der Höhe der bei den einzelnen unter der Bestleistung liegenden Ergebnissen zu erteilenden Wertungspunkte. Beispielsweise soll nach der Ausschreibung bei der Startprüfung mit Leistungsprüfung (1 b) Wertungsverlust bei hundertprozentigem Überschreiten der Bestzeit, also doppelter Fahrzeit, eintreten. Wird in der zugehörigen Formel $8 - 4\,\dfrac{t_b}{t_{\min}}$ der Faktor $t_b = 2\,t_{\min}$ gesetzt, so lautet sie $8 - 4 \cdot 2\,\dfrac{t_{\min}}{t_{\min}} = 8 - 8 = 0$, wird $t_b = t_{\min}$ gesetzt, so wird $8 - 4\,\dfrac{t_{\min}}{t_{\min}} = 8 - 4 = 4$. Im ersten Fall tritt also bei doppelter Fahrzeit Wertungsverlust ein, während

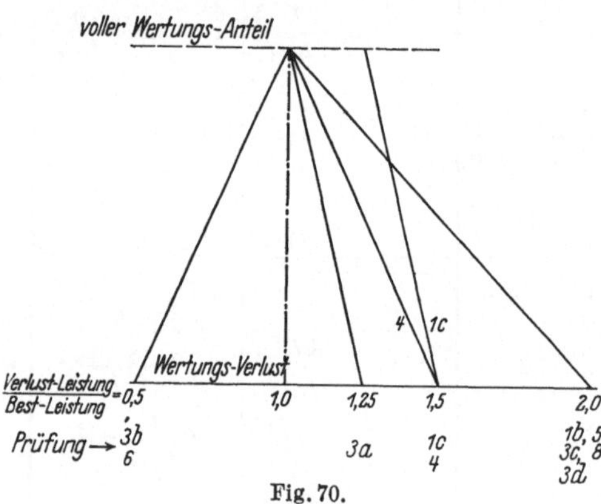

Fig. 70.

nach dem zweiten Beispiel die Bestleistung den vollen Wertungsanteil erhält. In gleicher Weise ließe sich an den anderen Formeln ihre Übereinstimmung mit den Ausschreibungsbedingungen zeigen. Bei der Prüfung der Geländefahrbarkeit sollte der volle Wertungsanteil jedem Fahrzeug erteilt werden, das nicht mehr als 25% Überzeit gegenüber dem Besten seiner Wertungsgruppe benötigte, da ein Rennen auf der Geländestrecke vermieden werden sollte. Die Formel für den Wertungsverlauf $14 - 9{,}333\,\dfrac{t_b}{t_{\min}}$, die bei Überschreiten der Bestfahrzeit um 50% Wertungsverlust bringen soll, ist daher nur für Zeiten, die zwischen 125 und 150% der Bestzeit liegen, anwendbar: $14 - 9{,}333 \cdot 1{,}25 = 14 - 11{,}667 = 2{,}333$, $14 - 9{,}333 \cdot 1{,}5 = 14 - 14 = 0$, also wiederum Übereinstimmung; für Zeiten, die besser als 125% der Bestzeit waren, brauchte eine Ausrechnung nicht vorgenommen zu werden.

Bei dem Aufbau der Formeln ist zu beachten, daß der für die Ausrechnung aller Fahrzeuge einer Gruppe stets gleichbleibende Wert der Bestleistung im Nenner steht und so das Arbeiten mit Rechenschieber oder Rechenmaschine erheblich vereinfacht.

Es sei noch darauf hingewiesen, daß es nicht gleichgültig ist, ob man unter Wahrung des Grundsatzes, die Bestleistung in den Nenner zu setzen, als Meßwert die Geschwindigkeit oder die Zeit wählt. Soll z. B. in der Formel für die Wertung der Höchstgeschwindigkeit (6) v durch t ersetzt werden, so wäre statt $V_{\max}\,t_{\min}$ zu setzen; da nun $t = \dfrac{s}{V}\left(\text{Zeit} = \dfrac{\text{Strecke}}{\text{Geschwindigkeit}}\right)$ ist, würde unter Beibehaltung des Aufbaues der Formel $t_{\min}$ in den Zähler kommen, was ja vermieden werden soll. Es ist daher unter Auslassung von w, dem vollen Wertungsanteil, die Form zu wählen: $2 - \dfrac{tb}{t_{\min}}$, wie sie auch für die Prüfungen 1b, 3c, 3d, 5 und 8 vorgesehen war. Für die beiden Grenzwerte $t_b = t_{\min}$ und $t_b = 2\,t_{\min}$ gibt sie zwar die gleichen Werte wie die Formel der Ausschreibung $\dfrac{V_b}{0,5\,V_{\max}} - 1$, nicht aber für die dazwischenliegenden Werte. So ergibt sich für $V_b = 0,75\,V_{\max}$ der Wert $\dfrac{0,75}{0,5} - 1 = 1.5 - 1 = 0,5$; $0,75\,V_{\max}$ entspricht aber $t_{\min}$: $0,75$ oder $1,333\,t_{\min}$; dann wird $2 - 1,333 = 0,667$. Nach der Ausschreibungsformel mit V ergibt sich also $0,5\,w$, nach der Formel mit t aber $0,667\,w$, also ein Unterschied von $0,167\,w$. Das Maximum des Unterschiedes tritt ein für $0,707\,V_{\max}$ oder $1,414\,t_{\min}$ mit $0,172\,w$. Es ist also nicht gleichgültig, ob man v oder t als Maßeinheit wählt, die Abweichungen sind aber recht geringfügig und würden das Ergebnis der Fahrt nicht beeinflußt haben.

Die Formel der Wertung von Bequemlichkeit und Komfort sollte Wertungsverlust erst bei der Punktzahl 0 bringen und lautete daher einfach $w \cdot \dfrac{B_b}{B_{\max}}$.

Mit festen Abzügen wurden Abweichungen vom Fahrplan der Prüfung der Zuverlässigkeit und Reisegeschwindigkeit (2) oder von den bei den einzelnen Prüfungen gestellten Bedingungen der Ausschreibung belegt. Bei den festen Abzügen lassen sich zwei Gruppen unterscheiden: Abzüge, die für jede Minute Startverspätung (1a), zu langen Aufenthaltes auf Tank- und Startplatz (2) und Fahrplanabweichung (2), Stundenkilometer Geschwindigkeitsabweichung (3c, 3d, 5), jedes Prozent zu großer Ölverdünnung (5) und jeden (20 Grad überschreitenden) Grad Winkelabweichung des gebremsten Wagens von der Straßenachse (3d) in Höhe von 1,5 und 6,67% des vollen Wertungsanteiles vorzunehmen waren, und solche Abzüge, die für Verstöße, wie Inanspruchnahme fremder Hilfe (1a, 1b, 1c), zu langen Aufenthalt auf Park- oder Tankplatz (2) und Stehenbleiben des Motors nach Verlassen des Startplatzes (1a), Aussteigen eines Insassen (1c), unerlaubte Betätigung von Schaltung, Anlasser oder Kupplung und Stehenbleiben (3a, 3b, 3c), mit 10, 25 und 100% des vollen Wertungsanteiles zu machen waren. Schließlich gab es feste Abzüge vom vollen Wertungsanteil für Mängel, die bei der Zustandsprüfung vorgefunden wurden und für deren Bewertung in den Ausführungsbestimmungen eingehende zahlenmäßige Anhalte niedergelegt waren.

Aus dieser Zusammenstellung ergibt sich, daß den Hauptanteil bei der Festlegung der Reihenfolge für die einzelnen Bewerber nach Maßgabe der Prüfungsergebnisse die relative Wertung bildet, bei der die Bestleistung eines Fahrzeuges in einer Prüfung und Wertungsgruppe der Maßstab für die Bewertung der übrigen Fahrzeuge ist. Dieses Verfahren schaltet nach Möglichkeit Einflüsse von Witterung und Zustand der Straße aus; durch Festlegung von Grenzen, bei denen voller

Wertungsverlust eintritt, wird das Streben nach guten Leistungen noch besonders gefördert. An den Ergebnissen der relativen Wertung wurden dann mit Hilfe der festen Abzüge Berichtigungen vorgenommen, welche die vorher aufgeführten Einzelvorkommnisse erfordern. Eine Sonderstellung nehmen die Abzüge in der Prüfung der Zuverlässigkeit und Reisegeschwindigkeit ein; im Endergebnis ähneln sie der relativen Wertung, bei der die Grenze für vollen Wertungsverlust eine Abweichung vom Fahrplan und von der bewilligten Zeitreserve um 100 Min. bildet. Die Bestimmung, daß völliger Ausschluß von der Fahrt dasjenige Fahrzeug trifft, das bei dieser Prüfung an einem Tage um 160 Min. oder an mehreren Tagen zusammen um 250 Min. die zulässigen Abweichungen vom Fahrplan überschreitet, kennzeichnet diese Prüfung trotz ihrer geringen zahlenmäßigen Bewertung als eine der wichtigsten der ganzen Fahrt.

Ein Zuschlag von 15% des jeweiligen vollen Wertungsanteils war bei den Prüfungen der Geländefahrbarkeit, der Beschleunigung, der Bergsteigefähigkeit, des Brennstoffverbrauches und der Höchstgeschwindigkeit für die geschlossenen Wagen vorgesehen. Er wurde aber nur in Gruppe I angewandt, da die beiden anderen Gruppen nur geschlossene Wagen enthielten.

Aus dieser Darstellung der Wertungsverfahren erkennt man, daß die Ausschreibung für die einzelnen Prüfungen recht umfangreiche und verschiedenartige Rechnungen vorsah, an die in erster Linie die Forderung nach genügender Genauigkeit und dann im Interesse der Bewerber und der Fachpresse die möglichster Schnelligkeit in der Durchführung zu stellen war. Für ihre Erfüllung wurden Vorarbeiten angestellt, die sich auf die Vorbereitung von Rechnungsvordrucken und Hilfsmitteln für die Ausrechnung und auf die Ermittlung der geeignetsten Rechenverfahren erstreckten.

Für die Ausrechnung wurden zunächst die Formeln der Ausschreibung unter Berücksichtigung der Zahl der Prüfungen in die bequemsten Formen gebracht, die in Tab. 33 angegeben sind. Der für die Verbrauchsprüfung angegebene Wert $K = \dfrac{\text{Literpreis} \cdot \text{Literverbrauch}}{\text{Personen-km}}$ konnte durch den einfacheren Wert Literpreis×Literverbrauch ersetzt werden, da in jeder Gruppe die Zahl der zu berücksichtigenden Personen und Kilometer gleich war oder wenigstens sein sollte und daher bei der Division $\dfrac{K_b}{K_{min}}$ herausfiel. Bei den beiden Wagen der Gruppe I und II, die die vorgeschriebene Rundenzahl nicht zurücklegten, mußte daher eine Umrechnung der Brennstoffkosten auf die richtige Streckenlänge vorgenommen werden.

Die Vordrucke, von denen ein Muster im Anhang vorzufinden ist, enthielten u. a. sämtliche in der Ausschreibung vorgesehenen Abzüge nach Prozenten und ihren Zahlenwerten. Insgesamt wurden 64 verschiedene Vordrucke angefertigt.

Zur Vereinfachung der Ausrechnung von Abzügen wurden acht verschiedene, zu den Prüfungen 1a, 2, 3c, 3d und 5 gehörende Zahlentafeln angefertigt, die für alle möglichen Größen der Abzüge die ausgerechneten Werte enthielten, so daß umständliche und zu Rechenfehlern veranlassende Ausrechnungen bei der Auswertung vermieden wurden. Außerdem wurde eine Zahlentafel zur Verwandlung der bei einigen Prüfungen gezeiteten Sekunden in Hundertstelminuten benutzt.

Bei der Auswahl der zu benutzenden Rechenverfahren waren Genauigkeit und Schnelligkeit maßgebend. Für die Ausrechnung des die Fahrt- und Prüfergebnisse enthaltenden Bruches in den Wertungsformeln wurde als mechanisches Hilfsmittel aus mehrfachen Gründen der Rechenschieber gewählt. Die Genauigkeit des mit einer unteren Teilung von 50 cm Länge versehenen großen Schiebers war bei Lupenablesung durchaus genügend, so daß er selbst für die Formel der Prüfung 5 mit ihren recht hohen Zahlwerten benützt werden konnte. Für die Kontrollrechnungen, bei denen es ja nicht auf die Prüfung der letzten Dezimalen ankam, wurde der handlichere Schieber mit unterer 25-cm-Teilung benutzt. Gerade für die vorliegenden Formeln, bei denen im Nenner der für die Ausrechnung einer Gruppe stets gleichbleibende Wert der Bestleistung steht, ist der Rechenschieber so bequem, da er nach Einstellung auf den Bruch aus der Konstanten und dem Bestwert die Werte für alle übrigen Prüfungsergebnisse ohne Verschieben der Zunge abzulesen gestattet. Hierdurch gewinnt gleichzeitig die Genauigkeit.

An weiteren Rechnungen blieb nur noch übrig das Ausmultiplizieren der Abzüge, falls etwa ein zu Abzügen führendes Vorkommnis, für das eine Zahlentafel nicht angelegt war, bei einem Fahrzeug mehrere Male eintrat, und ferner das Zusammenzählen der Abzüge, Abziehen vom ersten Formelglied und gegebenenfalls noch das Zuzählen der Vergütung für geschlossene Wagen. Hierfür kam nur Kopfrechnen in Frage.

Nur diese weitgehende Vorbereitung der Auswertung machte es überhaupt möglich, daß mit Ausnahme des ersten Tages, an dem die Ergebnisse von insgesamt sieben Prüfungen auszuwerten waren, und mit Ausnahme des Tages der Verbrauchsprüfung, an dem die chemische Öluntersuchung nicht mehr zu Ende geführt werden konnte, schon an jedem Abend den Fahrtteilnehmern und der Sportpresse Umdrucke mit dem Ergebnis der im Laufe des Tages vorgenommenen Prüfungen ausgehändigt werden konnten. Die endgültige Ausrechnung der am 10. Mai nachmittags auf dem Nürburg-Ring abgeschlossenen Fahrt und die Aufstellung der Preisträger wurden am folgenden Vormittag bereits in Heftform den Teilnehmern an der feierlichen Preisverteilung in Köln überreicht.

Anhang.

Ausschreibung zur I. ADAC-Gebrauchs- und Wirtschaftlichkeitsfahrt

für Krafträder, Krafträder mit Beiwagen, Dreiradwagen, Personenkraftwagen, Omnibusse und Lastkraftwagen vom 30. April bis 10. Mai 1928, veranstaltet vom Allgemeinen Deutschen Automobil-Club e.V. (ADAC) als offene Veranstaltung gemäß § 12 b des Nationalen Automobilsport-Reglements der Obersten Nationalen Sportkommission und gemäß § 15 b der Deutschen Motorrad-Sportgesetze der Deutschen Motorrad-Sportgemeinschaft. Organisiert nach dem Allgemeinen Automobilsport-Reglement der A.I.A.C.R. unter Zulassung besonderer Merkmale (gemäß § 122 Intern. Regl.) und dem Nationalen Automobilsport-Reglement für Deutschland, sowie nach den Internat. Sportgesetzen der F.I.C.M. und nach den Deutschen Motorrad-Sportgesetzen.

1. Veranstalter und Veranstaltung. Der Allgemeine Deutsche Automobil-Club e.V. (ADAC) veranstaltet vom 30. April bis 10. Mai 1928 die

I. ADAC-Gebrauchs- und Wirtschaftlichkeitsfahrt

für Krafträder, Krafträder mit Beiwagen, Dreiradwagen, Personenkraftwagen, Omnibusse und Lastkraftwagen.

2. Charakter der Fahrt. Die Veranstaltung ist „offen" und wird in bezug auf die Krafträder nach den Internationalen Sportgesetzen der F.I.C.M. und nach den Nationalen Sportgesetzen der D.M.S. und bezüglich der Personenkraftwagen nach dem Internationalen Automobilsport-Reglement der A.I.A.C.R. und dem Nationalen Automobilsport-Reglement der O.N.S. ausgefahren. Omnibusse und Lastkraftwagen sind den Bestimmungen des nationalen und internationalen Automobilsportreglements nicht unterworfen.

3. Zweck der Veranstaltung. Die Gebrauchs- und Wirtschaftlichkeitsfahrt bezweckt einerseits die Prüfung der Wirtschaftlichkeit und Gebrauchswertigkeit sowie der Zuverlässigkeit der Fahrzeuge, andererseits die Prüfung der Ausdauer, Fahrtechnik und Fahrdisziplin der Fahrer.

4. Strecke und Zeiteinteilung.

| Datum | Personenkraftwagen und Krafträder | | Omnibusse | Lastkraftwagen |
	Wertungsgruppe I	Wertungsgruppe II u. III		
30. 4.	Abnahme	Abnahme	Abnahme	Abnahme
1. 5.	Geschmeidigkeits- u. Geländeprüf. ca. 80 km	Geschmeidigkeits- u. Geländeprüf. ca. 80 km	Geschmeidigkeits- u. Geländeprüf. ca. 80 km	Geschmeidigkeits- u. Geländeprüf. ca. 80 km
2. 5.	Zuverl.-Fahrt ca. 250 km	Zuverl.-Fahrt ca. 250 km	Zuverl.-Fahrt ca. 300 km	Zuverl.-Fahrt ca. 200 km
3. 5.	Bergprüfung ca. 100 km u. Zuverl.-Fahrt ca. 200 km	Bergprüfung ca. 100 km	Zuverl.-Fahrt ca. 300 km	Zuverl.-Fahrt ca. 200 km
4. 5.	Zuverl.-Fahrt ca. 270 km	Zuverl.-Fahrt ca. 480 km	Zuverl.-Fahrt ca. 300 km nach Adenau	Zuverl.-Fahrt ca. 200 km nach Adenau
5. 5.	Zuverl.-Fahrt ca. 350 km	Zuverl.-Fahrt ca. 500 km	Rasttag mit Mont.-Wettbew.	Rasttag mit Mont.-Wettbew.

Datum	Personenkraftwagen und Krafträder		Omnibusse	Last-kraftwagen
	Wertungsgruppe I	Wertungsgruppe II u. III		
6. 5.	Zuverl.-Fahrt nach Adenau ca. 500 km	Zuverl.-Fahrt nach Adenau ca. 500 km	Verbrauchsprüf. ca. 420 km	Verbrauchsprüf. ca. 170—450 km je n. Wertungsgr.
7. 5.	Rasttag mit Mont.-Wettbew.	Rasttag mit Mont.-Wettbew.	Zuverl.-Fahrt ca. 300 km	Zuverl.-Fahrt ca. 200 km
8. 5.	Verbrauchsprüf. ca. 700 km	Verbrauchsprüf. ca. 700 km	Zuverl.-Fahrt ca. 300 km Ende Adenau	Zuverl.-Fahrt ca. 200 km Ende Adenau
9. 5.	Geschm.- u. Gel.-Prüfung	Geschm. u. Gel.-Prüfung	Geschm.- u. Gel.-Prüfung	Geschm.- u. Gel.-Prüfung
10. 5.	Start- m. Leist.- u. Bergprüfung Zust.-Prüfung	Start- m. Leist.- u. Bergprüfung Zust.-Prüfung	Start- m. Leist.- u. Bergprüfung Zust.-Prüfung	Start- m. Leist.- u. Bergprüfung Zust.-Prüfung

Der Veranstalter behält sich vor, wenn nötig, die einzelnen Tagesetappen zu verlegen oder die Strecken zu kürzen bzw. zu verlängern.

5. Bewerber und Fahrer.

a) Krafträder, Krafträder mit Beiwagen, Dreiradwagen. Nennungsberechtigt sind alle Fabriken, Fabrikvertreter und Einzelpersonen, jedoch muß jeder Bewerber im Besitze der Bewerber- und jeder Fahrer im Besitze der internationalen Fahrerlizenz oder des nationalen Ausweises sein.

b) Personenkraftwagen (Touren- und Sportwagen). Nennungsberechtigt sind alle Fabriken, Fabrikvertreter und Einzelpersonen, jedoch muß jeder Bewerber im Besitze der internationalen Bewerberlizenz und jeder Fahrer im Besitze der internationalen Fahrerlizenz sein.

c) Omnibusse und Lastkraftwagen. Nennungsberechtigt sind alle Fabriken, Fabrikvertreter und Einzelpersonen ohne besondere Einschränkung, jedoch ist der Name des oder der Fahrer bis spätestens zum 2. Meldeschluß bei der Fahrtleitung anzumelden.

6. Bedingungen für die Fahrzeuge. Für die Veranstaltung sind ausschließlich katalogmäßig hergestellte und ausgerüstete Fahrzeuge zugelassen. Jeder einzelnen Nennung ist ein Katalog der Herstellerfirma beizufügen, aus dem sämtliche wichtigen Ausmaße, sowie Konstruktionsdaten ersichtlich sind, und in dem die im Katalogpreis inbegriffenen Ersatzteile und Werkzeuge aufgeführt sind. Sonstige Ersatzteile sind bei der Nennung zu melden. Das Mitführen nicht katalogmäßig aufgeführter Ersatzteile bzw. Werkzeuge unterliegt der Genehmigung der Abnahmekommission.

Es sind auch Kraftfahrzeuge serienmäßiger Herstellung zugelassen, welche mit Neuerungen ausgestattet sind. Diese Neuerungen müssen aber vorher unter Angabe der betreffenden Abänderung im Nennungsbogen angemeldet werden. Die Abnahmekommission entscheidet über Zulassung der mit Neuerungen ausgerüsteten Fahrzeuge.

Bei allen Fahrzeugen muß der Nachweis erbracht werden, daß von denselben eine Serie gleicher Abmessungen von mindestens

100 Stück bei Krafträdern und Personenkraftwagen Wertungsgruppe I
 50 „ „ „ „ „ „ II
 20 „ (Fahrgestelle) bei „ „ III
 20 „ „ „ Omnibussen und Lastkraftwagen

vorhanden ist, mindestens aber müssen die Einzelteile hierfür in der Fabrik fertig bereit liegen. Den Nachweis hierfür hat der Meldende zu erbringen. Fahrzeugtypen, die in geringerer Anzahl gebaut sind, werden als „Neuerungen" aufgefaßt. Über ihre Zulassung entscheidet die Abnahmekommission.

Außerdem müssen Krafträder, Krafträder mit Beiwagen und Dreiradwagen den §§ 32—39 der Nationalen Motorradsportgesetze der D.M.S.,

Personenkraftwagen (Touren- und Sportwagen) dem § 35 des Nationalen Automobilsportreglements entsprechen.

Das Mitführen von Reservereifen ist bis zu 2 Stück gestattet. Es wird jedoch ausdrücklich auf § 35 des Nationalen Automobilsportreglements aufmerksam gemacht, welcher lautet:

„Reservereifen und -felgen dürfen weder montiert noch unmontiert innerhalb des Raumes, der für die Sitze bestimmt ist, untergebracht werden."

Diese Bestimmung bezieht sich nur auf Personenkraftwagen.

7. Einteilung der Fahrzeuge.

a) **Krafträder, Krafträder mit Beiwagen, Dreiradwagen:** Zweisitzer müssen mit 2 Personen besetzt sein. Jede Person kann durch 60 kg Ballast ersetzt werden.

Zylinderinhalt ccm	Wertungsgruppe nach Sitzplätzen	Reisegeschwin.-digkeit km/Std. je nach Gelände
bis 250	I Einsitzer	35—40
über 250	II Einsitzer	38—43
beliebig	III Zweisitzer (Beiwagenmaschinen) und Dreiradwagen	38—43

b) **Personenkraftwagen:** Zweisitzer müssen mit 2 Personen, Viersitzer mit 4 Personen und Sechssitzer mit 6 Personen besetzt sein. Die vorgeschriebenen Personen können durch je 60 kg Ballast ersetzt werden. Die Wertung von Sportwagen erfolgt zusammen mit den Tourenwagen.

Zylinderinhalt	Wertungsgruppe nach Sitzplätzen	Reisegeschwindigkeit km/Std. je nach Gelände
beliebig	I Zweisitzer	32,5—40
„	II Viersitzer	37,5—45
„	III Sechssitzer	42,5—50

c) **Omnibusse:** Die vorgesehenen Personen können durch je 60 kg Ballast ersetzt werden. Als Personenzahl gilt die Anzahl von Personen (einschließlich Führer), die in der jeweiligen Wertungsgruppe genannt ist.

Wertungsgruppe nach Sitzplätzen	Reisegeschwindigkeit km/Std. je nach Gelände
I 15 Pers.	26—35
II 22 „	26—35
III 28 „	26—35
IV über 28 „	26—35

d) **Lastkraftwagen:** Die Lastkraftwagen sind mit ihrer vollen katalogmäßig angegebenen Nutzlast zu belasten. Als Nutzlast gilt die reine Nutzlast, die in der jeweiligen Wertungsgruppe genannt ist.

Wertungsgruppe nach Nutzlast	Reisegeschwindigkeit km/Std. je nach Gelände
I bis 0,5 t Nutzlast	20—25
II „ 1,5 t „	30—36,5
III „ 2,5 t „	25—32,5
VI „ 3,5 t „	20—28
V „ 5 t „	16—22,5
VI über 5 t Nutzlast	12—18
VII Sonderfahrzeuge	12—18

8. Betriebsstoffe (Kraftstoff und Motorenöl).

a) Die Wahl der Betriebsstoffe ist freigestellt.

Die Fahrleitung wird Sorge tragen, daß an verschiedenen Stellen der Strecke sowie an den Parkplätzen die gebräuchlichsten Betriebsstoffe erhältlich sind. Eine Verpflichtung hierfür besteht für den Veranstalter jedoch nicht. Ein Verzeichnis der Tankstellen an der Strecke wird jedem Fahrer rechtzeitig ausgehändigt.

b) Der Kraftstoff ist vom Bewerber zu stellen, auch derjenige zum Nachfüllen zwecks Messung des Verbrauchs.

Die nachstehenden Bestimmungen sind unter Zugrundelegung der Verwendung flüssiger Kraftstoffe abgefaßt. Bei Verwendung fester oder gasförmiger Kraftstoffe wird sinngemäß verfahren. Was unter dem Wort „sinngemäß" zu verstehen ist, entscheidet allein der Veranstalter. Proteste gegen diese Entscheidungen sind nicht zulässig.

Bauvorschriften. Die im Fahrzeug angebrachten Kraftstoffbehälter dürfen nur eine Einfüll- und eine Ablaßöffnung enthalten. Die Einfüllöffnung muß mindestens 2,5 cm lichte Weite haben und muß so liegen, daß mit einem Heber mühelos Probe gezogen werden kann. Der Behälter, insbesondere auch die Verschraubung, muß so beschaffen und eingerichtet sein, daß eine vollständige Entleerung des Behälters möglich ist.

Eine Vorrichtung zum Plombieren der Behälter und Förderer ist anzubringen. (Dabei ist zu beachten, daß der Durchmesser der Löcher für den umsponnenen Plombendraht mindestens 2 mm betragen muß).

Das Einfüllsieb muß herausnehmbar sein. Sowohl die Kraftstoff- als auch die Druckleitungen dürfen vom Behälter bis zum Vergaser keine Abzweigungen haben und müssen so angebracht sein, daß sie über die ganze Länge untersucht werden können. (Möglichst außerhalb des Rahmens führen!) Die Verbrennungsluft des Motors darf nur dann aus dem Kurbel- oder Getriebsgehäuse angesaugt werden, wenn katalogmäßige Ausführung vorliegt.

Der Ölsumpf und Ölbehälter müssen plombierbar sein. Die Entnahme von Ölproben aus dem Ölsumpf muß leicht möglich sein.

Der Kraftstoffbehälter darf nicht mehr als 3 Entlüftungslöcher aufweisen; sie dürfen nicht größer als 1 mm sein. Vorrichtungen jeglicher Art, die geeignet sein könnten, das durch den Wettbewerb bezweckte Uzteil über Kraftstoff- und Ölverbrauch zu entstellen, führen zum Ausschluß von der Prüfungsfahrt.

9. Nennung. Zur Nennung ist das beiliegende Nennungsformular zu benützen. Der Nennung muß der vollständig ausgefüllte Abnahmebogen, der vorher von der Sportabteilung des ADAC anzufordern ist, beiliegen. Auf der Nennung müssen die Nummern von Bewerber- und Fahrer-Lizenz bzw. Ausweis angegeben werden. Außerdem ist gleichzeitig die Nennungsgebühr zu überweisen. Die Anschrift lautet: Sportabteilung des ADAC, München 2 NO, Königinstraße 11a (Postscheckkonto München 24498, Tel. 22594). Diese Stelle gibt alle Unterlagen für die Fahrt aus und erteilt alle Auskünfte.

Nennungen, für welche die Nennungsgebühr nicht bis zum Nennungsschluß eingegangen ist, oder Nennungen unter Vorbehalt gelten als nicht abgegeben.

Ausdrücklich wird darauf hingewiesen, daß nur vollständige und gut leserliche Nennungen Berücksichtigung finden. Die in Art. 6 der Ausschreibung geforderten Kataloge oder Fabrikausweise sind der Nennung beizufügen.

Durch die Abgabe der Nennung unterwirft sich der Nennende dieser Ausschreibung und den Nationalen und Internationalen Sportgesetzen der D.M.S. und O.N.S., sowie allen von der Fahrtleitung für die Durchführung der Fahrt noch zu erlassenden Anordnungen. Er verzichtet ausdrücklich auf die Anrufung der ordentlichen Gerichte.

Nennungsschluß 31. März 1928, mittags 12 Uhr. Nachnennungen sind bis zum 14. April 1928, mittags 12 Uhr zum doppelten Nenngeld zugelassen.

Nenngeld: 1. Krafträder, Krafträder mit Beiwagen, Dreiradwagen RM. 30,—; 2. Personenkraftwagen RM. 60,—; 3. Omnibusse und Lastkraftwagen RM. 60,—. Das Nenngeld ist ganz Reugeld.

Telegraphische Nennungen sind zulässig, doch müssen im Telegramm Namen und Lizenz- bzw. Ausweisnummer des Bewerbers und der Fahrer enthalten sein. Das Telegramm muß vor dem letzten Nennungsschluß bei der Sportabteilung des ADAC (Sportadac München) eingegangen sein. In diesem Falle muß auch das Nenngeld mit der Nennung telegraphisch überwiesen werden. Telegraphische Nennungen müssen durch einen gleichzeitig mit dem Telegramm zur Post gegebenen Brief unter Beifügung der oben angeführten Unterlagen bestätigt werden. Jede Nennung, die eine falsche Angabe enthält, ist nichtig. Der Unterzeichnete einer Nennung ist für fehlerhafte oder falsche Angaben verantwortlich.

Der Veranstalter behält sich das Recht vor, Nennungen oder Fahrer ohne Angabe der Gründe abzulehnen. In diesem Falle wird das Nenngeld zurückerstattet. Sonst findet eine Rückerstattung des Nenngeldes nur statt, falls infolge höherer Gewalt eine Absage der Veranstaltung stattfindet.

10. Mindestzahl der Nennungen. Der Veranstalter behält sich vor, die Fahrt abzusagen, wenn nicht genügend Nennungen erfolgen.

11. Abnahme. Die Abnahme erfolgt am 30. April in Berlin. Ort und Zeit werden rechtzeitig bekannt gegeben.

Die Fahrzeuge sind vollkommen fahrfertig vorzuführen. Die vorgeschriebene Besatzung bzw. der vorgeschriebene Ballast sind mitzubringen und werden gesondert gewogen. Der Ballast muß dem für jede Wertungsgruppe vorgeschriebenen entsprechen und kann aus Sandsäcken, Metall- oder Betonblöcken bestehen. Bei Personenkraftwagen sind nur Sandsäcke zulässig.

Bei der Abnahme hat jeder Fahrer vorzulegen:

1. Führerschein,
2. Zulassungsbescheinung,
3. Steuerkarte,
4. Bewerber- und Fahrerlizenz bzw. Ausweis. (Nicht für die Fahrer der Lastkraftwagen und Omnibusse),
5. ADAC-Mitgliedskarte 1927/28 oder Bestätigung über Versicherung gegen Haftpflicht,
6. einen Verbandskasten.

Jeder Fahrer passiert zusammen mit seinem Fahrzeug der Reihe nach die verschiedenen Abnahmestellen, welche sich mit der Prüfung der Papiere und der technischen Einzelheiten befassen.

Ein Fahrzeug gilt erst dann als abgenommen, wenn der Abnahmebogen von sämtlichen Abnahmestellen unterschrieben ist.

Die abgenommenen Fahrzeuge werden unter Verschluß genommen.

12. Kennzeichnung der Strecke. Die Teilnehmer sind verpflichtet, sich über Streckenführung und Gefahrpunkte selbst zu vergewissern. Die vorgesehene Markierung der Strecke durch den Veranstalter dient lediglich als Erleichterung für die Fahrer und verpflichtet den Veranstalter in keiner Form. Die Sportabteilung des ADAC, München, hält offizielle Karten der gesamten Strecke bereit. Diese Karten können von dort bezogen werden. An die Fahrer werden Fahrtabellen ausgegeben. Die darin enthaltenen Kilometerentfernungen sind den offiziellen ADAC-Karten entnommen.

13. Kennzeichnung der Fahrzeuge. a) Krafträder, Krafträder mit Beiwagen. Die Startnummern, die jedem Bewerber rechtzeitig mitgeteilt werden, haben sich die Bewerber selbst zu beschaffen. Während der gesamten Prüfungsfahrt müssen drei Nummernschilder in den Abmessungen 28×23 cm am Kraftrad angebracht sein. Ein Schild muß an der Vorderseite des Kraftrades (quer zur Fahrtrichtung) nach vorne zeigen. Zwei Schilder müssen am Rahmen angebracht sein, und zwar an jeder Seite des Hinterrades eines. Bei Beiwagenmaschinen ist ein Nummernschild an der Außenseite des Beiwagens zu befestigen. Die Schilder dürfen in der Größe nicht verkleinert werden und müssen so angebracht sein, daß sie sich nicht biegen oder verdeckt werden. Die Verringerung des Luftwiderstandes der Nummernschilder durch irgendwelche Mittel ist verboten.

b) Dreiradwagen, Personenkraftwagen, Omnibusse und Lastkraftwagen. Die Startnummer, die jedem Bewerber rechtzeitig mitgeteilt wird, ist in gut sichtbarer, vom Untergrund abstechender Farbe auf beide Seiten der Motorhaube aufzumalen. Die Ziffern müssen mindestens 4 cm Strichstärke haben und mindestens 40 cm hoch sein. Als Ersatz für diese Bemalung kann auch ein über die Motorhaube zu spannendes weißes Tuch verwendet werden, das die Startnummer in schwarzer Farbe auf beiden Seiten des Wagens zeigen muß. Reservenummern müssen im Wagen mitgeführt werden. Jeder Fahrer ist dafür verantwortlich, daß seine Startnummer ständig gut lesbar ist.

14. Wertung. I. Allgemeines. Wertungsgrundlage ist die Bestleistung in jeder Einzelprüfung.

Wertungsverlust tritt bei einem für jede Einzelprüfung festgesetzten Prozentsatz der Bestleistung ein. Die Auswertung erfolgt bis zur zweiten Dezimale nach dem Komma.

Geschlossene Wagen (z. B. Limousinen, geschlossene Omnibusse, Geschäftswagen mit Kastenaufbau) erhalten bei den Prüfungen 1c (Geländeprüfung), 3a (Beschleunigungsvermögen). 3c (Beschleunigung bei direktem Gang), 4 (Bergsteigefähigkeit). 5 (Verbrauch) und 6 (Höchstgeschwindigkeit) eine Begünstigung insofern, als den von ihnen erzielten Wertungsanteilen jeweils 15 Prozent dieser erzielten Wertungsanteile zugezählt werden; also für geschlossene Wagen: $w'x = 1,15\ wx$. Als geschlossene Personenkraftwagen gelten Fahrzeuge mit seitlichen beweglichen Glasscheiben, ausgenommen solche mit Allwetterverdeck. Eventuelles Überschreiten des Wertungsanteils der einzelnen Prüfung wird nicht in Anrechnung gebracht.

(Nur für die Ausrechnung: Zur Ermittlung der gefahrenen Zeit, bei deren Überschreitung für geschlossene Wagen Verlust des Wertungsanteiles eintritt, wird zur Bestzeit des offenen Wagens der Wertungsgruppe 15% hinzugezählt.)

Die Fahrtleitung hat 5 Punkte zur Bestrafung von Verstößen und Zuwiderhandlungen jeder Art zur freien Verfügung.

II. Die Wertung im besonderen. Die Gesamtwertung eines Fahrzeuges wird durch folgende 9 Einzelprüfungen bestimmt:

1. Start- und Fahrfähigkeit,
2. Zuverlässigkeit und Reisegeschwindigkeit,
3. Geschmeidigkeit und Bremsfähigkeit,
4. Bergsteigefähigkeit,
5. Betriebsstoffverbrauch,
6. Höchstgeschwindigkeit,
7. Zustand,
8. Steuer,
9. Persönliche Bequemlichkeit und technischer Komfort.

Außerdem werden außer Bewertung geprüft:

10. Geräusch,
11. Qualm und Geruch,
12. Montage,
13. Katalogpreis.

Alle 13 Prüfungen sind Pflichtprüfungen.

Jeder Einzelwert hat einen bestimmten Anteil an dem Gebrauchswert des Fahrzeuges, der ziffernmäßig durch die Einzelprüfungen festgestellt wird. Der Einfluß eines jeden Einzelwertes auf die gesamte Wertung ist für jede Fahrzeugart (Krad, Pkw, Omb und Lkw) verschieden und geht aus der Wertungstabelle hervor.

Wertungstabelle.

	Wertungsanteile w			
	Krad	Pkw.	Omb.	Lkw.
1. Start und Fahrfähigkeit				
a) Startprüfung.	3	3	3	4
b) Startprüfung mit Leistungsprüfung	3	4	4	4
c) Geländefahrbarkeit	7	7	4	7
	13	14	11	15
2. Zuverlässigkeit und Reisegeschwindigkeit	18	16	21	16
3. Geschmeidigkeit und Bremsfähigkeit				
a) Beschleunigung beim Durchschalten	4	4	4	3
b) Kleinstgeschwindigkeit	7	6	6	3
c) Beschleunigung bei direktem Gang.	8	8	7	5
d) Bremsfähigkeit.	11	11	11	11
	30	29	28	22
4. Bergsteigefähigkeit	5	4	4	4
5. Betriebsstoffverbrauch	19	21	23	30
6. Höchstgeschwindigkeit	3	3	3	2
7. Zustand	6	7	4	5
8. Steuer	4	4	4	4
9. Persönl. Bequemlichkeit und techn. Komfort	2	2	2	2
	100	100	100	100

Im folgenden ist jeder Wertungsanteil und seine Errechnung für die verschiedenen Fahrzeugarten festgelegt:

14. 1) **Start- und Fahrfähigkeit.** Die Prüfung der Start- und Fahrfähigkeit erfolgt durch die drei nachstehenden Wertungen:

1 a) Startprüfung,
1 b) Startprüfung mit Leistungsprüfung,
1 c) Geländefahrbarkeit.

Die anteilige Bewertung dieser drei Prüfungen für die Start- und Fahrfähigkeit sowie der prozentuale Einfluß der Wertungen für Start- und Fahrfähigkeit auf das Gesamtergebnis ergibt sich aus der Wertungstabelle.

14. 1a) Startprüfung. Diese Prüfung findet bei jedem Tagesstart statt, mit Ausnahme derjenigen Tage, an denen sie unvorbereitet auf Anordnung der Fahrtleitung durch diegPrüfung 1b ersetzt wird.

Der ganze Wertungsanteil der Prüfung 1a setzt sich aus den einzelnen Tagesstarts mit gleicher Wirksamkeit zusammen.

10 Minuten vor der Startzeit des einzelnen Bewerbers wird diesem (nicht Mitfahrern) der Zutritt zum Parkplatz, jedoch nicht zum Fahrzeug gestattet. Auf das Zeichen des Starters darf der Fahrer eine Minute vor der Startzeit das Fahrzeug berühren und unter beliebigen Behelfen (Einspritzen usw.) den Motor in Gang setzen. Innerhalb der Minute bis zur Startzeit muß das Fahrzeug seinen Standplatz mit eigener motorischer Kraft verlassen haben. Für Omnibusse und Lastkraftwagen wird die 1 Minute durch eine Zeit von 3 Minuten ersetzt. Überschreiten dieser 1 Minute um 200%, bei Omnibussen und Lastkraftwagen dieser 3 Minuten um 100% führt zum Verlust des ganzen Wertungsanteils. Geringeres Überschreiten wird prozentual bewertet. Bleibt ein Motor nach Verlassen des Standplatzes innerhalb des gekennzeichneten Parkplatzes stehen, so bedeutet dies in jedem Einzelfalle den Verlust von 50% des Wertungsanteils. Fremde Hilfe beim Start führt zum Verlust von 25% des Wertungsanteils.

Das Fahrzeug hat mithin den Parkplatz ohne Stehenbleiben des Motors zu verlassen. Der Zeitverbrauch hierzu wird nicht bewertet. Nach Verlassen des Parkplatzes werden Insassen, Gepäck, Ersatzreifen usw. aufgenommen. Hierfür sind in die Fahrzeit der ersten Teilstrecke täglich 5 Minuten eingesetzt.

14. 1b) Startprüfung mit Leistungsprüfung. Die Prüfung 1b ersetzt auf Anordnung der Fahrtleitung ein oder mehrere Male die Prüfung 1a. Ihre Besonderheit besteht darin, daß die Fahrzeuge unmittelbar nach dem Ingangsetzen auf gerader, ungefährlicher Bergstrecke eine kurze Bergprüfung leisten müssen (Anfahrvermögen). Maßgebend für die Wertung ist die Zeit von der Aufforderung zum Anlassen des Motors bis zum Erreichen eines mehrere 100 Meter entfernt liegenden Zieles. Fremde Hilfe hat Verlust von 25% des ganzen Wertungsanteils zur Folge. Die 1 Minute bzw. 3 Minuten Startzeit der Prüfung 1a finden bei der Prüfung 1b keine Anwendung. Maßgebend für die Bewertung ist die Bestzeit der Wertungsgruppe. Hundertprozentiges Überschreiten der Bestzeit führt zum Verlust des Wertungsanteils. Geringeres Überschreiten wird prozentual bewertet.

Die Ausrechnung erfolgt also nach der Formel:

$$W_{1b} = \frac{w\,(t_v - t_b)}{t_{\min}} = w\left(2 - \frac{t_b}{t_{\min}}\right).$$

Hierbei ist: W_{1b} = zu errechnender Wertungsanteil des Bewerbers,
Erreichbarer Höchstwert = w (s. Wertungs-Tabelle),
Geringste Fahrzeit = $t_{\min}$,
Verlust der Wertung bei: $t_v = 2\,t_{\min}$,
Fahrzeit des Bewerbers: t_b.

14. 1c) Prüfung der Geländefahrbarkeit. Die Strecke ist durch Flaggenpaare festgelegt. Abweichen vom Wege ist soweit zulässig, als jedes Flaggenpaar passiert wird. Die Prüfung 1c findet mehrmals statt.

Der volle Wertungsanteil wird jedem Fahrzeug erteilt, das nicht mehr als 25% Überzeit gegenüber dem Besten seiner Wertungsgruppe benötigt, so daß ein Rennen auf der Geländestrecke vermieden wird. Überschreiten der Bestfahrzeit der Wertungsgruppe um 50% bringt Verlust des ganzen Wertungsanteils.

Stehenbleiben mit Aussteigen auch nur eines Fahrers oder Insassen bringt für jeden Fall Verlust von 25% des vollen Wertungsanteils. Fremde Hilfe führt zum Verlust des vollen Wertungsanteils.

Solche Hilfsmittel (z. B. Gleitschutzketten), die normal und serienmäßig mitgeliefert oder bei der Abnahme angegeben werden, können benutzt werden. Ihre Montage hat innerhalb der Wertungszeit zu erfolgen.

Benutzung nicht serienmäßiger, bzw. nicht gemeldeter Hilfsmittel gilt als fremde Hilfe.

Omnibusse der Wertungsgruppen III und IV sowie Lastkraftwagen der Wertungsgruppen IV—VII können diese Prüfung mit $^2/_3$ der vorgeschriebenen Nutzlast bestreiten.

Die Ausrechnung erfolgt nach der Formel:

$$W_{1c} = w \frac{t_v - t_b}{0{,}25\, t_{\min}} = 4\, w \left(1{,}5 - \frac{t_b}{t_{\min}}\right)$$

bzw. für geschlossene Wagen:

$$w'_{1c} = 1{,}15\, w_{1c}.$$

Für Steckenbleiben wird je $\dfrac{w}{4}$ abgezogen.

Hierbei ist: W_{1c} = zu errechnender Wertungsanteil des Bewerbers,
Erreichbarer Höchstwert = w (s. Wertungs-Tabelle),
Geringste Fahrzeit = $t_{\min}$,
Höchstzulässige Fahrzeit: $t_{\max} = 1{,}25\, t_{\min}$,
Verlust des Wertungsanteils bei: $t_v = 1{,}5\, t_{\min}$,
Fahrzeit des Bewerbers: t_b.

14. 2) **Zuverlässigkeit und Reisegeschwindigkeit.** Die Wertung der Zuverlässigkeit und Reisegeschwindigkeit erfolgt durch Zeitkontrolle. Jedes Fahrzeug erhält für jeden Fahrtag einen Fahrplan, auf dem seine Durchfahrzeiten für etwa 10 km voneinander entfernt liegende Punkte aufgeführt sind. Einige dieser Punkte sind Geheimkontrollen. Für jede dieser Teilstrecken wird je nach den Gelände- und Straßenverhältnissen für die einzelnen Wertungsgruppen eine bestimmte Durchschnittsgeschwindigkeit vorgeschrieben.

Das Fahrzeug muß von Teilstrecke zu Teilstrecke diese vorgeschriebene Zeit einhalten. Durchfährt ein Fahrzeug eine Kontrollstelle bis zu 10 Minuten früher oder bis zu 10 Minuten später als im Fahrplan vorgesehen, so gilt das Fahrzeug als ordnungsgemäß passiert und erhält keine Strafpunkte. Für jede weitere angefangene Minute, die ein Fahrzeug eine Kontrollstelle zu früh oder zu spät passiert, erhält es ein Verlustprozent des Wertungsanteils dieser Prüfung. (Einteilung und Reisegeschwindigkeit siehe Ziffer 7 der Ausschreibung). Ein Fahrzeug, das eine Kontrolle nicht passiert, erhält in jedem Falle 100 Verlustprozente.

14. 2a) **Tanken und Reparaturen.** I. Auf der Strecke: Es kann an jeder Stelle getankt werden. Die Zeit für Tanken ist jeweils in die vorgeschriebene Fahrzeit eingerechnet, wird also nicht gutgeschrieben. Reparaturen und Behebung von Reifenschäden dürfen auf der Strecke nur von den Insassen des Fahrzeuges und nur mit den an Bord befindlichen katalogmäßigen sowie den von der Abnahmekommission zugelassenen, nicht katalogmäßigen Ersatzteilen und Montagemitteln ausgeführt werden.

Sind auf der Strecke Reparaturen nötig, die nur mit nicht zugelassenen Ersatzteilen und Montagemitteln oder Inanspruchnahme fremder Hilfe möglich sind, so ist an der nächsten Kontrollstelle hierüber schriftliche Meldung zu erstatten. In diesem Falle geht das Fahrzeug des vollen Wertungsanteils verlustig, kann aber die nachfolgenden Prüfungen innerhalb der Konkurrenz noch bestreiten. Die vorgenommene Reparatur wird bei den nachfolgenden Prüfungen berücksichtigt.

Findet die obengenannte schriftliche Meldung nicht statt, so scheidet das Fahrzeug aus der gesamten Gebrauchs- und Wirtschaftlichkeitsfahrt aus.

Die Inanspruchnahme fremder Hilfe oder die Verwendung von Ersatzteilen aus mitgeführten Begleitwagen oder aus Depots führt außerdem zum Antrag auf Disqualifikation des Fahrers.

II. Im Park: Der Park ist getrennt in einen Tankplatz und in einen Parkplatz.

a) Tankplatz: Nach Ankunft im Tagesetappenziel haben die Insassen das Fahrzeug vor Eintritt in den Tankplatz zu verlassen. Das Tanken und Durchschmieren des Fahrzeuges muß vom Fahrer innerhalb 30 Minuten vorgenommen werden. Die Zeit hierfür wird neutralisiert. Reparieren führt zu Verlust von 20% des Wertungsanteiles.

Für die obigen Arbeiten auf dem Tankplatz sind 30 Minuten freigegeben; jede weitere angefangene Minute führt zu einem Verlustprozent dieser Prüfung.

b) Parkplatz: Im Parkplatz sind irgendwelche Arbeiten am Fahrzeug verboten, lediglich das Überdecken der Motorhaube und Aufrichten des Verdeckes ist gestattet. Der Fahrzeugführer darf sich im Parkplatz nicht länger als 10 Minuten aufhalten. Jede weitere Minute führt zu einem Verlustprozent.

Reparieren und Aufenthalt an fremden Fahrzeugen führt zu Verlust des gesamten Wertungsanteiles. Fremde Hilfe führt zum Ausschluß beider Teile.

Beschädigte Reifen dürfen im Tagesetappenziel außerhalb des Tank- und Parkplatzes mit fremder Hilfe instand gesetzt bzw. durch neue ersetzt werden.

14. 2b) **Führung des Fahrzeuges.** I. Krafträder, Krafträder mit Beiwagen, Dreiradwagen und Personenkraftwagen.

Der im Nennungsformular angegebene Führer ist verpflichtet, während der ganzen Fahrt das betreffende Fahrzeug zu steuern. Fahrerwechsel ohne ausdrückliche Genehmigung der Fahrtleitung zieht Ausschluß nach sich.

II. Omnibusse und Lastkraftwagen. Bei den Omnibussen und Lastkraftwagen ist Fahrerwechsel unter den für das Fahrzeug gemeldeten Fahrern gestattet.

14. 2c) **Fahrdisziplin.** In geschlossenen Ortschaften dürfen nur haltende Konkurrenzfahrzeuge überholt werden. Auf freier übersichtlicher Strecke darf ein Vorfahren nicht verweigert werden. Doch ist das Vorfahren erst dann gestattet, wenn von dem zu überholenden Fahrzeug das Zeichen zum Vorfahren gegeben wird. Zuwiderhandlungen können mit bis zu 5 Verlustpunkten belegt werden.

Hilfe an anderen beschädigten Konkurrenzfahrzeugen ist nur dann gestattet, wenn Gefahr für Menschenleben besteht. Dadurch entstandene Aufenthalte muß sich der Fahrer vom Beschädigten oder sonstigen Zeugen (nicht eigene Wageninsassen) bestätigen lassen. Die hierfür aufgewendete Zeit wird gutgeschrieben.

Die orts- und landespolizeilichen Vorschriften müssen während der ganzen Fahrt genau eingehalten werden. Der Veranstalter wird auf der ganzen Strecke in gewissen Ortschaften Stoppstellen einrichten. Überschreiten der vorgeschriebenen Geschwindigkeit in geschlossenen Ortsteilen wird bestraft. Bei groben Verstößen gegen die polizeilichen Vorschriften kann sofort Ausschluß von der Fahrt erfolgen.

14. 3) **Geschmeidigkeit und Bremsfähigkeit.** Die Prüfung findet zweimal statt; einmal zu Beginn, das zweitemal bei Beendigung der Prüfung auf Zuverlässigkeit und Reisegeschwindigkeit. Beide Prüfungen sind gleichwertig, d. h. die für Geschmeidigkeit und Bremsfähigkeit festgesetzten Punkte gelten für jede Prüfung zur Hälfte.

Die Geschmeidigkeit und Bremsfähigkeit eines Fahrzeuges wird durch vier unmittelbar aufeinanderfolgende Prüfungsarten ermittelt. Die Prüfung geht über eine horizontale Gesamtstrecke von rund 2000 m, die in fünf verschieden lange

Abschnitte eingeteilt ist. Die Abschnitte sind durch quer über die Fahrbahn gespannte Bänder mit Aufschriften gekennzeichnet. Die Aufschriften geben in knapper Form das wieder, was in dem betreffenden Abschnitt verlangt wird, wie „Auslauf", „Langsamfahrt", „Beschleunigen" und „Bremsen". Jedem Fahrzeug, mit Ausnahme der Krafträder, wird ein von der Fahrtleitung gestellter Beifahrer mitgegeben, wofür ein Sandsack im Gewicht von 60 kg bei Anbau des Meßapparates, der bei dieser Prüfung Anwendung findet, abgeladen werden kann.

Der Meßapparat, der vor Beginn der Geschmeidigkeits- und Bremsprüfung an jedem Fahrzeug angebracht wird, besteht aus einem Zeit-Wegmesser, bei dem die Zeit durch eine Uhr, der Weg mittels eines durch Federn an den Boden gepreßten Rades festgestellt wird. Die Geschwindigkeit zeichnet der Apparat selbsttätig durch Weg-Zeitdifferenzierung auf. Der Apparat wird bei Personenkraftwagen, Omnibussen und Lastkraftwagen durch Klemmschrauben an dem Trittbrett ungefähr in der Mitte des Fahrzeuges befestigt. Die Höhe der Trittbretter über dem Boden muß bis zur Mitte der Trittbrettstärke zirka 350 mm betragen; Toleranz $\pm$ 70 mm. Die Trittbrettstärke darf 30 mm nicht übersteigen. Entsprechen Bodenabstand, Lage und Stärke der vorhandenen Trittbretter nicht den obigen Maßen, so ist ein entsprechendes, starr mit dem Fahrzeug verbundenes Brett von 20 mm Stärke, 600 mm Länge und 350 mm Bodenabstand für die Anbringung des Apparates vorzusehen.

Nähere Angaben über die Ausführung von Befestigungsvorrichtungen an Krafträdern, die von den Bewerbern anzubringen sind, werden die Ausführungsbestimmungen enthalten.

Der Apparat erfordert keine Bedienung. Eingeschaltet wird er bei allen Fahrzeugen 100 m vor Beendigung der Langsamfahrtstrecke. Die Stelle ist durch eine Tafel mit der Aufschrift „Apparat einschalten" gekennzeichnet. Das Einschalten geschieht bei allen Fahrzeugen, außer bei Krafträdern, durch einen Mitfahrer, bei Krafträdern durch den Fahrer selbst.

Die Prüfung beginnt mit der

14. 3a) Prüfung des Beschleunigungsvermögens bei stehendem Start unter beliebiger Benutzung der Gänge über eine Strecke von 200 m. Maßgebend für die Wertung in jeder Gruppe ist die kürzeste Zeit, die für das Durchfahren der 200-m-Strecke benötigt wird. Überschreiten der Zeit des Besten in jeder Wertungsgruppe um 25% hat Verlust des Wertungsanteils zur Folge. Geringeres Überschreiten wird prozentual gewertet. Der Wertungsanteil errechnet sich wie folgt: Wenn

die kürzeste Zeit $= t_{\min}$,

Verlust des Wertungsanteils bei $t_v = 1{,}25\, t_{\min}$,

Zeit des Bewerbers $= t_b$,

Wertungsanteil für die Prüfung $= w$ (s. Wertungs-Tabelle) ist, so ist der auf den Bewerber fallende Wertungsanteil

$$W_{3a} = w\, \frac{t_v - t_b}{0{,}25\, t_{\min}} = w\left(5 - \frac{4\, t_b}{t_{\min}}\right).$$

Für geschlossene Fahrzeuge gilt:

$$w'_{3a} = 1{,}15\, w_{3a}.$$

Nach Durchfahren des Zieles ist eine Strecke von 100 m frei zum Einregulieren des Wagens auf kleinstmögliche Geschwindigkeit bei direktem Gang. Halten des Fahrzeuges ist nicht gestattet. Einregulieren des Motors auf Kleinstgeschwindigkeit vom Führersitz aus mit beliebigen Behelfen ist erlaubt (s. Ausführungsbestimmungen). Nach dieser Auslauf- und Einregulierstrecke folgt

14. 3b) die Prüfung der Kleinstgeschwindigkeit über eine Strecke von etwa 1 km bei direktem Gang. Während dieser Prüfung führt Stehenbleiben des

Fahrzeuges oder Motors, Berühren der Kupplung, Bremse, Gangschaltung, des Anlassers, sowie bei Krafträdern Berühren des Bodens mit den Füßen für jede einzelne Handlung zum Verlust von 10% des Wertungsanteils der Prüfung. Für jedesmaliges Stehenbleiben des Fahrzeuges wird außerdem von der gefahrenen Zeit 1 Minute abgezogen. Längeres Stehenbleiben als je 30 Sekunden führt zum Verlust des ganzen Wertungsanteils.

Den vollen Wertungsanteil in jeder Wertungsgruppe erhält das Fahrzeug mit der längsten Fahrzeit, d. h. mit der geringsten Geschwindigkeit. Bei einer Fahrzeit von 50% der Längstzeit, d. h. Überschreiten der Kleinstgeschwindigkeit um 100%, tritt Verlust des ganzen Wertungsanteils ein. Geringeres Überschreiten wird prozentual gewertet. Der Wertungsanteil errechnet sich wie folgt: Wenn

die längste Fahrzeit (d. h. kleinste Geschwindigkeit) $= t_{max}$,

Verlust des Wertungsanteils bei $t_v = 0{,}5\,t_{max}$,

Zeit des Bewerbers: t_b.

Wertungsanteil für die Prüfung w (s. Wertungs-Tabelle) ist, so ist der auf den Bewerber fallende Wertungsanteil

$$W_{3b} = w\left(\frac{2\,t_b}{t_{max}} - 1\right).$$

Aus der Prüfungsstrecke zur Messung der Kleinstgeschwindigkeit bei direktem Gang heraus wird das Fahrzeug beschleunigt zur

14. 3c) Prüfung der Beschleunigung bei direktem Gang. Während dieser Prüfung darf weder die Kupplung und Gangschaltung noch der Anlasser berührt werden. Bei Krafträdern ist Berühren des Bodens mit den Füßen verboten. Die Beschleunigungsstrecke ist ungefähr 700 m lang. Innerhalb dieser Strecke ist jedes Fahrzeug lediglich durch Bedienung des Vergasers und der Zündmomentverstellung (bei Kompressormotoren auch des Kompressors) auf die unten angegebene Geschwindigkeit so schnell wie möglich zu beschleunigen. (Es wird mit Rücksicht auf die häufig fehlerhaften Angaben der Tachometer empfohlen, die vorgeschriebene Geschwindigkeit um 10 bis 15% zu überschreiten.)

Die in Tabelle 1 vorgeschriebenen Geschwindigkeitsgrenzen müssen innegehalten werden, d. h. die Anfangsgeschwindigkeit beim Einfahren in die Prüfungsstrecke muß niedriger sein als die in Tabelle 1, Spalte 1 vorgeschriebene und die Geschwindigkeit am Ende dieser 700-m-Strecke muß größer sein als die in Tabelle 1, Spalte 2 vorgeschriebene Endgeschwindigkeit.

Tabelle 1.

Fahrzeugart	Wertungs-gruppe	Vorgeschriebene Geschwindigkeit in km/Std. beim	
		Hineinfahren in die Beschleunigungsstrecke 1	Ausfahren aus d. Beschleunigungsstrecke 2
Krafträder . . .	I	20	60
	II und III	15	60
Personen- kraftwagen . .	I	15	60
	II	10	60
	III	10	60
Omnibusse . . .	I—IV	10	45
Lastkraftwagen .	I	10	30
	II—III	10	40
	IV—VII	10	30

Überschreiten der vorgeschriebenen Anfangsgeschwindigkeit sowie Unterschreiten der Endgeschwindigkeit hat je km/Std. Geschwindigkeitsabstand von den in der Tabelle vorgeschriebenen Geschwindigkeiten 5% Verlust des betr. Wertungsanteiles zur Folge.

Maßgebend für das Beschleunigungsvermögen eines Fahrzeuges bei direktem Gang ist die Wegstrecke, die benötigt wird, um von der vorgeschriebenen Anfangsgeschwindigkeit zur vorgeschriebenen Endgeschwindigkeit zu kommen. Die Strecke wird selbsttätig von dem Meßapparat aufgezeichnet.

Bestes Fahrzeug jeder Wertungsgruppe ist dasjenige, welches die kürzeste Wegstrecke zur Erlangung der vorgeschriebenen Geschwindigkeit benötigt. Überschreiten der kürzesten Wegstrecke um 100% führt zum Verlust des Wertungsanteils. Geringeres Überschreiten wird prozentual bewertet. Der Wertungsanteil errechnet sich wie folgt, wenn

die geringste Wegstrecke $= s_{\min}$,
Verlust des Wertungsanteils bei $s_v = 2\,s_{\min}$,
Wegstrecke des Bewerbers: s_b,
Wertungsanteil für die Prüfung: w (s. Wertungs-Tabelle)

ist, so ist der Wertungsanteil des Bewerbers:

$$W_{3c} = w\,\frac{s_v - s_b}{s_{\min}} = w\left(2 - \frac{s_b}{s_{\min}}\right).$$

Für geschlossene Fahrzeuge gilt

$$w'_{3c} = 1{,}15\,w_{3c}.$$

Berühren der Kupplung oder des Anlassers wird für jede einzelne Handlung mit Verlust von 25% des Wertungsanteils belegt. Schalten führt zu vollem Werttungsverlust. Unmittelbar im Anschluß an diese Prüfung folgt

14. 3d) die Prüfung der Bremsfähigkeit aus der für jedes Fahrzeug vorgeschriebenen Endgeschwindigkeit. Aus bereits oben angeführten Gründen wird Überschreiten der vorgeschriebenen Endgeschwindigkeit um 10—15% empfohlen. Der Beginn der Bremsstrecke ist gleichzeitig Ende der Beschleunigungsstrecke. Gekennzeichnet ist die Stelle durch ein quer über die Fahrbahn gespanntes Band mit der Aufschrift „Bremsen". Da der Bremsweg nicht von diesem Punkt aus gemessen, sondern durch den Apparat festgestellt wird, ist es gleichgültig, ob kurz vor oder nach dem Band mit dem Bremsen begonnen wird. Gewertet als Bremsstrecke wird nur die Strecke von der in der Tabelle 1, Spalte 2 vorgeschriebenen Endgeschwindigkeit bis zum Stillstand des Fahrzeuges. Erst nach ausdrücklicher Erlaubnis durch den zuständigen Funktionär darf der Fahrer die Stellung seines Fahrzeuges, in der es zum Stillstand gekommen ist, ändern. Der Meßapparat wird ausgebaut und evtl. abgegebener Sandsackballast wieder aufgenommen.

Den vollen Wertungsanteil einer jeden Wertungsgruppe erhält das Fahrzeug mit dem kürzesten Bremsweg. Überschreiten desselben um 100% hat Verlust des ganzen Wertungsanteils zur Folge. Geringeres Überschreiten wird prozentual bewertet. Unterschreiten der verlangten Geschwindigkeit, aus der gebremst werden soll, führt für jeden Stunden-Kilometer Geschwindigkeitsunterschreitung zu 5% Wertungsverlust. Der Wertungsanteil errechnet sich wie folgt, wenn

die kürzeste Bremsstrecke $= s_{\min}$,
Verlust des Wertungsanteils eintritt bei $s_v = 2\,s_{\min}$,
Bremsstrecke des Bewerbers $= s_b$,
Wertungsanteil für die Prüfung $= w$ (s. Wertungs-Tabelle)

ist, so ist der auf den Bewerber fallende Wertungsanteil

$$W_{3d} = w\,\frac{s_v - s_b}{s_{\min}} = w\left(2 - \frac{s_b}{s_{\min}}\right).$$

Das Fahrzeug darf im abgebremsten Zustand bis 20 Grad für Wagen, 45 Grad für Krafträder aus der Fahrtrichtung stehen. Für jeden weiteren Winkelgrad Abweichung wird 1% Verlust des vollen Wertungsanteils angerechnet.

14. 4) Bergsteigefähigkeit. Diese wird durch das Befahren einer Bergstrecke geprüft. Den höchsten Wertungsanteil erhält das Fahrzeug jeder Wertungsgruppe mit der besten Fahrzeit. Überschreiten der Bestzeit um 50% bedingt Wertungsverlust für diese Prüfung. Geringeres Überschreiten wird prozentual gewertet. Der Wertungsanteil errechnet sich wie folgt, wenn

die kürzeste Fahrzeit $= t_{min}$,
Verlust des Wertungsanteils bei $t_v = 1{,}5\, t_{min}$,
Zeit des Bewerbers $= t_b$,
Wertungsanteil für die Prüfung w (s. Wertungs-Tabelle)

ist, so ist der auf den Bewerber fallende Wertungsanteil

$$W_4 = w\,\frac{t_v - t_b}{0.5\,t_{min}} = w\left(3 - \frac{2\,t_b}{t_{min}}\right),$$

Für geschlossene Wagen gilt

$$w_4' = 1{,}15\, w_4.$$

14. 5) Betriebsstoffverbrauch. Die Kraftstoffverbrauchsprüfung wird als ca. 16-Stunden-Fahrt (evtl. mit Fahrerwechsel) auf dem Nürburg-Ring durchgeführt.

Näheres über die Wahl des Kraftstoffes, die Anordnung der Kraftstoffleitung, Plombierung usw. siehe unter Betriebsstoffe und Bauvorschriften. Die Kraftstoffe werden untersucht und die Preisberechnung für sie nach dem Untersuchungsergebnis angesetzt. Bei der Nennung ist auf dem Abnahmebogen durch Unterschrift ehrenwörtlich zu versichern, daß Bewerber und Fahrer keinerlei Täuschungsversuche unternehmen. Die Fahrtleitung kann von jedem Preisträger verlangen, daß der Kraftstoffbehälter seines Fahrzeugs zur Nachprüfung aufgeschnitten wird.

Die Prüfung setzt sich zusammen aus einer Runde (28,23 km) Höchstgeschwindigkeit und einer unmittelbar anschließenden Fahrt mit einer je nach Wertungsgruppe festgesetzten Reisegeschwindigkeit und Rundenzahl. Die Prüfungsstrecken und Geschwindigkeiten sind aus der nachstehenden Tabelle 2 zu ersehen.

Tabelle 2.

Fahrzeugart	Wertungsgruppe	Durchschnittsgeschwind. für 16-Stundenfahrt km/Std.	Länge der Gesamtstrecke ca. km
Krad.	I 1-Sitzer	40	700
	II 1-Sitzer	45	700
	III 2-Sitzer	45	700
Pkw.	I 2-Sitzer	40	700
	II 4-Sitzer	45	700
	III 6-Sitzer	50	700
Omb.	I 15 Personen	30	420
	II 22 Personen	30	420
	III 28 Personen	30	420
	VI üb. 28 Personen	30	420
Lkw.	I 0,5 t	20	340
	II 1,50 t	30	450
	III 2,5 t	25	400
	IV 3,5 t	20	340
	V 5,00 t	15	280
	VI über 5 t	10	170
	VII Sonderfahrz.	10	170

Die Zeit für Tanken und etwa notwendig werdende Reparaturen während der Prüfung mit Höchstgeschwindigkeit und Reisegeschwindigkeit wird nicht gutgeschrieben. Maßgebend für die Wertung sind die Kosten in Mark und Pfennig für den verbrauchten Kraftstoff, die beförderte Anzahl Personen bzw. die beförderte Nutzlast und die zurückgelegte Strecke, also die Kosten pro Personen- bzw. Tonnenkilometer. Als Grundlage für die Kraftstoffpreise gelten die Reichsmittelpreise des Statistischen Reichsamtes. Den vollen Wertungsanteil erhält in jeder Wertungsgruppe das Fahrzeug mit den geringsten Kraftstoffkosten. Überschreiten der Geringstkosten der Wertungsgruppe um 100% bei Krafträdern und Personenkraftwagen, um 250% bei Omnibussen, um 400% bei Lastkraftwagen führt zu Wertungsverlust, geringeres Überschreiten wird prozentual bewertet.

Der Ölverbrauch wird nicht gemessen. An seine Stelle tritt die Bewertung der Ölverdünnung. Die Ölverdünnung (bzw. Ölverdickung) wird durch Entnahme von Ölproben vor und nach der Prüfung festgestellt. Über Anordnung und Ausführung der Öleinfüllstutzen und Plombiermöglichkeit siehe Bauvorschriften. 5% Änderung der Ölverdünnung (Wasserdampfflüchtiges) bleiben unberücksichtigt; 20% Änderung der Ölverdünnung führen zu vollem Wertungsverlust, Zwischenwerte werden prozentual bewertet.

Über- oder Unterschreiten der Reisegeschwindigkeit über die ganze Strecke (nicht pro Runde) um 5% bleibt unberücksichtigt. Über- oder Unterschreiten um 25% führt zu vollem Wertungsverlust, geringeres Über- oder Unterschreiten wird prozentual bewertet.

Der Wertungsanteil errechnet sich wie folgt:

wenn
$$\frac{\text{Literpreis} \cdot \text{Literverbrauch}}{\text{Perskm}} = K,$$

beziehungsweise

$$\frac{\text{Literpreis} \cdot \text{Literverbrauch}}{\text{tkm}} = K,$$

die Geringstkosten der Wertungsgruppe $= K_{min}$,

Verlust des Wertungsanteils bei $K_v = 2\,K_{min}$ bei Krafträdern und Personenkraftwagen,

$K_v = 3,5\,K_{min}$ bei Omnibussen,

$K_v = 5\;\;K_{min}$ bei Lastkraftwagen,

die Betriebsstoffkosten des Bewerbers $= K_b$,

Wertungsanteil für die Prüfung $= w$ (s. Wertungs-Tabelle)

ist, so ist der Wertungsanteil für Krafträder und Personenkraftwagen:

$$W_5 = w\,\frac{K_v - K_b}{K_{min}} = w\left(2 - \frac{K_b}{K_{min}}\right),$$

für Omnibusse:

$$W_5 = w\,\frac{K_v - K_b}{2,5\,K_{min}} = \frac{w}{2,5}\left(3,5 - \frac{K_b}{K_{min}}\right),$$

für Lastkraftwagen:

$$W_5 = w\,\frac{K_v - K_b}{4\,K_{min}} = \frac{w}{4}\left(5 - \frac{K_b}{K_{min}}\right).$$

Für geschlossene Wagen gilt:

$$w_5' = 1,15\,w_5.$$

Von den so bestimmten Wertungsanteilen werden die für Änderung der Ölverdünnung und Abweichen von der Reisegeschwindigkeit ermittelten Prozentsätze des vollen Wertungsanteils abgezogen.

14. 6) Höchstgeschwindigkeit. Sie wird auf dem Nürburg-Ring im Rahmen der Verbrauchsprüfung in der ersten Runde durchgeführt. Den vollen Wertungsanteil erhält das Fahrzeug jeder Wertungsgruppe mit der höchsten Geschwindigkeit. Unterschreiten der Höchstgeschwindigkeit der Wertungsgruppe um 50% bedingt Wertungsverlust für diese Prüfung. Geringeres Unterschreiten wird prozentual gewertet. Der Wertungsanteil errechnet sich wie folgt, wenn

die Höchstgeschwindigkeit $= V_{max}$,
Verlust des Wertungsanteils bei $V_v = 0{,}5\, V_{max}$,
Geschwindigkeit des Bewerbers $= V_b$,
Wertungsanteil für die Prüfung $= w$ (s. Wertungs-Tabelle)

ist, so ist der Wertungsanteil

$$W_6 = w\, \frac{V_b - V_v}{V_v} = w\left(\frac{V_b}{0{,}5\, V_{max}} - 1\right).$$

Für geschlossene Wagen gilt:

$$w_6' = 1{,}15\, w_6.$$

14. 7) Zustand. Am Schlusse der Veranstaltung findet die Zustandsprüfung statt. Hierbei werden von einer Kommission die Schäden, welche das Fahrzeug aufweist, ermittelt. Die Wertung erfolgt folgendermaßen: Es sind 5 Klassen von Schäden vorgesehen; maßgebend für die Einteilung derselben ist die Beeinträchtigung der Betriebsbrauchbarkeit des Fahrzeuges und die Reparaturdauer. Es werden unterschieden:

1. Sehr schwere Fehler; sie führen bis zu 100% Wertungsverlust.

2. Schwere Fehler; sie führen bis zu 80% Wertungsverlust in jedem Einzelfall.

3. Mittlere Fehler; sie führen bis zu 60% Wertungsverlust in jedem Einzelfall.

4. Leichte Fehler; sie führen bis zu 40% Wertungsverlust in jedem Einzelfall.

5. Sehr leichte Fehler; sie führen bis zu 20% Wertungsverlust in jedem Einzelfall.

Der höchste Wertungsverlust ist 100%; Fahrzeuge, bei welchen keine Fehler festgestellt werden, erhalten den vollen Wertungsanteil. Die Wertung erfolgt nach einer Tabelle, die den Ausführungsbestimmungen beigefügt ist.

14. 8) Bewertung der Steuer. Bewertet wird die Kraftfahrzeugsteuer vom 1. April 1928. Der Wertungsanteil bemißt sich nach der niedrigsten Steuer in Mark eines Fahrzeuges der betreffenden Wertungsgruppe, vorausgesetzt, daß es die ganze Fahrt durchgehalten hat. Dieses erhält den vollen Wertungsanteil. Überschreiten der Geringststeuer um 100% führt zum Verlust des ganzen Wertungsanteils, geringeres Überschreiten wird prozentual gewertet.

Die Ausrechnung erfolgt also nach der Formel:

$$W_{8b} = w\, \frac{S_v - S_b}{S_{min}} = w\left(2 - \frac{S_b}{S_{min}}\right).$$

Hierbei ist: W_{8b} = zu errechnender Wertungsanteil des Bewerbers,
$\quad\quad\quad w$ = erreichbarer Höchstwert (s. Wertungs-Tabelle),
$\quad\quad\quad S_{min}$ = geringste Steuer,
$\quad\quad\quad S_v$ = $2\,S_{min}$ = Steuer, bei der Verlust des Wertungsanteils eintritt,
$\quad\quad\quad S_b$ = Steuer des Bewerberfahrzeugs.

14. 9) Persönliche Bequemlichkeit und technischer Komfort. Der technische Komfort und die persönliche Bequemlichkeit der Fahrzeuge werden durch Punktwertung ermittelt. In jeder Wertungsgruppe erhält das durch die Punktwertung als Bestes ermittelte Fahrzeug den vollen Wertungsanteil. Die Wertungsanteile der anderen Fahrzeuge der gleichen Wertungsgruppe ergeben sich proportional den erzielten Punktzahlen.

Die Ausrechnung erfolgt nach der Formel:

$$W_9 = w\,\frac{B_b}{B_{\max}}.$$

Hierbei ist: $W_9\ \ =$ der zu errechnende Wertungsanteil des Bewerberfahrzeugs,
$w\ \ =$ der erreichbare Höchstwert (s. Wertungs-Tabelle),
$B_b\ \ =$ Bequemlichkeit (in Punkten) des Bewerberfahrzeugs,
$B_{\max}\ =$ Bequemlichkeit (in Punkten) des besten Fahrzeuges der Wertungsgruppe.

Die Wertung erfolgt nach der Tabelle, die den Ausführungsbestimmungen beigefügt ist.

Außer Bewertung werden geprüft:

14. 10) Geräusch. Es werden geprüft: a) das Geräusch, welches die Mitwelt belästigt, b) das Geräusch, welches die Insassen stört.

In beiden Fällen wird das Geräusch auf einer Steigung anläßlich einer Bergprüfung geprüft, und zwar im ersten Fall nach mehreren verschiedenen Methoden, im zweiten Fall durch Kommissionen, welche im Fahrzeug Platz nehmen bzw. (bei Krafträdern) in einem andern Fahrzeug nebenher fahren.

Bei der Neuartigkeit und Ungenauigkeit der Geräuschwertung werden nur drei Stufen (besonders gut, normal, lästig) unterschieden, welche 100%, 50% und 0% des vollen Wertungsanteils ergeben. Punktzahl für Krad 4, für Pkw. 2, für Omn. 2, für Lkw. 2.

14. 11) Qualm und Geruch. Zu Beginn der Prüfung 3c (Beschleunigung bei direktem Gang) wird durch eine Anzahl voneinander unabhängig arbeitender Funktionäre die sichtbare Qualmbildung und die Geruchentwicklung der Fahrzeuge begutachtet. Beide Eigenschaften werden nur in drei Graden (unmerklich, normal, stark) beurteilt, die zu gleichen Teilen bewertet werden. Die Berechnung der Punktzahl aus den Graden ist 100%, 50% und 0%. Sie ist für Krad und Pkw. 2, für Omn. 8, für Lkw. 6.

14. 12) Montage. Der Montagewettbewerb besteht darin, daß der Fahrer folgende Arbeiten an seinem Fahrzeug auszuführen hat:

1. Auswechselung eines fertig bereiften Triebrades,
2. Austausch einer Zündkerze bzw. Düse (letzteres bei Dieselmotoren),
3. Hauptkraftstoffseiher ausbauen und wieder einbauen,
4. 1 Liter Kühlwasser ablassen,
5. Je ½ Liter Kraftstoff und Öl aus eigenen Beständen auffüllen,
6. Bereitlegen des Werkzeugs,
7. Bodenbretter vor Führersitz herausnehmen,
8. Ausbauen der Batterie,
9. Ausbauen einer Vergaser-Düse bzw. eines vollständigen Ventilsatzes der Kraftstoffpumpe (letzteres bei Dieselmotoren).

Für die Wertung ist die Zeit, in der alle 9 Arbeiten durchgeführt sind, maßgebend. Die volle Punktzahl erhält der Bewerber mit der Geringstzeit der Wertungsgruppe. Überschreiten der Geringstzeit um 100% führt zu Punktverlust. Der Wertungsanteil errechnet sich wie folgt:
Wenn

die Geringstzeit $= t_{\min}$,
Zeit des Bewerbers $= t_b$,
Verlust des Wertungsanteiles bei $t_v = 2\,t_{\min}$,
Wertungsanteil für die Prüfung $= w$

ist, so ist der Punktanteil

$$W_{12} = w\,\frac{t_v - t_b}{t_{\min}} = w\left(2 - \frac{t_b}{t_{\min}}\right).$$

Punktanteil für Krad 3, für Pkw. 3, für Omn. 3, für Lkw. 3.

14. 13) Bewertung des Katalogpreises. Bei der Nennung ist der Preis des katalogmäßigen Fahrzeuges einschließlich etwa vorhandener gemeldeter Besonderheiten durch den Verbrauchern allgemein bekannte Drucksachen nachzuweisen. Als Termin gilt:

1. für Typen, die nicht mehr gebaut werden, der Katalogpreis vom 15. Dezember 1927;

2. für alle anderen Typen der Katalogpreis vom 1. April 1928.

Der Punktanteil des Katalogpreises bemißt sich nach dem niedrigsten Preise eines Fahrzeuges der betreffenden Wertungsgruppe, vorausgesetzt, daß es die ganze Prüfung durchgehalten hat. Dieses erhält den vollen Punktanteil. Überschreiten des Geringstpreises um 100% führt zum Verlust des ganzen Punktanteils, geringeres Überschreiten wird prozentual gewertet.

Die Ausrechnung erfolgt nach der Formel:

$$W_{8a} = w\,\frac{P_v - P_b}{P_{\min}} = w\left(2 - \frac{P_b}{P_{\min}}\right).$$

Hierbei ist: W_{8a} = der zu errechnende Punktanteil des Bewerbers,
w = der erreichbare Höchstwert,
$P_{\min}$ = Geringstpreis der Wertungsgruppe,
P_b = Preis des Bewerberfahrzeuges,
P_v = $2P_{\min}$ = Preis, bei dem Punktverlust eintritt.

Punktanteil für Krad 4, für Pkw. 4, für Omn. 4, für Lkw. 4.

15. Preise. Preisträger kann nur ein Fahrzeug sein, das sämtliche Prüfungen von Anfang bis Ende bestritten hat. Abweichungen von der katalogmäßigen Ausführung werden bei der Preisverteilung genannt. Sonderbauarten können Sonderpreise erhalten. Preisträger ist der Bewerber. Die Preisträger in der Gebrauchs- und Wirtschaftlichkeitsfahrt 1928 werden in jeder Wertungsgruppe mit der großen goldenen ADAC-Medaille, der kleinen goldenen ADAC-Medaille und der silbernen ADAC-Medaille ausgezeichnet. Fahrer, welche die ganze Prüfung bestreiten, erhalten ebenfalls besondere Auszeichnungen. Von den Behörden sind hohe Staatsehrenpreise in Aussicht gestellt.

16. Kontrolle. Die Kontrolle während der Fahrt erfolgt durch geheime Kontrollstellen. Eine Kennzeichnung der Kontrollstellen erfolgt nicht. Jede Kontrollstelle wird 100 Minuten nach der Ankunftszeit geschlossen, zu der nach dem Fahrplan das zuletzt gestartete Fahrzeug eingetroffen sein müßte.

17. Fahrtabellen. Die Fahrtabellen, welche die genauen Teilstrecken und den Fahrplan enthalten, werden den Bewerbern rechtzeitig ausgehändigt.

18. Sportkommissare und Fahrtleiter.

Oberleitung der Gesamt-Veranstaltung: Dipl.-Ing. Richard Filser, Augsburg.

Sportkommissare:

a) für Krafträder, Krafträder mit Beiwagen und Dreiradwagen: Ewald Kroht, Frankfurt a. M., Polizeioberleutnant Buttmann, Berlin, Dr. Wettstaedt, Berlin.

b) für Kraftwagen: Ewald Kroth, Frankfurt a. M., Dr.-Ing. h. c. August Horch, Berlin, Polizeihauptmann Dipl.-Ing. Engert, Berlin, Dir. P. Herrmann, Hamburg.

Fahrtleiter:

a) für Krafträder, Krafträder mit Beiwagen und Dreiradwagen: Richard Dörnke, Hannover;

b) für Personenkraftwagen: Max Kirscht, Ilmenau;

c) für Omnibusse: J. Tresch, Starnberg;

d) für Lastkraftwagen: J. Tresch, Starnberg.

Allen Anordnungen des Fahrtleiters sowie seiner bevollmächtigten Organe ist unbedingt Folge zu leisten. Zuwiderhandlungen werden mit Ausschluß bestraft.

Zu verbindlichen Auskünften über die Auslegung der Ausschreibung und der sonstigen Durchführungsbestimmungen ist nur die Fahrtleitung zuständig. Der Fahrtleiter ist durch eine weiße Armbinde mit goldener Borte und der Aufschrift „Fahrtleiter" gekennzeichnet.

19. Reklame. Bei öffentlicher Ankündigung von Erfolgen einzelner Fahrzeuge ist nur die Wertungsgruppe des Fahrzeuges, der Platz sowie der errungene Wertungsanteil anzugeben. Nicht katalogmäßige Sonderheiten, die in der Preiserteilung genannt sind, müssen in der Reklame stets wiederholt werden. Jede Fortlassung oder Hinzufügung, die in ihrer Art einen Zweifel in der Auffassung des Publikums hervorrufen kann, ist gemäß den Nationalen und Internationalen Sportgesetzen verboten.

Außerdem muß bei öffentlicher Ankündigung der Titel der Veranstaltung in gleicher Druckgröße lauten:

I. ADAC-Gebrauchs- und Wirtschaftlichkeitsfahrt 1928.

20. Freigabe der Fahrzeuge. Die Fahrzeuge werden erst auf besondere Anordnung der Fahrtleitung freigegeben.

21. Höhere Gewalt. Bei Behinderung werden nur Fälle höherer Gewalt vom Veranstalter berücksichtigt. Der Teilnehmer hat vorkommendenfalls alle Unterlagen (z. B. Zeugenaussagen usw.) schriftlich zu beschaffen, die nötig sind, damit sich der Fahrtleiter ein Urteil bilden kann. Die Meldung hat spätestens am Tagesetappenziel zu erfolgen. Behinderung durch Prozessionen, geschlossene Schranken, Tiertransport usw. gilt nicht als höhere Gewalt.

22. Proteste.

a) Krafträder, Krafträder mit Beiwagen, Dreiradwagen. Proteste gegen die Zeitnahme und Sammelproteste sind unzulässig. Jeder Protest muß schriftlich unter gleichzeitiger Zahlung der Protestgebühr von RM. 40,— bei den Sportkommissaren eingereicht werden. Proteste gegen die Gültigkeit einer Nennung, gegen die Qualifikation von Bewerbern oder Fahrern, gegen die für eine Strecke angekündigte Entfernung und gegen die Zusammensetzung der Wertungsgruppen müssen spätestens 2 Stunden nach Schluß der Abnahme eingereicht werden.

Proteste gegen eine durch einen technischen Kommissar oder Abwiegekommissar getroffene Entscheidung müssen unmittelbar nach diesen Entscheidungen eingereicht werden.

Proteste gegen einen Irrtum oder eine im Laufe der Veranstaltung durch einen Fahrer oder Mitfahrer begangene Unregelmäßigkeit müssen mit Ausnahme des Falles einer höheren Gewalt spätestens eine halbe Stunde nach Eintreffen beim jeweiligen Tagesetappenziel bei den Sportkommissaren eingereicht werden.

Sind zur Durchführung eines Protestverfahrens mechanische Arbeiten an dem beanstandeten Fahrzeug nötig, so hat die Kosten und das Risiko dieser Arbeiten der Protesterhebende zu tragen. In solchen Fällen muß der Protesterhebende auf Verlangen einen Kostenvorschuß bis zu RM. 200,— erlegen.

Im übrigen regeln sich Proteste, Berufungen und Strafen nach den §§ 301 bis 366 der Internationalen Motorrad-Sportgesetze der F.I.C.M.

b) Personenkraftwagen. Proteste gegen die Zeitnahme und Sammelproteste sind unzulässig. Jeder Protest muß schriftlich unter gleichzeitiger Zahlung der Protestgebühr in Höhe von RM. 100,— bei den Sportkommissaren eingereicht werden. Proteste gegen die Gültigkeit einer Nennung, gegen die Qualifikation von Bewerbern oder Fahrern, gegen die für eine Strecke angekündigte Entfernung und gegen die Zusammensetzung der Wertungsgruppen müssen spätestens 2 Stunden nach Schluß der Abnahme eingereicht werden.

Proteste gegen eine durch einen technischen Kommissar getroffene Entscheidung müssen unmittelbar nach diesen Entscheidungen eingereicht werden. Proteste gegen einen Irrtum oder eine im Laufe der Veranstaltung durch einen Fahrer oder Mitfahrer begangene Unregelmäßigkeit müssen mit Ausnahme eines Falles einer höheren Gewalt spätestens eine halbe Stunde nach Eintreffen beim jeweiligen Tagesetappenziel bei den Sportkommissaren eingereicht werden.

Sind zur Durchführung eines Protestverfahrens mechanische Arbeiten an dem beanstandeten Fahrzeug nötig, so hat die Kosten und das Risiko dieser Arbeiten der Protestierende zu tragen. In solchen Fällen muß der Protesterhebende auf Verlangen einen Kostenvorschuß bis RM. 200,— erlegen.

Im übrigen regeln sich Proteste, Berufungen und Strafen nach den §§ 183 bis 235 des Internationalen Automobil-Sport-Reglements der A.I.A.C.R. und nach den §§ 104 bis 118 des Nationalen Automobil-Sport-Reglements der O.N.S.

c) Omnibusse und Lastkraftwagen. Proteste sind sinngemäß wie unter b) Personenkraftwagen zu behandeln.

23. Versicherung. Jedes ADAC-Mitglied ist mit Zahlung des Nenngeldes gegen Haftpflicht während der Veranstaltung (Sporthaftpflicht) versichert. Alle Fahrer und Bewerber, die nicht Mitglied des ADAC sind, müssen spätestens bei der Abnahme den Nachweis erbringen, daß sie für die gesamte Prüfungsfahrt gegen Haftpflicht versichert sind. Mindest-Haftpflichtsummen sind RM. 100000,— gegen Personen- und RM. 10000,— gegen Sachschaden. Der Abschluß einer Unfall-Versicherung wird jedem Fahrer dringend empfohlen.

Der Veranstalter lehnt den Bewerbern, Fahrern und Mitfahrern gegenüber jede Haftpflicht für Personen- und Sachschäden, die vor, während und nach der Veranstaltung eintreten können, ausdrücklich ab.

24. Kennzeichnung der Funktionäre. Den Anordnungen des Veranstalters und seiner Beauftragten ist in jedem Falle Folge zu leisten. Die Beauftragten bzw. Funktionäre sind gekennzeichnet wie folgt:

Sportkommissare, Fahrtleiter und Zielrichter: Weiße Armbinden mit goldener Tresse.

Technische Kommission: Weiße Armbinde mit goldener Tresse und Aufdruck.

Starter und Zeitnehmer: Weiße Armbinden.

Ordner: Dunkelblaue Armbinden.

Kontrolleure: Weiße Armbinden mit Aufdruck.

Presse: Rosetten.

Die Fahrer erhalten gelbe Armbinden mit Aufdruck, Mitfahrer grüne Armbinden.

25. Parkierung. Nach erfolgter Abnahme sowie an jedem Tagesetappenziel werden die Fahrzeuge geschlossen und unter Aufsicht parkiert. Jedes Betreten des Parkes außerhalb der gestatteten Zeit, auch an Rasttagen, ist verboten und wird grundsätzlich mit Ausschluß vom Wettbewerb geahndet.

26. Unterkunft der Fahrtteilnehmer. Für Unterkunft der Fahrtteilnehmer wird von den Veranstaltern an Hand der auszufüllenden Quartierliste gesorgt, die aber spätestens bis zum 2. Nennungsschluß, am 14. April 1928, bei der Sportabteilung des ADAC eingelaufen sein muß.

Wird ein Quartierschein nicht rechtzeitig und genau ausgefertigt und werden die damit verbundenen Verpflichtungen nicht erfüllt, so übernimmt der Veranstalter keinerlei Haftung für die Unterbringung. Scheidet ein Fahrzeug auf der Strecke aus, so ist der Fahrtleitung zum nächsten Tagesetappenziel telegraphisch mit Angabe des Ausscheidungsgrundes Mitteilung zu machen.

27. Ausführungsbestimmungen und Programm. Alle weiteren Einzelheiten sind in den Ausführungsbestimmungen und im Programm, die rechtzeitig vor der Veranstaltung erscheinen, enthalten.

28. Verkündung der Ergebnisse und Preisverteilung. Die Verkündung der Ergebnisse und Preisverteilung erfolgt am 11. Mai.

29. Sportdisziplin. Der Veranstalter verlangt von jedem Beteiligten die strengste Sportdisziplin. Verstöße werden unnachsichtlich nach den Bestimmungen des Internationalen Sport-Reglements geahndet. Der Veranstalter bittet die Teilnehmer dringend, sowohl bei der Veranstaltung als bei der An- und Rückfahrt die polizeilichen Vorschriften, insbesondere diejenigen über Fahrgeschwindigkeit innerhalb geschlossener Ortschaften, peinlichst genau zu befolgen.

30. Sanitäre Maßnahmen. Jeder Fahrer ist verpflichtet, einen zweckentsprechenden Verbandskasten mitzuführen.

Bei der Abnahme wird jedes Fahrzeug daraufhin geprüft.

31. Allgemeines. Eine Teilnahme außer Konkurrenz ist ausgeschlossen.

Die aus dem Wettbewerb aus irgendeiner Ursache Ausgeschiedenen haben ihre Armbinden und die ihrer Mitfahrer sofort abzuliefern bzw. abzulegen und die Startnummer vom Fahrzeug zu entfernen.

Der Veranstalter behält sich das Recht vor, die vorstehenden Ausschreibungen zu ergänzen, Ausführungsbestimmungen zu erlassen oder die Veranstaltung infolge höherer Gewalt ganz abzusagen.

Allgemeiner Deutscher Automobil-Club E.V. (ADAC)

Für den Haupt-Sportausschuß:

Ewald Kroth, Frankfurt a. M., Sport-Präsident;
Dipl.-Ing. Richard Filser, Augsburg, Kraftwagenreferent;
Richard Dörnke, Hannover, Kraftradreferent.

Ausführungsbestimmungen zur Ausschreibung zur
I. ADAC-Gebrauchs- und Wirtschaftlichkeitsfahrt

für Krafträder, Krafträder mit Beiwagen, Dreiradwagen, Personenkraftwagen, Omnibusse und Lastkraftwagen vom 30. April bis 10. Mai 1928.

Allgemeines. Verbindliche Auskünfte erteilt nur der zuständige Fahrtleiter.

Anfragen an den Fahrtleiter sowie Beantwortung derselben erfolgen durchwegs schriftlich. Anfrageformulare liegen im Fahrtleitungs-Büro auf.

Die Mitnahme eines polizeilichen Ausweises mit Lichtbild ist nötig, da die Fahrt durch besetztes Gebiet führt.

Zu Ziff. 4 und 12. Strecke und Zeiteinteilung. Offizielle Karten mit eingezeichneten Strecken können von der Sportabteilung des ADAC bezogen werden.

Zu Ziff. 5. Bewerber und Fahrer. Die Reservefahrer (für die 16-Stundenfahrt) müssen im Besitze von Lizenz oder Ausweis (bei Krafträdern) bzw. einer Lizenz (bei Personenkraftwagen) sein. Die Namen sind der Fahrtleitung bei der Abnahme anzugeben.

Zu Ziff. 6. Bedingungen für die Fahrzeuge. Bei allen Nennungen müssen die nicht katalogmäßigen Ersatzteile und Werkzeuge, sowie alle „Neuerungen" auf dem Abnahmebogen unbedingt angegeben werden. Angemeldete „Neuerungen" beeinträchtigen die Wertung nicht und werden bei der Preisverkündung bekannt gegeben. Nicht angemeldete „Neuerungen" führen zum Ausschluß.

Zu Ziff. 11. Abnahme. Die Abnahme findet am 30. April 1928 in Berlin statt. Jedem Bewerber wird rechtzeitig eine bestimmte Zeit und die Abnahmestelle mitgeteilt. zu der der Fahrer zur Abnahme mit seinem Fahrzeug erscheinen muß. Zu spät kommende Fahrzeuge zahlen für jede angefangene Stunde des Zuspätkommens RM. 10,—; eine Verpflichtung zur Abnahme solcher Fahrzeuge besteht nicht.

Die Tanks der Fahrzeuge müssen bei der Abnahme gefüllt sein.

Der Ballast von Personenfahrzeugen ist in Einheiten von 60 kg mitzubringen. Jeder einzelne Teil des Ballastes hat deutlich und unverwischbar die Startnummer des Fahrzeuges zu tragen.

Für Krafträder ist die Mitnahme eines Verbandskastens nicht vorgeschrieben, wird jedoch dringend empfohlen.

Zu Ziff. 14. Wertung. I. Allgemeines. „15% dieser erzielten Wertungsanteile zugezählt werden, also für geschlossene Wagen:

$$w'x = 1{,}15\,wx\text{“}$$

ist zu streichen und zu ersetzen durch: „15% der vollen Wertungsanteile zugezählt werden, also für geschlossene Wagen:

$$W'x = Wx + 0{,}15\,w \gtreqqless w\text{“}.$$

Bei allen Prüfungen kann nur der Verlust des Wertungsanteils eintreten; Minuspunkte werden nicht erteilt. Ebenso kann bei sämtlichen Prüfungen nur der volle Wertungsanteil erreicht werden. Etwaiges Überschreiten von 100% desselben (bei geschlossenen Wagen) wird nicht in Anrechnung gebracht.

Zu Ziff. 14. Wertung. II. Die Wertung im Besonderen. Bei allen Prüfungen, die mehrfach stattfinden, nämlich Prüfung 1a (Startprüfung), 1c (Geländefahrbarkeit). 2 (Zuverlässigkeit und Reisegeschwindigkeit), 3 (Geschmeidigkeit und Bremsfähigkeit) und 4 (Bergsteigefähigkeit) findet die Wertung in folgender Weise statt: Die in der Wertungs-Tabelle angegebenen Wertungsanteile werden durch die Zahl der Prüfungen, die sich aus der Tabelle in Ziffer 4 (Strecke und Zeiteinteilung) jeweils ergibt, dividiert. Die hiermit erzielten Wertungsanteile der einzelnen Prüfungen werden addiert und geben damit die Gesamtwertung für diese Prüfung.

Zu Ziff. 14. 1c. Prüfung der Geländefahrbarkeit. Es wird empfohlen, das Tempo nicht zu forcieren. da nach der Wertung jedes Fahrzeug den vollen Wertungsanteil erhält, das nicht mehr als 25% Überzeit gegenüber dem Besten der Wertungsgruppe braucht. Während Krafträder und Personenkraftwagen auf freiem Gelände fahren müssen, bleiben Omnibusse und Lastkraftwagen auf Verbindungswegen, wenn auch teilweise schlechter Beschaffenheit.

Zu Ziff. 14. 2. Zuverlässigkeit und Reisegeschwindigkeit. Der letzte Satz muß lauten: Ein Fahrzeug, das eine oder zwei Kontrollstellen nicht passiert, erhält 100 Verlustprozente der gesamten Wertung für Zuverlässigkeit und Reisegeschwindigkeit. Ein Fahrzeug, das drei Kontrollstellen nicht passiert, scheidet aus der gesamten Gebrauchs- und Wirtschaftlichkeitsfahrt aus. Es scheidet gleichfalls aus. wenn es ein Tagesetappenziel später als 160 Minuten nach dem Fahrplan erreicht.

Die Verlustprozente für jeden Tag errechnen sich aus der Gesamtzeit, die ein Fahrzeug bei allen Kontrollstellen (einschließlich Tagesetappenziel) zu früh oder zu spät eingetroffen ist.

Bei Verlust des halben Wertungsanteils für Zuverlässigkeit und Reisegeschwindigkeit scheidet der Bewerber aus der gesamten Gebrauchs- und Wirtschaftlichkeitsfahrt aus.

Beispiel: 1. Tag:

Kontrolle.	1	2	3	Etappe
	+ 20 Min.	+ 10 Min.	— 5 Min.	— 60 Min.
10 Min. Gutschrift pro Kontrolle ergibt Verlustprozente	10	0	0	50

Gesamtverlustprozente:
1. Tag 60
2. „ 40
3. „ 80
4. „ 0
5. „ 100
____
280

Durchschnitt: $\dfrac{280}{5} = 56$ Verlustprozente.

Bewerber scheidet aus, da 50 Verlustprozente überschritten.

Zu Ziff. 14. 5. Betriebsstoffverbrauch. Jeder Fahrer erhält am Tag vor der Betriebsstoffverbrauchsprüfung eine Skizze über die Art und Weise, in welcher das Tanken, Zwischentanken und das endgültige Auffüllen am Schlusse der Prüfung vor sich geht. Nach der Höchstgeschwindigkeitsrunde wird nicht gehalten, sondern sofort die Fahrt mit Reisegeschwindigkeit fortgesetzt. Tabelle über die Rundenzahlen der einzelnen Wertungsgruppen liegt bei. Die Strecken der Krafträder, Wertungsgr. I, Personenkraftwagen Wertungsgr. I und Lastkraftwagen Wertungsgr. V wurden in Änderung der Ausschreibung um eine Runde gekürzt.

Zu Ziff. 14. 7. Zustand. Die Tabellen, nach welchen der Zustand gewertet wird, liegen bei. Die Fahrzeuge werden von der Prüfungskommission über eine kurze Prüfungsstrecke geführt und untersucht.

Zu Ziff. 14. 9. Persönliche Bequemlichkeit und technischer Komfort. Die Tabelle, nach welcher die Wertung erfolgt, liegt bei.

Zu Ziff. 16. Kontrolle. In der letzten Zeile muß es heißen: „110 Minuten“ statt „100 Minuten“.

Zu Ziff. 24. Armbinden. Die Armbinden müssen von Fahrern und Mitfahrern während der ganzen Fahrt getragen werden. Etwaiger Verlust ist sofort der Fahrtleitung zu melden und Ersatz zu beantragen.

Zu Ziff. 16. Unterkunft der Fahrtteilnehmer. Die Quartierkarten werden den Teilnehmern täglich vor Betreten des Tankplatzes ausgehändigt. Die Bezahlung der Quartiere erfolgt durch den Fahrer direkt an die Quartiergeber.

Tabelle über die Bewertung der Zustandsprüfung (W 7).

Krafträder.

I. Sehr schwere Schäden (bis zu 100 % Wertungsverlust). Alle Schäden, welche die Betriebsunfähigkeit des Fahrzeuges zur Folge haben oder die Betriebssicherheit bzw. Verkehrssicherheit des Fahrzeuges gefährden.

a) Motor: z. B. Bruch eines Zylinders, wodurch Auswechselung bedingt; Bruch einer Pleuelstange; Bruch des Schwungrades; Bruch der Kurbelwelle.

b) **Kraftübertragung und Lenkung:** z. B. Kugellagerbruch im Getriebe; Versagen beider Bremsen;

c) **Rahmen:** z. B. Bruch des Rahmens; Bruch oder Riß in der Gabel.

II. Schwere Schäden (bis zu 80% Wertungsverlust). Alle Schäden, welche die Betriebsfähigkeit des Fahrzeuges stark beeinträchtigen oder nur durch größere Instandsetzungsarbeiten behoben werden können.

a) **Motor:** z. B. schwer schadhafte Lager; schadhafter Zylinder; Bruch eines Kolbens; Bruch eines Kolbenbolzens.

b) **Kraftübertragung und Lenkung:** z. B. Bruch der Lenkstange; Riß im Gehäuse; Getriebeschäden; starkes Rutschen der Kuppelung; Bruch der Radachse; mangelhaftes Funktionieren beider Bremsen.

III. Mittlere Schäden (bis zu 60% Wertungsverlust). Alle Schäden, welche ohne Gefährdung der Verkehrssicherheit die Betriebsfähigkeit des Fahrzeuges beeinträchtigen oder durch einfachere Instandsetzungsarbeiten behoben werden können.

a) **Motor:** z. B. Fehler an der Zündung; Bruch einer wichtigen Ölleitung; Bruch der Kraftstoffleitung und Störungen am Vergaser; Bruch eines Ventiles oder Ventilantriebsteiles; Taumeln des Schwungrades; Fehlen von Splinten an wichtigen Muttern; starker Kühlmittelverlust (bei wasser- oder ölgekühlten Krafträdern).

b) **Kraftübertragung und Lenkung:** z. B. Lockern der Zahnräder der Kettenübertragung; Bruch eines Kettenrades; Riß im Gehäuse des Wechselgetriebes; Riß in der Lenkstange; schwergehende Lenkung; lose oder fehlende Speichen; Taumeln eines Rades; Fehlen von Splinten an wichtigen Muttern.

c) **Rahmen:** z. B. stark verbogener Rahmen; Riß im Rahmen; verbogene Vordergabel; Lecken der Behälter; Felgenbruch; Versagen einer Bremse; Bruch einer Vorder- oder Hintergabelfeder.

Beiwagen:

1. **Fahrgestell:** z. B. Bruch des Rahmens; Bruch der Radachse.

IV. Leichte Schäden (bis zu 40% Wertungsverlust). Alle Schäden, welche die Verkehrssicherheit und Betriebssicherheit nicht beeinträchtigen oder mit geringen Kosten und Mühen zu beheben sind.

a) **Motor:** z. B. leichte Zündungsstörungen; Versagen der Lichtanlage; geringer Kühlmittelverlust (für wasser- oder ölgekühlte Krafträder); Verlust des Schalldämpfers.

b) **Kraftübertragung und Lenkung:** z. B. leichtes Gleiten der Kupplung; Bruch der Anwerfvorrichtung.

c) **Rahmen:** z. B. gebrochener Scheinwerferhalter; Verlust eines Schutzbleches; Verlust von Fußbrett oder Fußraste; Nichtspuren der Räder.

Beiwagen:

1. **Fahrgestell:** z. B. verbogener Rahmen; Felgenbruch; Verlust von Radbefestigungsmuttern oder einfachen Teilen; Bruch der Federblätter, Hauptblatt.

2. **Verbindung des Beiwagens mit dem Kraftrad:** z. B. Bruch des Verbindungsgestänges zwischen Beiwagen und Kraftrad.

3. **Aufbau:** z. B. Beschädigung der Karosserie des Beiwagens; Verlust des Kotflügels oder dessen Halters.

V. Sehr leichte Schäden (bis zu 20% Wertungsverlust). Alle Schäden, welche die Benutzung des Fahrzeuges in keiner Weise hindern oder leicht zu beseitigen sind.

a) **Motor:** z. B. Bruch von Kühlrippen am Zylinder; kleine Undichtigkeiten im Kurbelgehäuse, wodurch Ölverlust verursacht wird; undichte Auspuffleitung;

abgescherte und verlorene Splinte; Verlust unwichtiger Muttern; Versagen der Schmierkontrolle; Bruch oder Verlust kleiner, unwichtiger Armaturenteile, wie Kompressionshähne, Ablaßhähne, Fettbüchsen, Schmiernippel usw.

b) **Kraftübertragung und Lenkung**: z. B. Bruch oder Verlust kleiner unwichtiger Armaturenteile, wie Ablaßhähne, Fettbüchsen, Schmiernippel usw.

c) **Rahmen**: z. B. Verbiegen der Lenkstange; lockere Schellen; Lecken des Benzin- oder Ölhahnes; Verlieren der Behälterverschlüsse.

Beiwagen:

1. **Fahrgestell**: z. B. Bruch der übrigen Federblätter.

2. **Verbindung des Beiwagens mit dem Kraftrad**: z. B. Lockerung der Verbindungsgestänge zwischen Beiwagen und Kraftrad.

3. **Aufbau**: z. B. Bruch des Kotflügels oder dessen Halters.

Die Prüfungskommission stellt den Zustand der Fahrzeuge durch Untersuchung und Fahren jedes Fahrzeuges fest.

Tabelle über die Bewertung der Zustandsprüfung (W 7).

Personenwagen, Omnibusse und Lastkraftwagen.

I. Sehr schwere Schäden (bis zu 100% Wertungsverlust). Alle Schäden, welche die Betriebsunfähigkeit des Fahrzeuges zur Folge haben oder die Betriebssicherheit bzw. Verkehrssicherheit gefährden.

a) **Motor**: z. B. Bruch eines Zylinders, wodurch Auswechselung bedingt; Bruch des Kurbelgehäuses (Auswechselung); Bruch einer Pleuelstange; Bruch des Schwungrades; Bruch der Kurbelwelle.

b) **Kraftübertragung und Lenkung**: z. B. Versagen der Lenkung; Bruch eines Lenkhebels; Bruch des Kardanrohres; Bruch der Hinter- oder Vorderachse; Bruch eines Kugellagers im Getriebe; Versagen beider Bremsen.

c) **Rahmen**: z. B. Rahmenbruch in den tragenden Teilen.

II. Schwere Schäden (bis zu 80% Wertungsverlust). Alle Schäden, welche die Betriebssicherheit des Fahrzeuges stark beeinträchtigen oder nur durch größere Instandsetzungsarbeiten behoben werden können.

a) **Motor**: z. B. schwer schadhafte Lager; schadhafter Zylinder; Riß im Kurbelgehäuse; Bruch der Ölpumpe, eines Kolbens oder Kolbenbolzens; Bruch eines Ventils oder eines Ventilantriebsteiles.

b) **Kraftübertragung und Lenkung**: z. B. Riß im Gehäuse oder Kardanrohr; gebrochenes Lenkradkreuz; Getriebeschäden; stark verbogene Vorder- oder Hinterachse; starkes Rutschen der Kupplung; mangelhaftes Funktionieren beider Bremsen.

c) **Rahmen**: z. B. gebrochenes Hauptfederblatt; stark verbogener Rahmen; Lockern der Verbindungsstellen des Rahmens.

d) **Karosserie**: z. B. stark beschädigte Karosserie.

III. Mittlere Schäden (bis zu 60% Wertungsverlust). Alle Schäden, welche ohne Gefährdung der Verkehrssicherheit die Betriebssicherheit des Fahrzeuges beeinträchtigen oder durch einfachere Instandsetzungsarbeiten behoben werden können.

a) **Motor**: z. B. Versagen eines Zylinders; Fehler an der Zündung; Bruch einer wichtigen Ölleitung; Bruch der Kraftstoffleitung und Störung im Vergaser und Unterdruckapparat; Hängenbleiben eines Ventiles; Fehlen von Splinten an wichtigen Muttern; starker Kühlmittelverlust (über $^1/_{10}$ l pro Minute; Bruch der Wasserpumpe.

b) **Kraftübertragung und Lenkung**: z. B. Lockern der Bolzen des Hinterachsgehäuses; gebrochener Kranz des Lenkradkreuzes; ausgeschlagene Lenkung;

ausgeschlagene Kugelgelenke der Lenkung; Bruch eines abnehmbaren Rades; Taumeln eines Rades; Lockern der Speichen eines nicht abnehmbaren Rades; Fehlen von Splinten an wichtigen Muttern.

c) Rahmen: z. B. gebrochenes Federblatt (nicht Hauptblatt); gelockerte Federbriden; Fehlen von Splinten an wichtigen Muttern; Versagen einer Bremse.

d) Karosserie: z. B. Lockern des Aufbaues und seiner Verbindung.

IV. Leichte Schäden (bis zu 40% Wertungsverlust). Alle Schäden, welche die Verkehrssicherheit und Betriebssicherheit nicht beeinträchtigen oder mit wenig Kosten und Mühe zu beheben sind.

a) Motor: z. B. leichte Zündungsstörungen; Versagen von Wasserpumpe oder Ventilator; Versagen der Lichtanlage; geringer Kühlmittelverlust (unter $^1/_{10}$ l pro Minute).

b) Kraftübertragung und Lenkung. z. B. leichtes Gleiten der Kupplung.

c) Rahmen: z. B. gebrochener Scheinwerferhalter; Verlust des Schalldämpfers; Nichtspuren der Vorderräder; stärkere Beschädigung der Kotflügel; Bruch der Reserveradstütze.

d) Karosserie: z. B. kleinere Beschädigungen der Karosserie; Versagen der Signaleinrichtung; Beschädigung der Trittbretter; Bruch oder Lockern der Windschutzscheibe; Klappern und Klaffen der Türen; Bruch einer Verdeckstütze.

V. Sehr leichte Schäden (bis zu 20% Wertungsverlust). Alle Schäden, welche die Benutzung des Fahrzeuges in keiner Weise hindern oder leicht zu beseitigen sind.

a) Motor: z. B. undichte Auspuffleitung; undichte Schwimmerreglung; Versagen des Anlassers; Versagen der Schmierkontrolle; Bruch oder Verlust kleiner, nebensächlicher Armaturenteile, wie Kompressionshähne, Ablaßhähne, Fettbüchsen Schmiernippel usw.; Verlust von Verschlußkappen von Kühler, Kraftstoff- oder Ölbehältern.

b) Kraftübertragung und Lenkung: z. B. Bruch oder Verlust kleiner, nebensächlicher Armaturenteile, wie Ablaßhähne, Fettbüchsen, Schmiernippel.

c) Rahmen: z. B. Bruch oder Verlust kleiner, nebensächlicher Armaturenteile, wie Fettbüchesn, Schmiernippel usw.; geringe Beschädigung der Kotflügel.

d) Karosserie: z. B. geringe Beschädigung des Verdeckes; Abspringen von Lack; geringe Beschädigung des Bezuges einer Weymann-Karosserie, Bruch eines Kotflügelhalters.

Die Prüfungskommission stellt den Zustand der Fahrzeuge durch Untersuchung und Fahren jedes Fahrzeuges fest.

Tabelle über die Bewertung der persönlichen Bequemlichkeit und des technischen Komforts (W 9).

Für persönliche Bequemlichkeit und technischen Komfort wird in allen Wertungsgruppen je ein Punkt erteilt.

Krafträder.

1. Bequemlichkeit. Der Punkt wird in freier Beurteilung der persönlichen Bequemlichkeit erteilt, wobei beispielsweise Sattel, Federgabel, Fußbretter, Tankgröße (Aktions-Radius), Größe der Füllöffnungen, automatische Schmierung gewürdigt werden.

2. Ausstattung. Der Punkt für die Ausstattung des Kraftrades wird unter freier Würdigung z. B. der Beleuchtungsanlage, der elektrischen Hupe, einer Vorderradbremse, eines Rückspiegels, der Qualität und Vollständigkeit des Werkzeuges, der Unterbringungsmöglichkeit von Ersatzteilen, Werkzeugen, Gepäck usw. erteilt.

Personenkraftwagen.

1. Bequemlichkeit. Der Bequemlichkeitspunkt wird in 3 Drittel geteilt. Das erste Drittel verfällt, wenn die Sitzbreite kleiner als 50 cm ist. Das zweite Drittel verfällt, wenn die je Sitz zur Verfügung stehende karossable Fläche (Rahmenbreite bzw. kleinste Karosseriebreite, unten außen gemessen mal Abstand zwischen Spritzwand und Hinterbrücke) kleiner als 0,7 m³ ist.

Das dritte Drittel wird entsprechend dem Radstand bemessen und für das Fahrzeug mit dem größten Radstand in der betreffenden Wertungsgruppe voll erteilt. Die anderen Fahrzeuge der gleichen Wertungsgruppe erhalten prozentual kleinere Werte zugemessen.

2. Ausstattung. Der Punkt für Ausstattung wird in freier Würdigung für besonders gute Lackierung, gute Polsterung, Kristallglas, Kurbelfenster, besonders schöne oder kostbare Innenausstattung erteilt.

Omnibusse.

1. Bequemlichkeit. Der Bequemlichkeitspunkt wird je zur Hälfte für die Erfüllung von 50 cm Sitzbreite und 0,7 m³ karossierbarer Fläche je Sitz (einschließlich Führer) erteilt.

2. Ausstattung. Der Ausstattungspunkt wird in freier Würdigung der Ausstattung wie bei den Personenkraftwagen erteilt.

Lastkraftwagen.

1. Bequemlichkeit. Der Bequemlichkeitspunkt wird nur für die Führersitze in Betracht gezogen und je zur Hälfte für die Erfüllung von 50 cm Sitzbreite und 0,7 m³ karossabler Fläche (Sitzbreite mal Abstand Spritzwand—Rücklehne—Hinterseite erteilt.

2. Ausstattung. Der Ausstattungspunkt wird in freier Würdigung besonders geschickter Ausstattung (z. B. besonders niedrige Ladehöhe, werbemäßig besonders wirksamer Aufbau und dergleichen) erteilt.

Tabelle zu W 5 (Betriebsstoffverbrauchsprüfung).

Fahrzeuggattung und Wertungsgruppe	1 Runde Höchstgeschw. km	Reisegeschw. km/Std.	Reiserundenzahl	Gesamt-km einschl. Runde für Höchstgeschw. ca.	Gesamtzeit in Stunden ca.
Krafträder I	28,23	40	23	680	16½
„ II	28,23	45	24	700	15½
„ III	28,23	45	24	700	15½
Pers.-Kraftwag. I	28,23	40	23	680	16½
„ II	28,23	45	24	700	15½
„ III	28,23	50	24	700	14
Omnibusse I	28,23	30	14	420	13½
„ II	28,23	30	14	420	13½
„ III	28,23	30	14	420	13½
„ IV	28,23	30	14	420	13½
Lastkraftwagen I	28,23	20	11	340	16½
„ II	28,23	30	15	450	14½
„ III	28,23	25	13	400	15½
„ IV	28,23	20	11	340	16½
„ V	28,23	15	8	250	16
„ VI	28,23	10	5	170	16
„ VII	28,23	10	5	170	16

Ergänzungen zu den Ausführungsbestimmungen zur I. ADAC-Gebrauchs- und Wirtschaftlichkeitsfahrt 1928.

Zu Ziff. 4. Strecke und Zeiteinteilung. Beim Start auf der Avus am 1. Mai früh findet außer Konkurrenz eine Startprüfung statt, so daß jeder Fahrer die Handhabung dieser Prüfung kennen lernt.

Nach Schluß der Startprüfung mit Leistungsprüfung am 10. Mai soll die 27 proz. Bergstrecke obligatorisch befahren werden. Fahrzeuge, die diese Strecke bewältigen, bekommen einen gesonderten Wertungsanteil zugebilligt.

Zu Ziff. 11. Abnahme. Die Abnahme findet am 30. April in Berlin in der Nordschleife der Avus von 10—16 Uhr statt. Später als 16 Uhr kommende Fahrzeuge zahlen für jede angefangene Stunde des Zuspätkommens RM. 10,—. Eine Verpflichtung zur Abnahme solcher Fahrzeuge besteht nicht. Um 18 Uhr Schluß der Abnahme.

Zu Ziff. 14. 1c. Prüfung der Geländefahrbarkeit. Es wird ausdrücklich darauf hingewiesen, daß das Aussteigen eines Insassen bzw. das Absteigen vom Kraftrad den Verlust von 25% des Wertungsanteils herbeiführt. Die Inanspruchnahme fremder Hilfe führt zum Verlust des gesamten Wertungsanteils dieser Einzelprüfung. Das vorherige Auflegen von Schneeketten ist gestattet.

Zu Ziff. 14. 2. Zuverlässigkeit und Reisegeschwindigkeit. Die auf dem Streckenfahrplan angegebenen Kilometer-Entfernungen bzw. Zeiten beziehen sich stets auf den jeweiligen Ortseingang.

Auf den langen Tagesetappen sind, um den Fahrern die Einnahme einer Mahlzeit zu ermöglichen, neutralisierte Zwangspausen vorgesehen. Einzelheiten ergeben sich aus den Streckenfahrplänen.

Zu Ziff. 14. 5. Betriebsstoffverbrauch. Reisegeschwindigkeit: Nach je 8 Runden erfolgt eine Zwischenwertung, bei der die Reisegeschwindigkeit mit der in der Ausschreibung festgesetzten Toleranz von 5% festgelegt wird. Etwaige Verlustprozente jeder einzelnen Wertung werden addiert und durch die Anzahl der Wertungen dividiert (arithmetisches Mittel). Über- oder Unterschreiten der Reisegeschwindigkeit auch bei den Zwischenwerten um 25% führt gleichfalls zu vollem Wertungsverlust.

Zu Ziff. 23. Versicherung. Jeder Fahrer und Mitfahrer muß gegen Unfall mindestens in folgender Höhe versichert sein: RM. 10000,— bei Todesfall, RM. 20000,— bei Invalidität, RM. 10,— für tägliche Entschädigung. Für Fahrer und Mitfahrer, welche noch keine Unfallversicherung eingegangen haben, besteht noch bei der Abnahme Gelegenheit zum Abschluß einer solchen.

Startliste.

Wertungsgruppe I (Zweisitzer).

Start-Nr.	Bewerber	Fahrer	Fabrikat	Hubvol. cm³
30	Hannoversche Maschinenbau A.-G. vorm. G. Egestorff, Hannover-Linden	H. Butenuth, Hannover	Hanomag	499
31	Hannoversche Maschinenbau A.-G. vorm. G. Egestorff, Hannover-Linden	Carl Feldmann, Detmold	Hanomag	499
32	Hannoversche Maschinenbau A.-G. vorm. G. Egestorff, Hannover-Linden	H. Schöning, Hannover	Hanomag	499
33	Charles Bettaque, Steyr	Charles Bettaque, Steyr	Steyr	1567
34	Lad. von Almasy, Steyr	Lad. von Almasy, Steyr	Steyr	1567
35	Heinrich Graf Schönfeldt, Steyr	Heinrich Graf Schönfeldt, Steyr	Steyr	1567
36	Friedr. Waszilewitz, Kassel	Friedr. Waszilewitz, Kassel	Ford	3285
37	Ford Motor Company A. G., Berlin-Plötzensee	Th. H. Rosthoff, Berlin-Frohnau	Ford	3285
38	Fahrzeugfabrik Eisenach, Eisenach	Walter Dingel, Hamburg	Dixi	748,5
39	Fahrzeugfabrik Eisenach, Eisenach	Albert Kandt, Berlin-Lichterfelde	Dixi	748,5
40	Fahrzeugfabrik Eisenach, Eisenach	Suzanne Körner, Berlin-Friedenau	Dixi	748,5
41	Franziska Lüning, Hamburg	Franziska Lüning, Hamburg	Steyr	1567
42	Adlerwerke vorm. Heinrich Kleyer A. G., Frankfurt a. M.	Victor Heitlinger, Frankfurt a. M.	Adler	2896
43	Gebr. Reichstein Brennabor-Werke, Brandenburg/Havel	Karl Seele, Brandenburg/Havel	Brennabor	1569

Wertungsgruppe II (Viersitzer).

Start-Nr.	Bewerber	Fahrer	Fabrikat	Hubvol. cm³
51	Prof. Dr.-Ing. Gabr. Becker, Charlottenburg	Prof. Dr.-Ing. Gabr. Becker, Charlottenburg	Adler	2896
52	Prof. Dr.-Ing. Gabr. Becker, Charlottenburg	Dr.-Ing. Alfred Kaufmann, Berlin	Adler	2896
53	Prof. Dr.-Ing. Gabr. Becker, Charlottenburg	Erika Hey'l-Biebrach, Berlin	Adler	2896
54	Dipl.-Ing. Herbert Maruhn, Berlin	Dipl.-Ing. Herbert Maruhn, Berlin	Adler	2896
55	Bernhard Wagener, Bremen	Bernhard Wagener, Bremen	Fiat	990
56	Hans Baron von Veyder-Malberg, Steyr	Hans Baron von Veyder-Malberg, Steyr	Steyr	1567
57	Paul v. Guilleaume, Berlin	Paul v. Guilleaume, Berlin	Steyr	1567
58	T. H. Sievers, Westerrönfeld	T. H. Sievers, Westerrönfeld	Opel	1930
59	Paul Heinsius i. Fa. „Das Auto für Dich", Berlin	Paul Heinsius, Berlin	Ford	3285
60	Otto Löhr, Coblenz	Otto Löhr, Coblenz	Adler	2896
61	Otto Kleyer, Frankfurt a. M.	Otto Kleyer, Frankfurt a. M.	Adler	2896
62	Max Mader, Feuerbach	Max Mader, Feuerbach	Wanderer	1950
64	Gebr. Reichstein Brennabor-Werke, Brandenburg/Havel	Walter Gartmann, Brandenburg/Havel	Brennabor	1569
65	Gebr. Reichstein Brennabor-Werke, Brandenburg/Havel	Max Gartmann, Brandenburg/Havel	Brennabor	1569
67	Preuß. Ministerium des Innern		Opel	1930
68	Wätzoldt & Aigner, Augsburg	Richard Schatz	Ford	3285
69	Preuß. Ministerium des Innern	Glaser, Berlin	Adler	2540
70	Deutsch-Amerikanische Automobil-Industrie A.-G., Berlin	Rohbock, Berlin	Ford	3285
71	Preuß. Ministerium des Innern		Merc.-Benz	1990

Wertungsgruppe III (Sechssitzer).

Start-Nr.	Bewerber	Fahrer	Fabrikat	Hubvol. cm³
80	Adlerwerke vorm. Heinrich Kleyer A. G., Frankfurt a. M.	Martin Fink, Falkenhausen	Adler	2896
81	Gebr. Reichstein Brennabor-Werke, Brandenburg/Havel	Fritz Lehnert, Rietz	Brennabor	3100
82	Gebr. Reichstein Brennabor-Werke, Brandenburg/Havel	Fritz Backasch, Brandenburg/Havel	Brennabor	3100
83	Gebr. Reichstein Brennabor-Werke, Brandenburg/Havel	Obering. Hans Niedlich, Brandenburg/Havel	Brennabor	3100
84	Preuß. Ministerium des Innern		Merc.-Benz	3130

Nennungsformulare.

Nennung für die „I. ADAC-Gebrauchs- u. Wirtschaftlichkeitsfahrt 1928"

Nicht ausfüllen!

Nenngeld

Mk. . . . . .
bezahlt am

Nennungsschluß 31. März bezw. 14. April 1928

Krafträder, Krafträder mit Beiwagen, Dreiradwagen.

An die Sportabteilung des

Allgemeinen Deutschen Automobil-Clubs e. V.

München NO

Königinstraße 11a

Zu der für die Zeit vom 30. April – 10. Mai 1928 ausgeschriebenen, nach den internationalen und nationalen Sportgesetzen organisierten

I. ADAC-Gebrauchs- und Wirtschaftlichkeitsfahrt 1928

nenne ich hiermit als Inhaber der internationalen Motorrad-Lizenz 1928 Nr. . . . . . der Motorrad-Bewerber-Lizenz Nr. . . .

Klasse	Wertungsgruppe	Marke des Fahrzeuges	Marke des Motors	Baujahr	Zahl der Zylinder	Bohrung	Hub	Zyl. Inhalt	Zwei- od. Viertakt	Namen und Wohnorte der Fahrer	Nr. der Lizenzen bezw. der Ausweise der Fahrer	Eventl. Klubzugehörigkeit der Fahrer
												ADAC-Mitglieder wollen ihre Mitgliedsnummer 1927/28 genau angeben, wegen kostenl. Sporthaftpflichtversicherung

Ich unterwerfe mich den Bedingungen der Ausschreibung und der späteren Ausführungsbestimmungen sowie den nationalen und internationalen Sportgesetzen der D. M. S. und verzichte auf jede Anrufung der ordentlichen Gerichte. Das Nenngeld von Mk. 40.— ist beigefügt (Bar oder auf Postscheckkonto München 21148 überwiesen.) Das Nichtzutreffende ist durchzustreichen. Der Nachweis der erfolgten Haftpflicht-Versicherung wird von mir rechtzeitig erbracht. ADAC-Mitglieder sind gemäß Art. 23 der Ausschreibung kostenlos gegen Sporthaftpflicht versichert.

Ort und genaue Adresse des Nennenden

Unterschrift des Nennenden

. . . . , den 1928

¼ Originalgröße.

Nennung für die „I. ADAC-Gebrauchs- u. Wirtschaftlichkeitsfahrt 1928"

Nicht ausfüllen!

Nenngeld

Mk.... - .... —

bezahlt am

Nennungsschluß 31. März bezw. 14. April 1928

Personen-Kraftwagen

An die Sportabteilung des

Allgemeinen Deutschen Automobil=Clubs e.V.

München NO

Königinstraße 11a

Zu der für die Zeit vom 30. April –10. Mai 1928 ausgeschriebenen, nach den internationalen und nationalen Sportgesetzen organisierten

I. ADAC-Gebrauchs- und Wirtschaftlichkeitsfahrt 1928

nenne ich hiermit als Inhaber der internationalen Fahrer-Lizenz 1928 Nr......... und der internationalen Bewerber-Lizenz 1928 Nr...... ....

Klasse	Wertungs-gruppe	Marke des Fahrzeuges	Marke des Motors	Baujahr	Zahl der Zylinder	Bohrung	Hub	Zylind.-Inhalt	Zwei- oder Viertakt	Namen und Wohnorte der Fahrer	Nr der Lizenzen	Eventl. Klubzugehörigkeit der Fahrer
												ADAC-Mitglieder wollen ihre Mitgliedsnummer 1927/28 genau angeb. weg. kostenloser Sporthaft-pflicht-Versicherung

Ich unterwerfe mich den Bedingungen der Ausschreibung und der späteren Ausführungsbestimmungen, sowie den nationalen und internationalen Sportgesetzen der O.N.S. und verzichte auf jede Anrufung der ordentlichen Gerichte. Das Nenngeld von Mk. 60.— ist beigefügt. (Bar oder auf Postscheckkonto München 24498 überwiesen.) Das Nichtzutreffende ist durchzustreichen. Der Nachweis der erfolgten Haftpflicht-Versicherung wird von mir rechtzeitig erbracht. ADAC-Mitglieder sind gemäß Art. 23 der Ausschreibung kostenlos gegen Sporthaftpflicht versichert.

Ort und genaue Adresse des Nennenders   Unterschrift des Nennenders:

.... , den 1928   ....

¼ Originalgröße.

Nennung für die „I. ADAC-Gebrauchs- u. Wirtschaftlichkeitsfahrt 1928"

Nicht ausfüllen!

Nenngeld

Mk. ....

bezahlt am

Nennungsschluß 31. März bezw. 14. April 1928

Omnibusse und Lastkraftwagen

An die Sportabteilung des

Allgemeinen Deutschen Automobil=Clubs e.V.

München NO

Königinstraße 11a

Zu der für die Zeit vom 30. April bis 10. Mai 1928 ausgeschriebenen,

I. ADAC-Gebrauchs- und Wirtschaftlichkeitsfahrt 1928

nenne ich hiermit

Art (Omb. Lkw.)	Wertungs-gruppe	Marke des Fahrzeuges	Marke d Motors	Baujahr	Zahl der Zylinder	Bohrung	Hub	Zylinder-inhalt	Zwei- od. Viertakt	t Nutzlast (Person.-Zahl)	Namen u. Wohnorte der Fahrer	Eventl. Klubzuge-horigkeit d. Fahrer
												ADAC-Mitglieder wollen ihre Mitgliedsnummer 1927/28 genau angeben, v. kostenl. Sporthaft-pflicht-Versicherung.

Ich unterwerfe mich den Bedingungen der Ausschreibung und der späteren Ausführungsbestimmungen und verzichte auf jede Anrufung der ordentlichen Gerichte. Das Nenngeld von Mk. 60.— ist beigefügt. (Bar oder auf Postscheckkonto München 24498 überwiesen.) Das Nichtzutreffende ist durchzustreichen. Der Nachweis der erfolgten Haftpflicht-Versicherung wird von mir rechtzeitig erbracht. ADAC-Mitglieder sind gemäß Art. 23 der Ausschreibung kostenlos gegen Sporthaftpflicht versichert.

Ort und genaue Adresse des Nennenders: Unterschrift des Nennenders:

.... den 1928   ....

¼ Originalgröße.

Abnahmebogen.

Seite 1.

ca. ¼ Originalgröße.

Abnahmebogen.

Seite 2.

II. Sachliche Formalia.

Startnummer vorhanden: ....   Reservestartnummer vornanden: ....

Armbinden erhalten: .. . .   Polizeiliches Kennzeichen: .... schwarz — rot

Verbandkasten vorhanden: ....   Fahrgestell Nr. . ... Motor Nr. ....

Vorrichtung zur Befestigung des Meßapparates angebracht .... Kraftfahrzeugsteuer jährlich: .... R.,M.

Preis: a) Katalogmäßige Gesamtausführung ohne

         Neuerungen: .... R.,M.   Beleg: ....

     b) Einschließlich aller Abänderungen und

         Neuerungen: .... R.,M.   Beleg: . ...

Umrandeten Teil frei lassen!

Bemerkungen: ....

....

                                                              ... .   Unterschrift des Leiters von Abnahme II

III. Fahrgestell und Motor.

Vollständiger Katalog, aus dem alle Einzelheiten hervorgehen, liegt bei ....

  1. Allgemeines.

Fabrikat und Type: ....

Steuerung: rechts — mitte — links

Radstand: Achse 1—2: ... .   Spurweite: vorn: ....

         Achse 2—3: ....   Spurweite: hinten: ....

Anzahl der Räder: ....   2 oder 3spurig. Drittes Rad vorn — hinten

Anzahl der Reserveräder: ....   Anordnung derselben: ....

Anzahl aller Insassen: ....

Ladefläche: ....   Gewicht des trockenen Fahrgestells: ....

  2. Motor.

Fabrikat und Type: ....

Baujahr: ....   2, oder 4 Takt; Motor,Nr.: ....

Zylinderzahl i: ....   Anordnung (Reihen — V — Sternmotor — liegend — stehend): ....

Bohrung d: _..... .... cm; Hub h: .... m; Hubvolumen 1

Steuer,PS: .... Brems,PS mit normalem Schalldämpfer: .... PS bei n normal = ... Umdr./min.

$(0{,}3 \cdot d^2 \cdot h \cdot i)$ „   „   „   „   „   : .... PS bei n maxim. = ... Umdr./min.

ca. ¼ Originalgröße.

Abnahmebogen.

Seite 3.

Verdichtungsverhältnis Kompressor.

Zylinder: Block – Gruppe – einzeln·   Material:

Kurbelgehäuse-Oberteil u. Zylinder-Block getrennt·   . Material: .

Wenn Laufbuchsen, Material: Zylinderkopf abnehmbar:

Zischhähne   Kolben: Material:

Pleuelstangen. Material   Kurbelwelle: wie oft gelagert:

Gleit- oder Walzlager   Kurbelwelle geteilt:

Schwingungsdampfer.   Nockenwellen. Zahl u. Anordnung:

Ventile oder Schieber   Ventilzahl je Zylinder:

Ventilanordnung   (Stehend, hängend, schrägstehend, schräghängend):

Kühlung: (Wasser, Luft).   Pumpe, Ventilator, Thermostat, Jalousie.

Vergaser: Anzahl und Fabrikat   Anschlußdurchmesser am Saugrohr:......... .. ... mm,

horizontal, vertikal   für Schwerol   Vorwärmung: . ... Behelfe zum leichten

Anlassen   Starterklappe, Einspritz-Vorrichtungen.

Spezialvorrichtungen z Anlassen von Dieselmotoren:

Luftreiniger   Kraftstoffreiniger:

Zündung: Batterie, Magnet: Fabrikat:

Verstellung des Zündzeitpunktes ·· automatisch –   von Hand – halbautomatisch:

Zündkerzen Anzahl: Fabrikat und Type:

Ölung: Kurbelgehäuse trocken oder naß

Olreiniger.   **Auspuff:** Topf-Fabrikat:

Anlasser: Anordnung.   Fabrikat:

Lichtmaschine: Anordnung   Fabrikat:

Kupplung, Getriebe, Kraftübertragung und Antrieb.

Kupplungsart: **Getriebe:** Fabrikat?

Motor-Getriebe ·· Block oder getrennt   Anzahl der Gänge·

Welcher Gang ist der direkte   Übersetzungsverhältnis· 1. Gang:

2. Gang   3 Gang   4. Gang: . .   Rückw.-Gang: ..

Schaltung   rechts ·· mitte ·· links – Segment – Kulisse – Kugel.

Kraftübertragung: System   Gelenkwelle: offen, geschlossen:

Gelenke· Kreuzgelenke oder trocken   **Antrieb:**

ca. ¼ Originalgröße.

Abnahmebogen.

Seite 4.

Differential: Art: ....   Differentialsperre: .   ..   .

Schwingachsen: Schubübertragung: ... .

Bremsen

Fußbremse: Getriebe, Hinterräder oder Vierrad: .   .   .   . .

Handbremse: Getriebe, Hinterräder oder Vierrad: ..   .   .

Servowirkung: Luftdruck, Unterdruck, hydraulisch oder mechanisch·   . . .

.   .   .   .

Welche Bremsen haben Servowirkung?   .   .   .

Hinterräder.
Innen‹ oder Außenbacken‹ oder Bandbremsen: ....

Vorderräder:
Innen‹ oder Außenbacken‹ oder Bandbremsen: ..   ..

Material der Bremsbacken: .   ...   Bremsbelag: .

5. **Rahmen und Federung.**

Rahmen: Material: ....   Profil·   .   .   ..

Federung vorn: ....   hinten:

Stoßdämpfer: Fabrikat: ..   ...   ,   vorn·   .   .   hinten: .

Fahrgestellschmierung: System: .   .   .

6. **Räder, Reifen.**

Räder: Art: ..   . .   Fabrikat: .   .   ..

Felgen: Wulst, Draht, Tiefbett: .   .   .. ..

Reifen· Art: ...   .´   Fabrikat: ....

Dimension vorn: hinten: ..   Gleitschutzdecken: . ..   .

Schneeketten: . .. .   Fabrikat: .   ..

Technische Besonderheiten.

a) Katalogmäßig: .   .   .   .

....

b) nicht katalogmäßig (Neuerungen). (Jede Änderung, Ergänzung oder Fortlassung am Wagen gegenüber der beim katalogmäßigen Kauf einer Wagentype geltenden Ausführung, z. B. Verdichtungssteigerung, Änderung der Vergasertype – Größe – Bauart, der Vorwärmung, der Ölpumpe, des Ventil‹Durchmessers oder ‹Hubes, der Nockenform, der Ventilfedern, des Schalldampfers, Erleichterungen an Einzelteilen, Verwendung von Spar‹ vorrichtungen, Startvorrichtungen usw. müssen einzeln und genau angegeben werden.)

....· .. ..· ... .

. ...

Umrandeten Teil frei lassen!

Bemerkungen: .. . .

. .   .. .

Unterschrift des Leiters von Abnahme III

ca. ¼ Originalgröße.

Abnahmebogen.

Seite 5.

IV. Aufbau und Ausrüstung.

Aufbau: offen, geschlossen: Bauart: ....

Material. Polsterung: ....

Zahl der Türen: Weite der Türen 40 cm über Karosserieboden: .... mm

Karossable Breite: Karossable Länge: ....

Entspricht die Karosserie einer laufenden Serienausführung? ....

Wenn nein, in welchen Teilen weicht sie ab? ....

Umrandeten Teil frei lassen!

Bemerkungen: ....

Unterschrift des Leiters von Abnahme IV

V. Kraftstoff- und Ölsystem.

Kraftstoff Art· bezogen von: ....

Motorenöl Art· bezogen von: ....

Öl-Kraftstoff-Mischungsverhältnis (nur f. Zweitakter): ....

Kraftstoffbehälter faßt Liter Lage· ....

natürliches Gefälle, Druck, Unterdruck: ....

Kraftstoffsauger: Fabrikat ....

Umrandeten Teil frei lassen!

Bemerkungen: ....

Unterschrift des Leiters von Abnahme V

ca. ¼ Originalgröße.

Abnahmebogen.

Seite 6.

VI. Waage und Ballast.

Gewicht des Fahrzeuges netto: .... kg

Gewicht des Fahrzeuges brutto: ..   ..kg   Ballast: .. . .kg

Tragfähigkeit: .   .   .   .   kg;   Nutzlast netto: ..   ....   kg

Sitzzahl: .. ..

| Wertungsgruppe: | .... | Start Nr. .. . . |

Umrandeten Teil frei lassen!

Bemerkungen: .... .. , .. .

....

Unterschrift des Leiters von Abnahme VI

Bewerber und Fahrer verpflichten sich durch nachstehende Unterschrift ehrenwörtlich, keinerlei wie auch immer gearteten Versuch zu einer Täuschung des Veranstalters im Rahmen der Betriebsstoffverbrauchsprüfung zu machen.

Ort und Datum: **Bewerber:**   **Fahrer:**

Reservefahrer:

Umrandeten Teil frei lassen!

Bemerkungen: ....

Unterschrift des Abnahme-Vorsitzenden

Muster eines Ausrechnungsbogens.

16

I. ADAC-Gebrauchs- und Wirtschaftlichkeitsfahrt 1928

P kw

3 Geschmeidigkeit und Bremsfähigkeit

c) Beschleunigung bei direktem Gang

$$W = \frac{8}{2}\left(2 - \frac{Sb}{S\,min}\right) - 8 - 4\,\frac{Sb}{S\,min}$$

$$W' - \qquad 8 - 4\,\frac{Sb}{S\,min} + 0.60 \gtrless 4.00$$

Wertungsgruppe: Blatt: Folge:

Fahrzeug

Wegstrecke in m, Sb

Geringste Wegstrecke in m; S min   m, Fahrzeug   , Blatt

$4\,\frac{Sb}{S\,min}$

Geschwindigkeitsabweich. s. Tab.

Berühren v. Kuppl.-Ani. 25% = 1.00

Schalten   100% .. 4.00

Gesamter Abzug —

8,00	8,00	8,00	8,00	8,00	8,00	8,00	8,00	8,00	8,00	8,00

bleibt

Für geschlossene Wagen + 0.60

Zusammen

1. Mai Wertung

1. Prüfung Reihenfolge

Wegstrecke in m, Sb

Geringste Wegstrecke in m; S min   m, Fahrzeug   , Blatt

$4\,\frac{Sb}{S\,min}$

Geschwindigkeitsabweich. s. Tab.

Berühren v. Kuppl.-Ani. 25% = 1.00

Schalten   100% = 4.00

Gesamter Abzug —

8,00	8,00	8,00	8,00	8,00	8,00	8,00	8,00	8,00	8,00	8,00

bleibt

Für geschlossene Wagen + 0.60

Zusammen

9. Mai

2. Prüfung Wertung

1. Prüfung Wertung

Zusammen

Reihenfolge

Nachdruck verboten.

ca. ¼ Originalgröße.

Ⓦ **Chauffeurkurs.** Leichtverständliche Vorbereitung zur Chauffeurprüfung. Von Ing. **Karl Blau.** Siebente, verbesserte und vermehrte Auflage. 20.—25. Tausend. I. Deutsche Ausgabe. Mit 130 Abbildungen im Text und einem Anhang über gesetzliche Bestimmungen für das Kraftfahrwesen im Deutschen Reich, bearbeitet von Dr. techn. **Arnold Heller**, Berlin. V, 214 Seiten. 1927. Gebunden RM 6.—

Jeder, der sich beruflich oder sportlich mit der Konstruktion und Lenkung des Kraftwagens vertraut machen will, findet hier in knapper, leichtverständlicher Darstellung den gesamten Lehrstoff für Selbstunterricht und Führerprüfung. Der Chauffeur, der Herrenfahrer, der Gewerbetreibende, der Ingenieur, der Rechtsanwalt, der Arzt, kurz alle, die beruflich oder zu ihrem Vergnügen die Fahrererlaubnis erwerben wollen, können sich hier in kürzester Zeit das nötige Wissen aneignen. Auch der geübte Fahrer führt das Buch ständig bei sich, da es ihm der schnelle und oft bewährte Helfer bei Betriebsstörungen ist.

Ⓦ **Das Motorrad.** Aufbau und Arbeitsweise. Leichtfaßlich dargestellt von Ing. **Fritz Meitner.** Mit 235 Abbildungen im Text. VII, 254 Seiten. 1929. Gebunden RM 10.50

Das Buch hat die Bestimmung, den Freunden des Motorradwesens klaren und übersichtlichen Aufschluß über Aufbau, Funktion, Betriebsverhältnisse und Behandlung des modernen Motorrades zu geben, ohne hierbei technische Vorbildung vorauszusetzen. Ganz besonderer Wert wurde darauf gelegt, die Funktion des Motors sowohl in thermischer wie in mechanischer Beziehung wirklich klarzumachen.

Motorwagen und Fahrzeugmaschinen für flüssigen Brennstoff. Ein Lehrbuch für den Selbstunterricht und für den Unterricht an technischen Lehranstalten von Dr. techn. **A. Heller.** Berlin. Zweite, vermehrte und verbesserte Auflage.

Erster Band: Motoren und Zubehör. Mit 811 Textabbildungen. IV, 438 Seiten. 1925. Gebunden RM 33.—

Das Automobil, sein Bau und sein Betrieb. Nachschlagebuch für die Praxis. Von Doz. Dipl.-Ing. Frhr. **Löw von und zu Steinfurth**, Darmstadt. Fünfte, umgearbeitete Auflage. Mit 414 Abbildungen im Text. VI, 376 Seiten. 1924 Gebunden RM 8.40

(C. W. Kreidel's Verlag / München)

Technisches Denken und Schaffen. Eine leichtverständliche Einführung in die Technik. Von Dipl.-Ing. **Georg von Hanffstengel**, Charlottenburg. Vierte, neubearbeitete Auflage. Mit 175 Textabbildungen. XII, 228 Seiten. 1927. Gebunden RM 6.90

Die Automobiltreibmittel des In- und Auslandes. Eine Übersicht über die vorgeschlagenen Mischungs- und Herstellungsverfahren, an Hand der Patentliteratur dargestellt von Oberregierungsrat Dr. **Erwin Sedlaczek.** IX, 247 Seiten. 1927. Gebunden RM 14.40

Die wirtschaftliche Bedeutung der flüssigen Treibstoffe. Von Dr. Peter Reichenheim. Mit einer Kurve. IV, 86 Seiten. 1922. RM 2.40

Die Herstellung der Blattfedern. Von T. H. Sanders. Deutsche Übersetzung von A. Cecerle. Mit 182 Abbildungen im Text. IV, 245 Seiten. 1927. Gebunden RM 27.—

Die Ermittlung der Kegelrad-Abmessungen. Berechnung und Darstellung der Drehkörper von Präzisions-Kegelrädern und kurzer Abriß der Herstellung. Tabellen aller Abmessungen für die gebräuchlichsten Übersetzungsverhältnisse. Von Ober-Ingenieur Karl Golliasch. Mit 96 Abbildungen im Text. 61 Seiten. 1923. Gebunden RM 15.75

Kugel- und Rollenlager (Wälzlager). Unter besonderer Berücksichtigung des Einbauens. Von H. Behr. (Werkstattbücher, Heft 29.) Mit 197 Figuren im Text. 64 Seiten. 1927. RM 2.—

Mehrfach gelagerte, abgesetzte und gekröpfte Kurbelwellen. Anleitung für die statische Berechnung mit durchgeführten Beispielen aus der Praxis. Von Prof. Dr.-Ing. A. Gessner, Prag. Mit 52 Textabbildungen. IV, 96 Seiten. 1926. RM 8.10

Der Wärmeübergang und die thermodynamische Berechnung der Leistung bei Verpuffungsmaschinen, insbesondere bei Kraftfahrzeug-Motoren. Von Dr.-Ing. August Herzfeld. Mit 27 Textabbildungen. VIII, 92 Seiten. 1925. RM 6.—

Private und gewerbliche Garagen. Ein praktischer Ratgeber bei Planung und Bau von Garagenanlagen. Von Dr.-Ing. Richard Koch, Berlin. Mit 50 Abbildungen. IV, 68 Seiten. 1925. RM 3.—

Der Lastkraftwagenverkehr seit dem Kriege, insbesondere sein Wettbewerb und seine Zusammenarbeit mit den Schienenbahnen. Von Dr. Emil Merkert, Diplom-Kaufmann, Feuerbach. Mit 2 Textabbildungen. VIII, 112 Seiten. 1926. RM 6.60